中等职业教育规划教材

计算机应用基础

（Windows XP 版）

主　审　阮彩云

主　编　范绍昌　阮丽纳　林惠玲

副主编　王小青　湛雪梅　蓝智泳

中国人民大学出版社

·北京·

前　言

随着信息化技术的迅速发展和计算机的全面普及，计算机技术的应用已经渗透到社会各个领域，计算机已经成为当代文化的一个重要组成部分，掌握计算机的基本知识、基本操作和应用，已经成为当代社会必不可少的技能。为了适应社会的需要，培养学生具备一定的计算机文化素质，目前高校各专业普遍设置了计算机应用技术相关的课程，这为培养具有计算机基础知识、掌握一定的计算机应用技能的高素质信息化人才打下坚实的基础。为此，我们组织专家、教授和富有丰富教学经验的教师编写了《计算机应用基础（Windows XP版）》这本书。

在编写本书的过程中，坚持以“案例驱动、轻松学习、掌握全貌”为宗旨，本着由浅入深、循序渐进、举一反三的原则，力求做到可读性好、适用范围广、层次性强。书中还涉及了多种操作方式、非常规的简易操作方法，并在其中融合了多年学习和使用办公自动化软件的经验，增强学习兴趣和知识的层次性，开阔读者的视野。

本书主要讲述了计算机的发展历史、Windows XP、Office 2003 中常用的办公自动化软件 Word 2003、Excel 2003、Powerpoint 2003 以及互联网基础知识，内容充实，叙述简洁，以知识结构为核心精心设计了多个案例，并以这些案例为主线逐层深入地展开相关内容的讲解，使读者通过案例的学习轻松掌握办公自动化软件的应用技术。

全书共分 6 章，由阳春市中等职业技术学校信息技术教材编委会组织编写。由于编者水平有限，加之编写时间仓促，书中难免有不当之处，敬请读者批评指正。

编　者

2014 年 1 月

目 录

第一章 计算机应用基础知识 …… 1
项目一 计算机的发展及应用 …… 1
项目二 计算机系统的基本组成 …… 10
项目三 微型计算机系统 …… 14
项目四 计算机中的数值与编码 …… 24
第二章 中文 Windows XP 操作系统 …… 30
项目一 操作系统介绍 …… 30
项目二 管理文件 …… 40
项目三 Windows XP 的管理 …… 47
项目四 中文输入法 …… 54
第三章 文字处理软件 Word 2003 …… 66
项目一 Word 2003 入门操作 …… 66
项目二 Word 2003 文档排版 …… 76
项目三 设置页面及打印文档 …… 88
项目四 Word 2003 表格制作 …… 99
项目五 Word 2003 图形处理 …… 112
第四章 Excel 2003 电子表格处理软件应用 …… 123
项目一 录入“学生基本情况登记表” …… 123
项目二 编辑工作表和管理工作表 …… 130
项目三 工作表格式化 …… 137
项目四 数据处理 …… 147

项目五　数据库管理和数据分析 …… 161
项目六　打印工作表 …… 171
第五章　演示文稿软件的应用 …… 176
项目一　PowerPoint 2003 简介 …… 176
项目二　阳春八景的制作 …… 182
项目三　演示文稿的设置 …… 206
第六章　互联网的基础知识 …… 222
项目一　认识 Internet …… 222
项目二　获取网络资源 …… 229
项目三　电子邮件管理 …… 236
项目四　常用网络工具的使用 …… 240
项目五　常用网络服务 …… 246
参考文献 …… 252

第一章　计算机应用基础知识

计算机是20世纪人类最伟大的发明之一，计算机的广泛应用改变了人类社会的面貌。随着计算机技术的飞速发展，信息量的急剧增加，计算机应用的日新月异，对每个社会成员提出了新的挑战和要求。现在和未来计算机技术将逐步改变人们的生活和工作方式，计算机将成为人们生活、工作、学习中不可缺少的工具。因此，掌握计算机的使用也逐步成为人们必不可少的技能。

本章主要介绍计算机的基础知识，包括以下内容：

1. 计算机的发展及其应用
2. 计算机系统的基本组成
3. 微型计算机系统
4. 计算机中的数值与编码

项目一　计算机的发展及应用

自从第一台计算机诞生以来，计算机得到了迅猛的发展，人们研制出了各种类型的计算机，但这些不同类型的计算机有许多共同的特点，它们应用于社会生活的各个方面，发挥着巨大的作用。

能力目标

- ■ 了解计算机信息技术；
- ■ 了解计算机在日常生活中的广泛应用；

■ 掌握计算机的发展过程及各阶段的特点；
■ 掌握计算机的特点和发展趋势。

任务 1　计算机的发展过程

任务概述

从生活实例中搜集与计算机相关的信息，帮助学生了解信息技术发展的变革，以及探讨计算机的发展过程。

任务实施

计算机以它所采用的主要逻辑元器件作为其发展与进步的主要依据。学习并掌握计算机在各个不同发展阶段的变化，理解计算机发展各阶段的特点。

知识链接

一、信息时代与计算机

1. 信息

世界上不同事物都有不同的特征，不同的特征会通过不同的形式发出不同的消息，信息就是这些消息中有意义的内容。信息一般有 4 种形态：数据、文本、声音、图像，这 4 种形态可以相互转化。例如，照片被传送到计算机，就把图像转化成了数字。信息与人类认识物质世界和自身成长的历史息息相关。信息，就是人类的一切生存活动和自然存在所传达出来的内容和消息。信息的积累和传播是人类文明进步的基础。

2. 数据

在计算机系统中，各种字母、数字符号的组合、语音、图形、图像等统称为数据，数据经过加工后就成为信息。在计算机科学中，数据是指所有能输入到计算机并被计算机程序处理的符号介质的总称，是用于输入计算机进行处理的，具有一定意义的数字、字母、符号和模拟量的统称。因此，数据是信息的载体，是信息的具体表现形式。

3. 信息技术

信息技术是研究信息的获取、传输和处理的技术，由计算机技术、通信技术、微电子技术、传感技术结合而成，有时也叫做“现代信息技术”。也就是说，信息技术是利用计算机进行信息处理，利用现代电子通信技术从事信息采集、存储、加工，以及制造相关产品、技术开发、信息服务的新学科。

人类社会之所以如此丰富多彩，都是因为信息和信息技术一直持续进步的必然结果。人类先后经历了从语言和文字→造纸和印刷→通信技术→计算机网络四次信息技术的革命。

二、计算机的发展阶段

计算机（俗称电脑，英文 Computer）是一种能快速而高效地完成信息处理并具备存储功能的数字化电子设备。它能按照人们编写的程序对原始输入数据进行加工处理、存储或传送，以便获得所期望的输出信息，从而利用这些信息来提高社会生产率并改善人民的生活质量。

计算工具的发展：

- 早期计算工具的发展：筹算法—珠算—计算尺。
- 近代计算机器的发展：计算器—计算机器—差分机与分析机。

图 1—1 是 17 世纪法国著名数学家、哲学家帕斯卡研制的机械计算机。

从诞生到今计算机的系统结构不断发生变化，人们根据它所采用的主要逻辑元器件，将计算机的发展划分为四个阶段。

1. 第一代（1946—1957 年），电子管计算机

第一台电子数字积分计算机于 1946 年 2 月在美国宾夕法尼亚大学诞生，取名为 ENIAC，如图 1—2 所示。这台计算机是个庞然大物，共用了 18 000 多个电子管（见图 1—3）、1 500 个继电器，重达 30 吨，占地 170 平方米，每小时耗电 140 千瓦，计算速度为每秒 5 000 次加法运算。尽管它的功能远不如今天的计算机，但 ENIAC 作为计算机大家族的鼻祖，开辟了人类科学技术领域的先河，使信息处理技术进入了一个崭新的时代。主要特征如下：

图 1—1

图 1—2

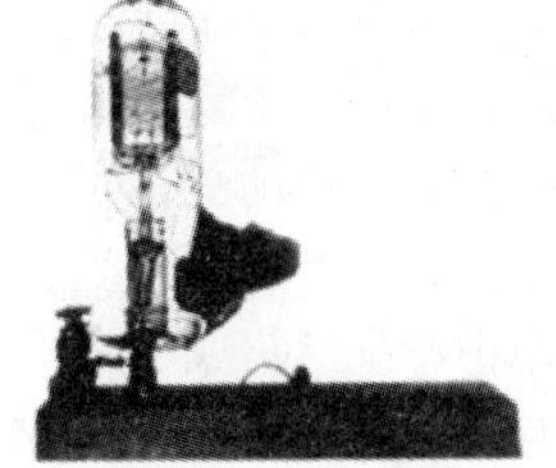

图 1—3

（1）电子管元件，体积庞大、耗电量高、可靠性差、维护困难。

（2）运算速度慢，一般为每秒 1 千次到 1 万次。

（3）使用机器语言，没有系统软件。

（4）采用磁鼓、小磁芯作为存储器，存储空间有限。

（5）输入/输出设备简单，采用穿孔纸带或卡片。

（6）主要用于科学计算。

2. 第二代（1958—1964 年），晶体管计算机

晶体管的发明给计算机技术带来了革命性的变化。第二代计算机采用的主要元件是晶体管（见图 1—4），称为晶体管计算机。主要特征如下：

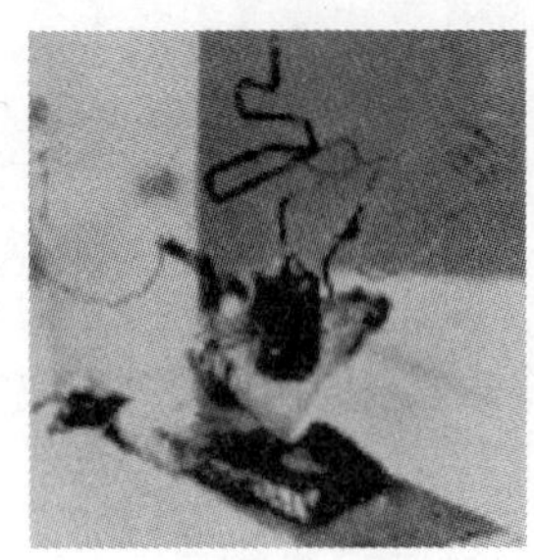
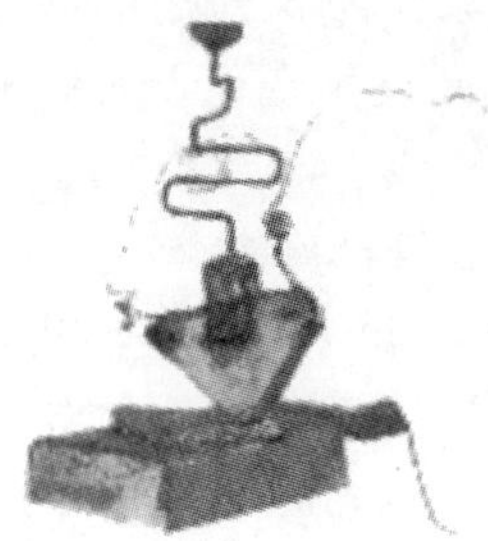

图 1—4

（1）采用晶体管元件作为计算机的器件，体积大大缩小，可靠性增强，寿命延长。

（2）运算速度加快，达到每秒几万次到几十万次。

（3）提出了操作系统的概念，开始出现了汇编语言，产生了如 FORTRAN 和 COBOL 等高级程序设计语言和批处理系统。

（4）普遍采用磁芯作为内存储器，磁盘、磁带作为外存储器，容量大大提高。

（5）计算机应用领域扩大，从军事研究、科学计算扩大到数据处理和实时过程控制等领域，并开始进入商业市场。

3. 第三代（1965—1969 年），中小规模集成电路计算机

20 世纪 60 年代中期，随着半导体工艺的发展，制造出了集成电路元件。集成电路可在几平方毫米的单晶硅片上集成十几个甚至上百个电子元件。

计算机开始采用中小规模的集成电路元件，这一代计算机比晶体管计算机体积更小，耗电更少，功能更强，寿命更长，综合性能也得到了进一步提高。主要特征如下：

（1）采用中小规模集成电路元件，体积进一步缩小，寿命更长。

（2）内存储器使用半导体存储器，性能优越，运算速度加快，每秒可达几百万次。

（3）外围设备开始出现多样化。

（4）高级语言进一步发展。操作系统的出现，使计算机功能更强，提出了结

构化程序的设计思想。

（5）计算机应用范围扩大到企业管理和辅助设计等领域。

4. 第四代（1971 年至今），大规模集成电路计算机

随着 20 世纪 70 年代初集成电路制造技术的飞速发展，产生了大规模集成电路元件，使计算机进入了一个新的时代，即大规模和超大规模集成电路计算机时代。这一时期的计算机的体积、重量、功耗进一步减少，运算速度、存储容量、可靠性有了大幅度的提高。主要特征如下：

（1）采用大规模和超大规模集成电路逻辑元件，体积与第三代相比进一步缩小，可靠性更高，寿命更长。

（2）运算速度加快，每秒可达几千万次到几十亿次。

（3）系统软件和应用软件获得了巨大的发展，软件配置丰富，程序设计部分自动化。

（4）计算机网络技术、多媒体技术、分布式处理技术有了很大的发展，微型计算机进入家庭，产品更新速度加快。

（5）计算机在办公自动化、数据库管理、图像处理、语言识别和专家系统等各个领域得到应用，电子商务开始进入家庭，计算机的发展进入到一个新的历史时期。

我国计算机的发展：

- 1958 年，我国第一台电子管计算机诞生。
- 1965 年，第一台晶体管计算机试制成功。
- 1971 年，研制成功第一台集成电路计算机。
- 1977 年，研制成功第一批微型机。
- 1983 年，一代“银河”巨型机研制成功，速度 1 亿次/秒。
- 1992 年，二代“银河”巨型机研制成功，速度 10 亿次/秒（见图 1—5）。

银河-Ⅰ

银河-Ⅱ

图 1—5

- 2002 年 8 月 29 日，我国具有国际领先水平的万亿次计算机联想深腾 1 800 大规模计算机系统在联想集团研制成功。

● 2008 年，上海超级计算机中心的超级计算机——曙光 5000A 计算机速度已经达到每秒 174.9 万亿次，已经跻身于世界前列。

近些年来，我国在巨型机的发展上有了很大的进步，微型机的广泛应用标志着一个国家科学的发展与普及程度。

任务 2　计算机的特点

任务概述

通过收集、阅读相关资料，能够举例说明常用计算机的主要特点。

任务实施

现代计算机以电子元器件作为基本的部件，内部数据采用二进制编码表示，能够按照事先编制的程序，接收数据、处理数据、存储数据并产生结果输出，它的整个工作过程具有以下几个特点：

运算速度快、运算精度高、具有记忆和逻辑判断能力、可靠性高、具有自动执行的能力。

微型计算机除了具有上述特点外，还具有体积小、重量轻、耗电少、维护方便、可靠性高、易操作、功能强、使用灵活、价格便宜等特点。计算机还能代替人做许多复杂繁重的工作。

知识链接

计算机的特点：

1. 运算速度快

计算机能以极快的速度进行计算。现在普通的微型计算机每秒可执行几十万条指令，而巨型机则达到每秒几十亿次甚至几百亿次。单位：MIPS（百万指令每秒）。

2. 运算精度高

由于计算机内部采用二进制运算，计算规则简单，数值非常精确。目前已达到小数点后上亿位的精度。

3. 记忆和逻辑判断能力强

计算机的存储系统由内存和外存组成，具有存储和“记忆”大量信息的能力，现代计算机的内存容量已达到上百兆甚至几千兆，而外存也有惊人的容量。如今计算机不仅具有运算能力，还具有逻辑判断能力，可以使用其进行资料分类、情报检索等具有逻辑加工性质的工作。

4. 可靠性高

随着微电子技术和计算机技术的发展，以及体系结构的改进，计算机的可靠性会越来越高。

5. 自动执行的能力

计算机能在程序控制下自动连续地高速运算。由于采用存储程序控制的方式，因此输入编制好的程序启动计算机后，就能自动地执行下去直至完成任务。

任务3　计算机的分类

🕮任务概述

通过学习，能列举出计算机几种不同的分类产品及其使用场合。

🕮任务实施

一般情况下，根据分类的标准不同，计算机有多种分类方法。

1. 按处理的对象分类

可分为电子模拟计算机、电子数字计算机和混合计算机。

2. 按性能规模分类

可分为巨型机、大型机、小型机、微型机、工作站和个人计算机。

3. 按功能和用途分类

可分为通用计算机和专用计算机。通用计算机具有功能强、兼容性强、应用面广、操作方便等优点，通常使用的计算机都是通用计算机。专用计算机一般功能单一，操作复杂，用于完成特定的工作任务。

🕮知识链接

- 巨型机：也叫超级计算机，运算速度快（超过每秒几亿次），价格昂贵。目前巨型机主要用于核武器的设计、空机技术、地震预测、天气预报等领域，如图1—6、图1—7所示。

图1—6

图1—7

- 大型机：处理能力强，通用性好，主要用于大公司、科研部门、银行等，如图1—8、图1—9所示。

图 1—8

图 1—9

- 小型机：结果简单，可靠性高，价格相对便宜，主要应用于中小型的公司和企业，如图 1—10 所示。
- 工作站：是一种高档的微型计算机，通常配有高分辨率的大屏幕显示器及容量很大的内存储器和外部存储器，并且具有较强的信息处理功能和高性能的图形、图像处理功能以及联网功能。
- 个人计算机：又叫 PC 机。也就是我们平时所说的微型计算机，如台式机、笔记本电脑、平板电脑等，如图 1—11、图 1—12 所示。

图 1—10

图 1—11

图 1—12

任务 4　计算机的应用及其发展趋势

任务概述

结合自己所学知识，将你所了解的计算机技术在日常工作和生活中的具体应用填到表 1—1 中。

表 1—1

计算机应用领域	你所看到或听到的具体应用	你所想象或期望的具体应用
科学计算		
数据处理		
计算机辅助设计与制造		

续前表

计算机应用领域	你所看到或听到的具体应用	你所想象或期望的具体应用
实时控制（过程控制）		
办公自动化		
教育信息化		
人工智能		
网络通信		

🕮知识链接

进入 20 世纪 90 年代以来，计算机技术作为科技的先导技术得到了飞跃性发展，计算机几乎渗透到人类生产和生活的各个领域，对工业和农业都有极其重要的影响。计算机的应用范围归纳起来主要有以下八个方面。

1. 科学计算

科学计算亦称数值计算，是指用计算机完成科学研究和工程技术中所提出的数学问题。计算机作为一种计算工具，科学计算是它最早的应用领域，也是计算机最重要的应用之一。它主要应用于工程计算、导弹实验、卫星发射、天气、地震、灾情预测等领域。

2. 数据处理

数据处理又叫信息处理，是指信息的收集、分类、整理、加工、存储等一系列活动的总称。信息处理主要包括：分类、排序、检索、制表等，具体的应用在文字处理、图书检索、企业管理、人口统计、办公自动化等领域。

3. 计算机辅助设计与制造

（1）计算机辅助设计（Computer Aided Design，CAD）是指使用计算机的计算、逻辑判断等功能，帮助人们进行产品和工程设计，如建筑工程设计、服装设计、机械制造设计、船舶设计等行业。

（2）计算机辅助制造（Computer Aided Manufacturing，CAM）是指利用计算机通过各种数值控制生产设备，完成产品的加工、装配、检测、包装等生产过程的技术。

除了上述计算机辅助技术外，还有其他辅助功能，如计算机辅助出版、计算机辅助管理、辅助绘制和辅助排版等。

4. 实时控制（过程控制）

实时控制是用计算机及时采集数据，按最佳值迅速对控制对象进行自动控制或自动调节。利用计算机进行过程控制，不仅大大提高了控制的自动化水平，而且提高了控制的及时性和准确性，如卫星发射、数控机床、自动化生产线等。

5. 办公自动化

办公自动化是指利用现代通信技术、自动化设备和计算机系统来实现事务的处理和决策支持的一种现代办公方式。办公自动化提高了办公的效率和质量。

6. 教育信息化

计算机辅助教学（Computer Aided Instruction，CAI）是指将教学内容、教学方法以及学生的学习情况等存储在计算机中，帮助学生轻松地学习所需要的知识，如计算机辅助测试（CAT）、计算机辅助教育（CBE）等。

7. 人工智能

用计算机来“模仿”人的智能，使计算机具有“推理”和“学习”的功能，如模拟医生看病、开方。在人工智能中，最具代表性、应用最成功的两个领域是专家系统和机器人。

8. 计算机网络

把计算机的超级处理能力与通信技术结合起来就形成了计算机网络。人们熟悉的全球信息查询、邮件传送、电子商务等都是依靠计算机网络来实现的。计算机网络已进入到了千家万户，给人们的生活带来了极大的方便。

目前，随着计算机技术的不断发展和广泛应用，计算机正朝着巨型化、微型化、多媒体化、网络化、智能化和多功能化方向发展。巨型机和高性能计算机的研制、开发和利用，是一个国家经济实力、科学技术水平的重要标志。

项目二　计算机系统的基本组成

一个完整的计算机系统由硬件系统和软件系统两大部分组成。硬件系统是由电子部件和机电装置组成的计算机实体，是计算机工作的实体。硬件的基本功能是接收计算机程序，并在程序的控制下完成数据输入、数据处理和输出结果等任务。软件系统是为计算机运行工作服务的全部技术资料和各种程序，它使得计算机硬件的功能得以充分发挥，并为用户提供一个宽松的工作环境。计算机硬件和软件二者缺一不可，否则就不能工作。

能力目标

- 认识组成计算机系统的主要部件及其作用；
- 了解计算机软件系统的组成；
- 理解计算机的工作原理。

任务1 计算机的硬件系统

任务概述

根据你对计算机的认识和了解，参照图1—13计算机系统的组成，通过查阅资料，完成表1—2的内容填写。

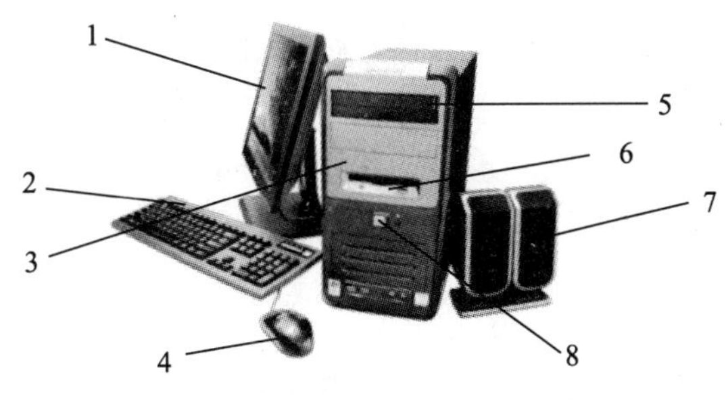

图1—13

表1—2 组成计算机的各个部件及其作用和品牌

序号	名称	品牌	作用	序号	名称	品牌	作用
1				5			
2				6			
3				7			
4			—	8			—

任务实施

一个完整的计算机系统由硬件（Hardware）系统和软件（Software）系统两部分组成（见图1—14）。

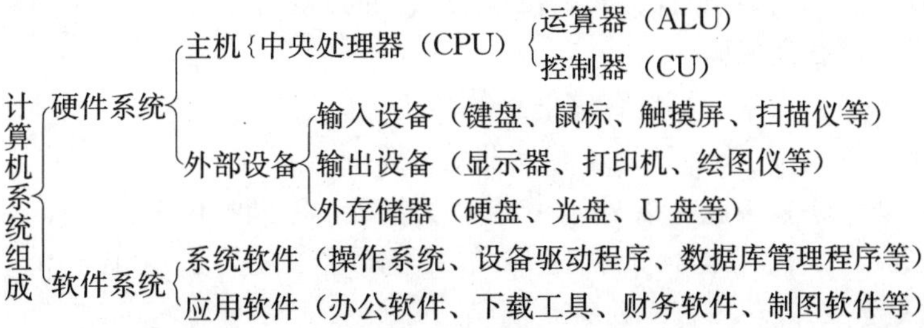

图1—14

📖知识链接

计算机的硬件系统由运算器、控制器、存储器、输入设备和输出设备五大部件构成。计算机的核心部分中央处理器（Central Processing Unit，CPU）由运算器和控制器组成，负责对信息和数据进行运算和处理，并实现本身运行过程的自动化。它的内部结构可以分为逻辑运算单元、控制单元和存储单元三个部分。具有读数据、处理数据和写数据三个基本功能。

1. 运算器（Arithmetic and Logical Unit，ALU）

运算器是计算机的核心部件，是“信息加工厂”，主要由一个加法器、若干个寄存器和一些控制线路组成。它用于计算机中数据的加工和处理，不仅可以实现加、减、乘、除等基本的算术运算，还可以完成与、或、非等基本的逻辑运算。

2. 控制器（Control Unit，CU）

控制器是整个计算机的指挥中心，用于指挥和协调计算机各个功能部件之间自动工作，可以识别、分析、执行各种指令，主要包括指令寄存器、指令译码器、时序信号发生器、程序控制器等。

3. 存储器（Memory）

存储器是计算机的记忆单元，主要用来存放程序和数据，并根据命令，将数据提供给有关部件使用。存储器系统主要包括主存储器（内存储器）、辅助存储器（外存储器）。

（1）主存储器也称内存储器，简称内存或主存。用于存放当前参与运行的程序、数据和中间信息。它与运算器、控制器进行信息交换。内存分为只读存储器（ROM）和随机读写存储器（RAM）两种。ROM 中的信息只能读取，不能写入，主要用来存放系统信息，掉电后存放在其中的信息不会丢失；RAM 中的信息既能读取又能写入，主要用来存放当前运行的程序和数据，掉电后信息将会丢失。主存储器的特点：存储容量小、存取速度快。

（2）辅助存储器又叫外存储器，简称外存，用于存放当前不参与运行的程序和数据。外存不能直接与 CPU 进行数据传递，需要时将参与运行的程序和数据调入主存，或将主存中的信息转来保存。辅助存储器的特点：容量大、存取速度慢、存储的信息能够长期保留。

存储器容量：表示计算机存储信息的能力，并以字节（byte）为单位。1 个字节等于 8 个二进制位（bit）。由于存储器的容量一般都比较大，尤其是外存储器的容量提高得非常快，因此又以 2^{10}（1024）为倍数，不断扩展单位名称。

1B＝8bit　　1KB＝1024B　　1MB＝1024KB　　1GB＝1024MB

4. 输入设备

输入设备的主要作用是把程序和数据等信息转换成计算机所适用的编码，并按顺序送往内存。常见的输入设备有键盘、鼠标器、扫描仪、触摸屏、条码阅读仪等。

5. 输出设备

输出设备的主要作用是把计算机处理的数据、计算结果等内部信息按人们要求的形式输出。常见的输出设备有显示器、打印机、绘图仪等。

任务 2　计算机的软件系统

🕮任务概述

根据图 1—14 计算机系统组成，能够区别系统软件和应用软件。

🕮知识链接

软件是指在硬件设备上运行的各种程序以及有关资料，主要由程序和文档两部分组成。计算机软件根据其功能和面向的对象分为系统软件和应用软件两大类。

1. 系统软件

系统软件是管理、监控和维护计算机资源的软件，用来扩大计算机的功能，提高计算机的工作效率，方便用户使用计算机。系统软件是计算机正常运转不可缺少的部分，是硬件与软件的接口。一般情况下系统软件分为 4 类：操作系统、语言处理系统、数据库管理系统和服务程序。

（1）操作系统。

系统软件的核心是操作系统。操作系统是由指挥与管理计算机系统运行的程序模板和数据结构组成的一种大型软件系统，其功能是管理计算机的硬件资源和软件资源，为用户提供高效、周到的服务。操作系统与硬件关系密切，是加在“裸机”上的第一层软件，其他软件都是在操作系统的控制下运行的，人们也是在操作系统的支持下使用计算机的，它是硬件与软件的接口。

常用的操作系统有 UNIX、Linux、MS-DOS、Windows 等。

（2）语言处理系统。

计算机只能直接识别和执行机器语言，因此要在计算机上运行高级语言程序就必须配备程序语言翻译程序，翻译程序本身是一组程序，不同的高级语言都有相应的翻译程序。语言处理系统如汇编语言汇编器，C 语言编译、连接器等。

（3）数据库管理系统。

数据库管理系统是一种操纵和管理数据库的大型软件，用于建立、使用和维护数据库。数据库是将具有相互关联的数据以一定的组织方式存储起来，形成相关系列数据的集合。数据库管理系统就是在具体计算机上实现数据库技术的系统软件。随着计算机在信息管理领域中日益广泛深入的应用，产生和发展了数据库技术，随之出现各种数据库管理系统（Data Base Management System，DBMS）。

目前已有不少商品化的数据库管理系统软件，如 Visual FoxPro、Oracle、Sybase 等都是在不同的系统中获得广泛应用的数据库管理系统。

（4）服务程序。

服务程序也称为软件研制开发工具或支持软件，现代计算机系统提供多种服务程序。它们主要是面向用户的软件，可供用户共享，方便用户使用计算机和管理人员维护管理计算机。

常用的服务程序有编辑程序、连接装配程序、测试程序、诊断程序、调试程序等。

2. 应用软件

应用软件（Application Software）是为了解决计算机各类具体问题而编写的应用程序的集合，它是在硬件和系统软件的支持下，面向具体问题和具体用户的软件，分为应用软件包和用户程序。

用户程序是用户为了解决特定的具体问题而开发的软件。充分利用计算机系统的现有软件，在系统软件和应用软件包的支持下方便、有效地开发用户专用程序，如各种票务管理系统、学籍管理系统和财务管理系统等。

项目三　微型计算机系统

微型计算机，简称微机，是计算机发展到第四代的产物，基本原理与一般计算机没有本质上的区别。由于微型计算机的体积小、价格便宜、方便灵活等特点，因此是目前使用最多的计算机。下面对微型计算机中常见的硬件进行具体介绍。

能力目标

- 描述微型计算机主板上的主要部件对计算机系统运行性能的影响；
- 认识主板的接口；
- 认识常用的外部设备。

任务 1　认识微型计算机主机

任务概述

微型计算机的硬件分为主机和外部设备两大部分（见图 1—15）。主机是微型计算机最主要的组成部分，包括主板、微处理器和内存储器等设备；外部设备由外存储器、输入设备和输出设备组成。

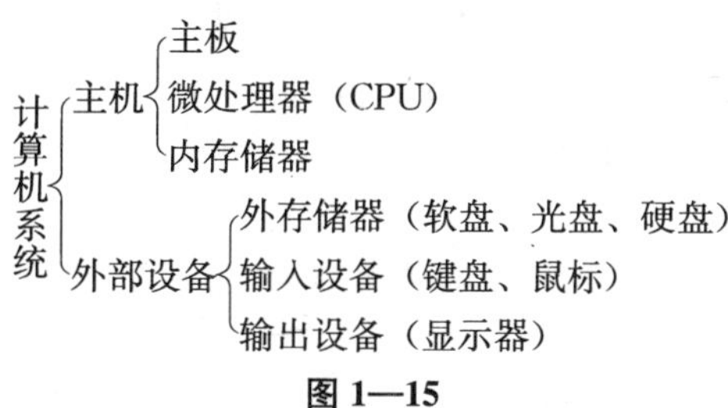

图 1—15

📖知识链接

1. 主板

主板也称系统板或母板，它是一块电路板，用来控制和驱动整个微型计算机，是微处理器与其他设备连接的桥梁，主要包括 CPU 插槽、总线扩展槽、外设接口插座等部分。主板是主机的躯干，CPU、内存、声卡、显卡等部件都固定在主板的插槽上，另外机箱电源上的引出线也接在主板的接口上。图 1—16 所示的是一块系统的主板，图 1—17 所示的是 CPU，图 1—18 所示的是内存条。

图 1—16

图 1—17

图 1—18

主板上的内存通常被叫做内存条（长条形），是计算机中数据存储和交换的部件。由于 CPU 工作时需要与外部存储器（如硬盘、软盘、光盘）进行数据交换，但外部存储器的速度远远低于 CPU 的速度，所以就需要一种工作速度较快的设备以完成数据暂时存储和交换的工作，这就是内存的主要作用。内存最常扮演的角色就是为硬盘与 CPU 传递数据。现在常用的有 SDRAM 内存、DDR 内存，其中 DDR 内存的运行频率、与 CPU 间的传输速率都高于 SDRAM 内存，已经成为主流。

总线（BUS）是连接计算机 CPU、主存储器、辅助存储器、各种输入/输出设备的一组物理信号线及其相关的控制电路，它是计算机中传输各部件信息的公共通道。

2. 主板与外部设备之间的接口

接口是 CPU 与 I/O 设备的桥梁，它在 CPU 与 I/O 设备之间起着信息转换和匹配的作用，也就是说，它是 CPU 与外部设备进行信息交换的中转站。接口电路通过总线与 CPU 相连。由于 CPU 与外部设备的工作方式、工作速度、信号类型等都不相同，因此，必须通过接口电路的变换作用，使两者匹配起来。

微机中一般提供的接口有标准接口和扩展槽接口。标准接口操作系统一般都认识，插上有关的外部设备，马上可以使用，真正做到“即插即用”。在微机中标准接口一般有：键盘与显示器接口，并行接口，两个串行 COM1、COM2 接口，IS/2 接口和 USB 接口等，如图 1—19 所示。

图 1—19

（1）键盘与显示器接口。

在微型计算机系统中，键盘和显示器是必不可少的输入/输出设备。微机主板上提供键盘与显示器的标准接口。

（2）并行接口。

由于现在常用的微机系统均以并行方式处理数据，所以并行接口也是最常用的接口电路。在实际应用中，凡在 CPU 与外设之间需要两位以上信息传送时，就要采用并行口。例如，打印机接口、数/模转换器接口、控制设备接口等都是并行接口。并行接口具有传输速度快、效率高等优点，适合于数据传输率要求较高而传输距离较近的场合。

（3）串行接口。

许多 I/O 设备与 CPU 交换信息，或计算机与计算机之间交换信息，是通过一对导线或通信通道来传送信息的。每一次只传送一位信息，每一位都占据一个规定长度的时间间隔，这种数据一位一位按顺序传送的通信方式称为串行通信，实现串行通信的接口就是串行接口。

与并行通信相比，串行通信具有传输线少、成本低的特点，特别适合于远距离传送，其缺点是速度慢，若并行传送 n 位数据需要时间 t，则串行传送需要的时间则为 nt。串行通信之所以被广泛采用，其中一个主要原因是可以使用现电话网进行信息传送，增加调制解调器，远程通信就可以在电话线上进行。这不仅可以降低通信成本，而且免除了架设线路维护的繁杂工作。

微机主板上提供了 COM1 和 COM2 两个现成的串行口。

（4）USB 接口。

通用串行总线（USB）是一种新型接口标准。随着计算机应用的发展，外设越来越多，使得计算机本身所带的接口不够使用。USB 可以简单地解决这一问题，计算机只需通过一个 USB 接口，即可串接多种外设，如数码相机、扫描仪、U 盘、手机等。USB 接口之所以会被广泛应用，主要是因为它具可以热插拔、标准统一、携带方便、可以连接多个设备等特点。

（5）扩展槽接口。

在微机中扩展槽接口一般有：显卡、声卡、网卡、多功能卡等。在主板上一般有多个扩充插槽，用于插入各种接口板（也称适配器）。适配器是为了驱动某种外设而设计的控制电路。通常，适配器插在主板的扩展槽内，通过总线与 CPU 相连。适配器一般做成电路板的形式，所以又称"插卡"、"扩展卡"或"适配卡"。

显卡又称显示卡适配器，用于连接显示器，如 VGA 卡、SVGA 卡、AGP 卡等；声卡的功能主要是处理声音信号并把信号传输给音箱或耳机，使它们发出声音。

3. CPU 性能评价

CPU 是计算机最核心、最重要的部件，目前市场上的 CPU 主要是 Intel 和 AMD 两家公司生产的。Intel 公司的代表产品就是"奔腾"系列，如 Pentium Ⅲ（奔腾 3）、Pentium Ⅳ（奔腾 4）处理器。AMD 公司的 CPU 产品主要有 Athlon、Athlon Thunderbird、Ahtlon XP 和 Duron。

CPU 的主要性能指标包括以下几个方面：

（1）CPU 主频：也称时钟频率或工作频率，单位是兆赫（MHz）或千兆赫（GHz），用来表示 CPU 的运算、处理数据的速度。主频的高低在很大程度上决定了 CPU 的运算速度但不代表整个 CPU 的性能。

（2）CPU 外频：即 CPU 总线频率，单位是 MHz，是由主板为 CPU 提供的基准频率，即系统总线、CPU 与周边设备传输数据的频率。它决定着整块主板的运行速度。

（3）倍频系数：CPU 主频与 CPU 外频之间的相对比例关系。

CPU 主频=CPU 外频×倍频系数

（4）字长：CPU 一次能直接处理的二进制数据的位数。字长越长，运算精度越高，处理速度越快，价格也会越高。因此，在用字长来区分计算机时，常把计算机说成“8 位机”、“16 位机”、“32 位机”、“64 位机”。例如，Pentium Ⅲ微处理器是 Intel 第七代微处理器，字长 64 位，并支持 MMX。它增加了全新的指令，可以提高三维图像、视频、声音等程序的运行速度，并可优化操作系统和网络的性能。

（5）运算速度：单位时间内执行的指令数，单位是 MIPS。现在一般采用两种计算方法：一种以每秒能执行指令的条数为标准；另一种则是具体指明执行整数四则运算指令和浮点四则运算指令所需要的时间。

（6）多核心：是指单芯片多处理器。现在 Intel 和 AMD 公司的新型 CPU 很多都采用多核心的技术，如奔腾双核、酷睿双核、4 核等。

任务 2　输入设备

📖任务概述

根据现有的知识，认识如图 1—20 所示的常用输入设备。

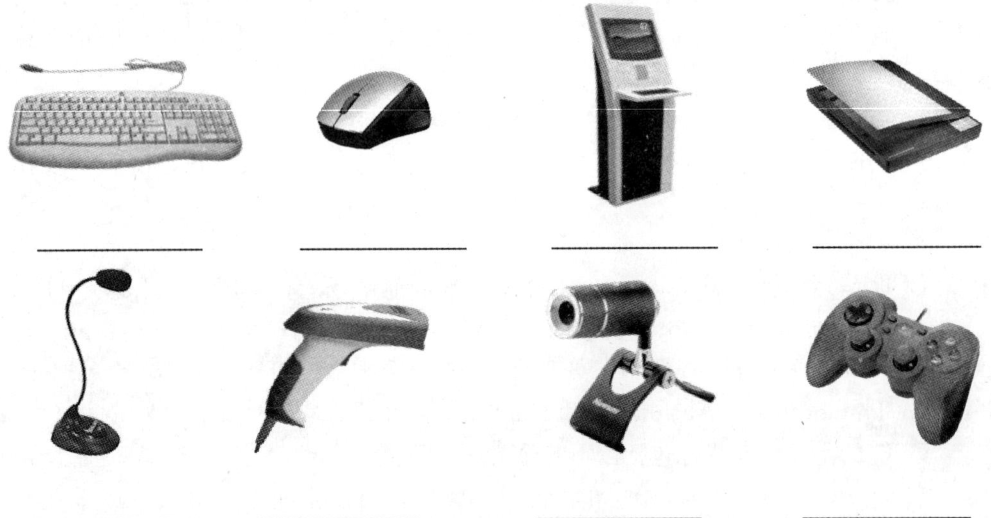

图 1—20

📖知识链接

常用的输入设备有键盘、鼠标、扫描仪、触摸屏、条码阅读仪等。

1. 键盘

键盘是最常用的主要输入设备，通常有101、104、108等规格。用户可以通过键盘，将英文字母、数字、标点符号、汉字及其他图形、文字输入到计算机中。

键盘一般分为四个区：字符键区、功能键区、数字键区、光标控制键区（见图1—21）。

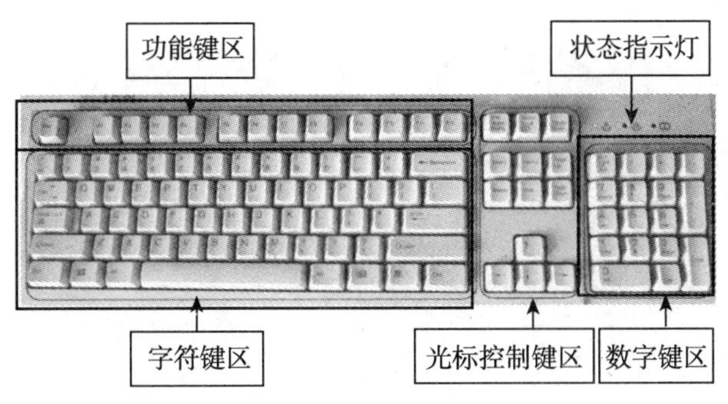

图1—21

2. 鼠标

鼠标又称Mouse，是计算机显示系统纵横坐标定位的指示器。鼠标可分为有线和无线鼠标两种。

3. 扫描仪

扫描仪又称为Scanner，是利用光电技术和数字处理技术，以扫描方式将图形或图像信息转换为数字信号的装置。扫描仪可分为两大类型：滚筒式扫描仪和平面扫描仪。近几年又出现了笔式扫描仪、便携式扫描仪、馈纸式扫描仪、胶片扫描仪、底片扫描仪、名片扫描仪等。

4. 触摸屏（Touch Panel）

触摸屏又称为触控面板，是个可接收触头等输入讯号的感应式液晶显示装置，当接触了屏幕上的图形按钮时，屏幕上的触觉反馈系统可根据预先编程的程序驱动各种连接装置，可用以取代机械式的按钮面板，并借由液晶显示画面制造出生动的影音效果。从技术原理来区别触摸屏，可分为五个基本种类：矢量压力传感技术触摸屏、电阻技术触摸屏、电容技术触摸屏、红外线技术触摸屏、表面声波技术触摸屏。

5. 条码阅读仪

条码阅读仪是用来读取物品上条码信息的设备，由条码扫描和译码两部分组成。现在绝大部分条码阅读器都将扫描器和译码器集成为一体，人们根据需要设计了各种类型的扫描器。条码阅读器按工作方式可分为固定式和移动式（手持式）；按光源的不同，可分为发光二极管、激光及其他光源形式。最常见的条码阅读器是笔式阅读器、手持式阅读器。

任务 3　输出设备

📖任务概述

根据现有的知识，认识如图 1—22 所示的常用输出设备。

__________　__________　__________　__________

图 1—22

📖知识链接

输出设备的主要功能是将计算机内部信息送给操作者或其他设备的接口。常用的输出设备有显示器、打印机、绘图仪、音箱等。

1. 显示器

显示器是微型计算机最重要的输出设备，显示器通过显示卡接到系统总线上，两者一起构成显示系统，是“人机对话”不可缺少的工具。它能以数字、字符、图形、图像等形式，显示各种设备的状态和运行结果；编辑各种文件、程序和图形；从而建立起计算机和操作员之间的联系。显示器的主要技术参数：

- 屏幕尺寸：用矩形屏幕的对角线长度，以英寸为单位，反映显示屏幕的大小。
- 宽高比：屏幕横向与纵向的比例，通常都是 4∶3。
- 点距（Dot Pitch）：点距指屏幕上相邻两个同色像素单元之间的距离，即两个红色（或绿、蓝）像素单元之间的距离。从原理上讲，普通显像管的荧光屏里有一个网罩，上面有许多细密的小孔，所以被称为“荫罩式显像管”。电子枪发出的射线穿过这些小孔，照射到指定的位置并激发荧光粉，然后就显示出了一个点。许多不同颜色的点排列在一起就组成了五彩缤纷的画面。它决定像素的大小，以及能够达到的最高显示分辨率，点距越小越好。
- 像素（Pixel 或 Pel）：指屏幕上能被独立控制其颜色和亮度的最小区域，即荧光点，是显示画面的最小组成单位。一个屏幕像素点数的多少与屏幕尺寸和点距有关。

- 显示分辨率（Resolution）：指屏幕像素的点阵。通常写成“水平点数×垂直点数”的形式。它取决于垂直方向和水平方向扫描的线数，而线数与选择的显示卡类型有关。通常，显示分辨率越高，显示的图像越清晰。由像素概念不难看出，显示器尺寸与点距限制了该显示器可以达到的最高显示分辨率。
- 由灰度和颜色（Gray Scale Color Depth）：灰度指像素点亮度的差别，灰度用二进制数进行编码，位数越多，级数就越多。灰度编码使用在彩色显示方式时，代表颜色。增加颜色种类和灰度等级主要受到显示存储器容量的限制。
- 刷新频率（Refresh Rate）：屏幕上的像素点经过一遍扫描（每行自左向右、行间自上向下）之后，使得到一帧画面。每秒内屏幕画面更新的次数，称为刷新频率，刷新频率越高，画面闪烁越小。

2. 打印机

打印机（Printer）是计算机常用输出设备之一，它可以将计算机的运行结果，中间信息等打印在纸上，便于长期保存和修改。

（1）打印机的分类。

- 按输出方式：分为行式打印机和串式打印机。
- 按工作方式：分为击打式打印机和非击打式打印机。

击打式打印机可分为点阵打印机和字模打印机。非击打式打印机包括激光打印机、喷墨打印机、热敏打印机等。

击打式打印机使用最多的是点阵打印机，这类打印机噪音大、速度慢、打印质量差，但是价格便宜、对纸张无特殊要求。非击打式打印机使用较多的是喷墨打印机和激光打印机。除此之外，属于热敏打印机的有喷蜡、热蜡、热升华打印机。非击打式打印机的噪音小、速度快、打印质量高。激光打印机价格贵；喷墨打印机价格虽低，但其消耗品价格很高；热敏打印机价格最高，主要用于专业领域。

- 按打印颜色：分为单色打印机和彩色打印机。

（2）打印机主要技术参数。衡量打印机好坏的指标有三项：打印速度、打印分辨率和噪声。

- 打印速度：可用 CPS（字符/秒）表示。现在多使用“页/分钟”。
- 打印分辨率：用 DPI（点/英寸）表示。激光和喷墨打印机一般都达到 600 DPI 以上。
- 噪声：打印的噪声越小，打印出来的东西质量越高。

3. 绘图仪

绘图仪是能按照人们要求自动绘制图形的设备，它可将计算机的输出信息以图形的形式输出，可绘制各种管理图表和统计图、工程测量图、建筑设计图、电路布线图、各种机械图与计算机辅助设计图等。最常用的是 X-Y 绘图仪。

任务 4　外存储器

任务概述

外存储器，也称为外存或辅助存储器。外存分为磁介质型存储器和光介质型存储器两种，磁介质型常指软盘、硬盘，光介质型则指光盘。图 1—23 所示的是一些常用的外存储设备。

图 1—23

知识链接

1. 硬盘

硬盘驱动器（Hard Disk Drive，HDD，或 HD）通常被称为硬盘。它与硬盘驱动器封装在一起，安装在主机箱里面，如图 1—24 所示。硬盘的容量是以 MB（兆）和 GB（千兆）为单位的，现在也有大容量的硬盘用 TB 为单位。早期的硬盘容量低，大多以 MB（兆）为单位，而现在硬盘的容量有 500GB、1 000GB、……，硬盘技术还在继续向前发展，更大容量的硬盘还将不断推出。

图 1—24

硬盘的种类繁多，可按不同的标准进行分类。按尺寸分有：3.5 英寸、2.5 英寸、1.8 英寸；按接口（见图 1—25）分有：IDE（PATA）接口、SCSI 接口、SATA 接口、SAS 接口；按用途分有：家用的、企业级在线的、企业级近线的、监控级的；按转速分有：15 000 转、10 000 转、7 200 转、5 400 转、4 200 转、3 600 转。硬盘的特点是数据保存时间长，携带方便，但价格较贵，用来存储大型信息。

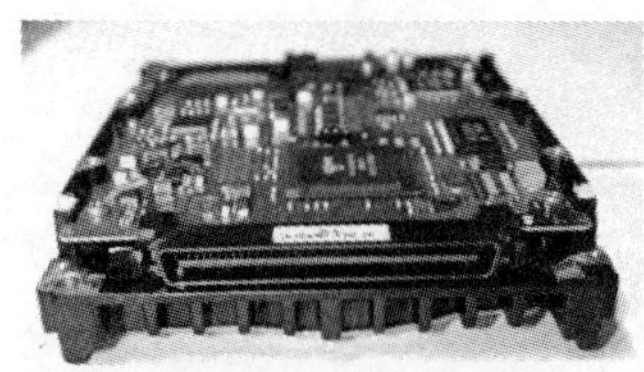

图 1—25

2. 软盘

软盘的存储容量一般为1.44MB，在计算机中通常称为A盘。软驱是指对软盘数据进行读和写操作的设备称为软盘驱动器。软盘的特点是轻巧灵活，易于携带，价格便宜，但是它的容量较小。现今已逐步被淘汰。

3. 光盘

光盘也是一种常用的外存储器，它分为CD-ROM和DVD-ROM。一般CD-ROM容量为650MB，DVD-ROM容量为4.7GB。光盘的特点是数据保存时间长，价格低廉，携带方便，用来存储大型信息。

4. 移动硬盘

移动硬盘（Mobile Hard Disk）是以硬盘为存储介质，可以与计算机之间交换大容量的数据，强调便携性的存储产品。其特点是存储容量大、体积小、传输速度高、使用方便。移动硬盘是移动存储设备之一。

5. U盘

U盘全称“USB闪存盘”，英文名“USB Flash Disk”。它是一个USB接口的、无需物理驱动器的微型高容量移动存储产品，可以通过USB接口与计算机连接，实现即插即用。U盘最大的优点是小巧便于携带、存储容量大、价格便宜、性能可靠。U盘也是移动存储设备之一。

🕮动手实践

根据所学知识，通过查阅资料，为自己或家人配置一台价值在5 000元左右的个人计算机，完成表1—3。

表1—3

配件	产品名称及型号	数量	估价
CPU			
主板			
内存			
硬盘			
显卡			
光驱			
显示器			
机箱			
电源			
键鼠套装			
音箱			
散热器			

项目四　计算机中的数值与编码

计算机所表示和使用的数据可分为两大类：数值型数据和非数值型数据（字符型数据）。数值型数据是指可以表示量的大小、正负的数据，如整数、小数等。非数值型数据是指用来表示一些符号、标记、专用字符以及标点符号等，如汉字、图形、声音。

前面我们曾在阐述计算机工作原理的时候介绍了各种数据在计算机内都是采用二进制来表示的，所以该项目的任务就是讨论数制和数制的转换、字符的编码和汉字的编码。

能力目标

- ■ 了解二进制的概念；
- ■ 掌握不同数制之间的转换；
- ■ 了解 ASCII 码的基本概念，了解计算机内字符的编码规则；
- ■ 了解汉字在计算机内的表示方法。

任务 1　数制及其转换

📖任务概述

信息在计算机中都用二进制数进行表示，但是，在实际应用中，除了十进制和二进制外，人们还利用到其他数制，不同进制的数可以相互转换。

📖任务实施

根据所学知识完成以下数制的转换：

10010101B=__________D=__________H

12. 5D=__________B=__________O

📖知识链接

一、计算机中的数据

数据是指能够输入计算机并被计算机处理的数字、字母和符号的集合。日常所看到的景象和听到的事实，都可以用数据来描述。可以说，只要计算机能够接收的信息都可以叫数据。

1. 计算机中数据的单位

在计算机内部，数据都是以二进制的形式存储和运算的。

（1）位。

二进制数据中的一个位（bit，简称比特）简写为b，是计算机存储数据的最小单位。一个二进制位只能表示0或1两种状态，要表示更多的信息，就要把多个位组合成一个整体，一般以8位二进制组成一个基本单位。

（2）字节。

字节是计算机数据处理的最基本单位，并主要以字节为单位表示信息。字节（Byte）简写为B，规定一个字节为8位，即1B=8bit。每个字节由8个二进制位组成。一般情况下，一个ASCII码占用一个字节，一个汉字国际码占用两个字节。

（3）字。

一个字通常由一个或若干个字节组成。字（Word）是计算机进行数据处理时，在单位时间内存取、加工和传送的数据长度。由于字长是计算机一次所能处理信息的实际位数，所以它决定了计算机数据处理的速度，是衡量计算机性能的一个重要指标，字长越长，性能越好。

（4）数据的换算关系。

1=8b　　1KB=1024B　　1MB=1024KB　　1GB=1024MB

由于技术原因，计算机内部一律采用二进制，而人们在编程中经常使用十进制，有时为了方便还采用八进制和十六进制。了解不同计数制及其相互间的转换是非常重要的。

2. 计算机内部采用二进制数的原因

在计算机中，二进制并不符合人们的习惯，但是计算机内部却采用二进制表示信息，其主要原因有如下5点：

（1）电路设计简单。

（2）工作可靠。

（3）运算简单。

（4）逻辑性强。

（5）与十进制数转换方便。

二、计算机中几种常用的数制

1. 数制

数制是人们利用数字符号按进位原则进行数据大小计算的方法，通常以十进制来进行计算。计算机运算主要采用二进制、八进制和十六进制。

数码：一个数制中表示基本数值大小的不同数字符号。例如，十进制有10个数码：0、1、2、3、4、5、6、7、8、9。

基数：一个数值所使用数码的个数。例如，八进制的基数为8，二进制的基数为2。

位权：一个数值中某一位上的1所表示数值的大小。例如，八进制的1000，1

的位权是 8。

2. 计算机中常用的数制

十进制数：有 10 个基本数字 0～9，逢十进一，位权是以 10 为底的幂。通常表示在数字后面加字母 D 或不加字母也可以，如 65D 或 65。

二进制数：有两个基本数字 0、1，逢二进一，位权是以 2 为底的幂。通常表示为 $(11011)_2$ 或 11011B。

八进制数：有 8 个基本数字 0～7，逢八进一，位权是以 8 为底的幂。通常表示为 $(276)_8$ 或 276O。

十六进制数：有 16 个基本数字 0～9、A、B、C、D、E、F，逢十六进一，位权是以 16 为底的幂。通常表示为 $(1A2B)_{16}$ 或 1A2BH。

3. 十进制数转换为二进制数

整数部分的转换采用的是除 2 取余法。转换原则是：将该十进制数除以 2，得到一个商和余数（b_0），再将商除以 2，又得到一个新商和余数（b_1），如此反复，得到的商是 0 时得到余数（b_{n-1}），然后将所得到的各位余数，以最后余数为最高位，最初余数为最低位依次排列，即 $b_{n-1}b_{n-2}\cdots b_1b_0$，这就是该十进制数对应的二进制数。这种方法又称为“倒序法”。

例：$(126)_{10}=$________$_2$

解：

所以 $(126)_{10}=\underline{1111110}_2$

4. 二进制数转换为十进制数

二进制数转换为十进制数按权值展开相加。

例：$(1110110)_2=$________$_{10}$

解：$(1110110)_2=1\times2^6+1\times2^5+1\times2^4+0\times2^3+1\times2^2+1\times2^1+0\times2^0$

$=64+32+8+0+4+2+0$

$=(110)_{10}$

所以 $(1110110)_2=\underline{\ 110\ }_{10}$

任务 2　汉字编码

🕮任务概述

计算机在处理汉字信息时也要将其转换为二进制编码，每个汉字编码采用两字节来表示。通常汉字编码有国标码、机内码、输入码和字形码四种。

🕮知识链接

1. 国标码

国标码（国标区位码）以国家标准局 1980 年颁布的《信息交换用汉字编码字符集基本集》（代号为 GB 2312—80）规定的汉字交换码作为国家标准汉字编码，简称国标码。主要是用作汉字信息交换码使用，使不同系统之间的汉字信息进行相互交换。国标码是扩展的 ASCII 码。

国标 GB 2312—80 规定，所有的汉字和符号均由区号和位号两部分组成。一个汉字所在的区号与位号简单地组合在一起就构成了该汉字的“区位码”。在汉字区位码中，高两位为区号，低两位为位号。因此，区位码与汉字或图形符号之间是一一对应的。

例：“大”的国标码是“34H73H”，即 00110100 01110011。

国标码中包括 6 763 个汉字和 628 个其他基本图形字符，共计 7 445 个字符。其中规定一级汉字 3 755 个，二级汉字 3 008 个，图形符号 682 个。

2. 机内码

机内码指在计算机中表示是一个汉字的编码，是国标码的另一种表示形式，又称内码或存储码。英文字符的机内码是最高位为 0 的 8 位 ASCII 码。为了避免国标码和 ASCII 码的双重定义，把国标码每个字节的最高位由 0 改为 1，其余位不变的编码作为汉字机内码。

例：“大”的机内码是“B4HF4H”即 10110100 11110011。也就是相当于，国际码（H）＋8080（H）＝机内码（H）。

3. 输入码

输入码也叫外码，是为了通过键盘上的 26 个字符把汉字输入到计算机而设计的一种编码。汉字的输入码的类型很多，如音码、形码、音形码等。

4. 字形码

字形码是指确定一个汉字字形点阵的代码。汉字在显示和打印输出时，是以汉字字形信息表示的，即以点阵的方式形成汉字、图形。

通常汉字显示使用 16×16 点阵，汉字打印可选用 24×24 点阵、32×32 点阵、64×64 点阵等。汉字字形点阵中的每个点对应一个二进制位，所以 16×16 点阵字形的字要使用 32 个字节（16×16÷8 字节＝32 字节）存储，64×64 点阵的字形要使用 512 个字节。点阵越大，则汉字字形的质量越好。

习　题

一、填空题

1. 世界上第一台电子数字计算机取名为________。
2. 计算计的软件系统通常分成________软件和________软件。
3. 计算机中，中央处理器 CPU 由________和________两部分组成。
4. 7KB=________B，16MB=________KB。
5. 计算机在处理汉字信息时也要将其转换为__________编码，每个汉字编码采用________字节来表示。

二、选择题

1. 世界上第一台电子数字计算机研制成功的时间是（　　）年。
   A. 1936　　B. 1946　　C. 1956　　D. 1975
2. PC 机在工作中，电源突然中断，则（　　）全部不丢失。
   A. ROM 和 RAM 中的信息　　B. RAM 中的信息
   C. ROM 中的信息　　D. RAM 中的部分信息
3. 一台完整的计算机由运算器、（　　）、存储器、输入设备、输出设备等部件构成。
   A. 显示器　　B. 键盘　　C. 控制器　　D. 磁盘
4. 以下计算机系统的部件（　　）不属于外部设备。
   A. 键盘　　B. 打印机　　C. 中央处理器　　D. 硬盘
5. 最基础最重要的系统软件是（　　）。
   A. 数据库管理系统　　B. 文字处理软件
   C. 操作系统　　D. 电子表格软件
6. “CAI”的中文意思是（　　）。
   A. 计算机辅助教学　　B. 计算机辅助设计
   C. 计算机辅助制造　　D. 计算机辅助管理
7. 计算机辅助设计的英文缩写是（　　）。
   A. CAD　　B. CAI　　C. CAM　　D. CAT
8. 目前大多数计算机，就其工作原理而言，基本上采用的是科学家（　　）提出的存储程序控制原理。
   A. 比尔·盖茨　　B. 冯·诺依曼　　C. 乔治·布尔　　D. 艾仑·图灵
9. 计算机内部识别的代码是（　　）。
   A. 二进制数　　B. 八进制数　　C. 十进制数　　D. 十六进制数

10. 计算机的驱动程序是属于下列哪一类软件？（　　）

A. 应用软件　　B. 图像软件　　C. 系统软件　　D. 编程软件

三、简答题

1. 计算机的特点包括哪些？
2. 简述计算机的应用领域。

第二章　中文 Windows XP 操作系统

项目一　操作系统介绍

操作系统（Operating System）是计算机软件系统中最主要、最基本的系统软件。Windows XP 是一种多任务的图形界面操作系统，用户只需操作屏幕上带有特定含义的图形和符号，就可以指挥计算机工作。它易学易用，具有友好的用户界面，是目前为广大计算机用户普遍采用的操作系统之一。

能力目标

- 了解操作系统的基本概念，理解操作系统的作用；
- 了解常用操作系统的特点和功能；
- 能正确启动、关闭计算机系统；
- 了解组成 Windows XP 图形界面的对象，熟练使用鼠标完成对窗口、菜单、工具栏、任务栏、对话框等的操作。

任务 1　认识 Windows XP 操作系统

📖任务概述

目前大部分人使用的是安装 Windows XP 操作系统的计算机。开始工作前首先要明白计算机操作系统的启动与退出，就是人们通常说的开机与关机；然后布

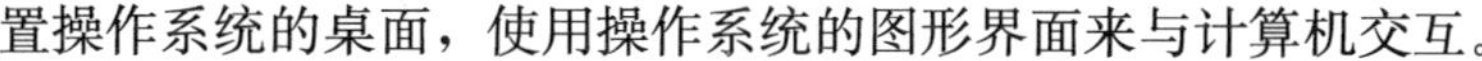

置操作系统的桌面，使用操作系统的图形界面来与计算机交互。

📖任务实施

使用一台预装有 Windows XP 操作系统的计算机完成工作前应首先熟悉操作系统的基本操作。完成本任务主要有以下操作：

- Windows XP 简介；
- Windows XP 的功能和特点；
- Windows XP 操作系统的启动与退出。

1. Windows XP 简介

Windows XP 中文全称为视窗操作系统体验版，是微软公司发布的一款视窗操作系统。它发行于 2001 年 10 月 25 日，原来的名称是 Whistler。微软最初发行了两个版本，家庭版（Home）和专业版（Professional）。家庭版的消费对象是家庭用户，专业版则在家庭版的基础上添加了新的为面向商业的设计的网络认证、双处理器等特性。家庭版只支持 1 个处理器，专业版则支持 2 个。字母 XP 表示英文单词的“体验”（Experience）。2011 年 7 月初，微软表示将于 2014 年春季彻底取消对 Windows XP 的技术支持。

2. Windows XP 的功能和特点

中文版 Windows XP 具有如下特点：

（1）中文版 Windows XP 采用的是 Windows NT/2000 的核心技术，运行非常可靠、稳定而且快速，为用户计算机的安全正常高效运行提供了保障。

（2）中文版 Windows XP 不但使用更加成熟的技术，而且外观设计也焕然一新，桌面风格清新明快、优雅大方，用鲜艳的色彩取代以往版本的灰色基调，使用户有良好的视觉享受。

（3）中文版 Windows XP 系统大大增强了多媒体性能，对其中的媒体播放器进行了彻底的改造，使之与系统完全融为一体，用户无需安装其他的多媒体播放软件，使用系统的“娱乐”功能就可以播放与管理各种格式的音频和视频文件。

总之，在新版 Windows XP 系统中增加了众多的新技术和新功能，使用户能轻松地完成各种管理和操作。

3. Windows XP 操作系统的启动与退出

先打开显示器和主机的电源开关，并稍等片刻，即可启动 Windows XP，如图 2—1 所示。

完成 Windows XP 工作后，请关闭所有打开的应用程序，保存所有编辑文件，正常退出 Windows XP。正常退出操作系统的步骤如下：

（1）首先退出应用程序，返回到如图 2—1 所示的桌面状态。

（2）然后单击左下角的“开始”按钮，弹出如图 2—2 所示的“开始”菜单。

图 2—1

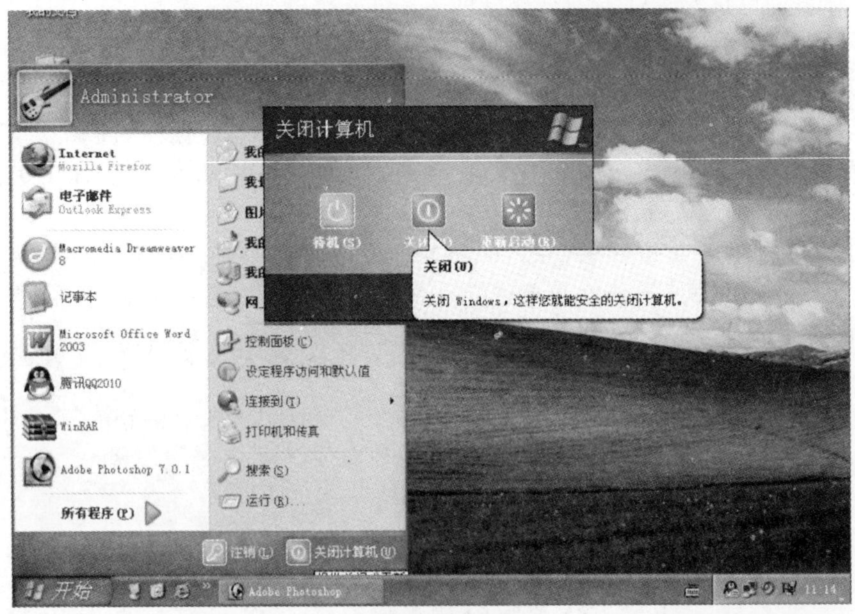

图 2—2

(3) 选择其中的“关闭计算机”命令，弹出图 2—2 所示的“关闭计算机”对话框，单击“关闭”按钮，即可退出 Windows XP，关闭计算机。

注意：在 Windows XP 操作系统下工作时，内存和磁盘上的临时文件中存储了大量信息。如果使用直接关闭计算机电源或热启动等方法非正常退出，可能会造成数据丢失、浪费磁盘空间等后果，甚至可能出现系统崩溃。所以，一定要按照正确的方法退出 Windows XP。

任务 2　Windows XP 的基本知识

📖任务概述

Windows XP 系统以图形化用户界面作为主要特征，用户通过对图形化界面元素的操作来完成预期的任务。Windows XP 的图形化界面基本元素包括：桌面、图标、窗口、菜单和对话框等。熟悉这几种元素的功能和操作，是掌握 Windows XP 的一个重要环节。

📖任务实施

在 Windows XP 启动后，需要对环境进行设置。完成本任务主要有以下操作：

- 鼠标和键盘的基本操作。
- 桌面的组成与操作。

📖知识链接

1. 鼠标的基本操作

(1) 鼠标操作。

鼠标是 Windows XP 操作中最常用到的设备，其基本操作包括指向、单击、双击、拖动、右击和拖放，鼠标按键操作如下：

①选取：使用鼠标指针移动至屏幕的某个对象上，然后按一下主要按钮。

②单击左键：将鼠标指针定位到某个对象上（如图标、按钮、菜单、文件或文件夹等），按下并立即释放鼠标左键一次，单击一般用于选中对象或执行命令。

③单击右键（右击）：将鼠标指针定位到对象上和指向指定的区域，单击鼠标右键，通常会出现快捷菜单，该菜单包含所选对象的典型操作和说明，这对于快速完成任务非常有用。

④双击：快速并且连续地按两次鼠标左键，双击可以用来打开窗口、文件、应用程序等。

⑤拖曳或拖动：将鼠标指针定位在对象上，按鼠标左键或右键不放，移动鼠标到新位置，再释放鼠标。拖动可以用来移动对象或复制对象。

随着鼠标指针指向屏幕上的不同区域，鼠标器的指针也会发生相应的变化。表 2—1 中列出了在鼠标指针的常见形状及其相应操作的说明。

表 2—1　　鼠标指针的常见形状及其相应操作

含义	符号	含义	符号
正常选择		垂直调整	↕
求助	?	水平调整	↔
后台运行		沿对角线 1 调整	↘
忙		沿对角线 2 调整	↗
精确定位	+	移动	
选定文字	I	候选	↑
手写		链接选择	
不可用	⊘		

（2）键位的指法分工。

在基准键位的基础上，对于其他字母、数字及符号键都采用与 8 个基准键的键位相对应的位置来记忆。

2. 桌面的组成与操作

Windows 启动后显示的整个屏幕称为桌面，Windows 桌面主要由三部分组成：桌面图标、“开始”菜单、任务栏。

（1）桌面图标。

桌面上的某个图标通常是 Windows 环境下，可以执行的一个应用程序的图标，用户可以通过双击其中的任意一个打开其相应的应用程序窗口进行具体的操作。

“我的电脑”图标：“我的电脑”是系统文件夹，其中存放系统的硬盘、光盘、移动磁盘中的内容。双击“我的电脑”图标，会出现如图 2—3 所示的窗口。

“我的电脑”是用户访问计算机资源的一个入口，双击此图标，实际是打开了资源管理器，用户在资源管理器窗口中可以查看计算机中的资源情况并可选择对象进行访问操作，如图 2—4 所示。

“我的文档”图标：它是系统为每个用户账户建立的个人文件夹。它含有三个特殊的个人文件夹，即“图片收藏”、“我的视频”、“我的音乐”。

保存文件时，系统默认保存在“我的文档”中，其位置在操作系统所在逻辑盘一级子目录 Documents and Settings 文件夹下。

“网上邻居”图标：通过“网上邻居”可以查看整个局域网络中其他已登录用户的情况及网络地址的设置。

“回收站”图标：“回收站”是硬盘中的特殊文件夹，双击“回收站”图标后，将显示已经被逻辑删除的文件夹名或文件名。

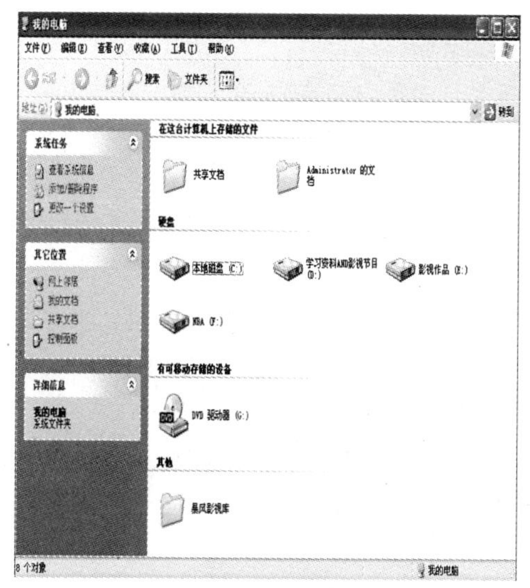

图 2—3

图 2—4

(2)“开始”菜单。

“开始”菜单位于桌面的左下角。单击“开始”菜单后，用户可以在该菜单中选择相应的命令进行操作。系统默认的“开始”菜单如图 2—5 所示，“经典”菜单如图 2—6 所示。

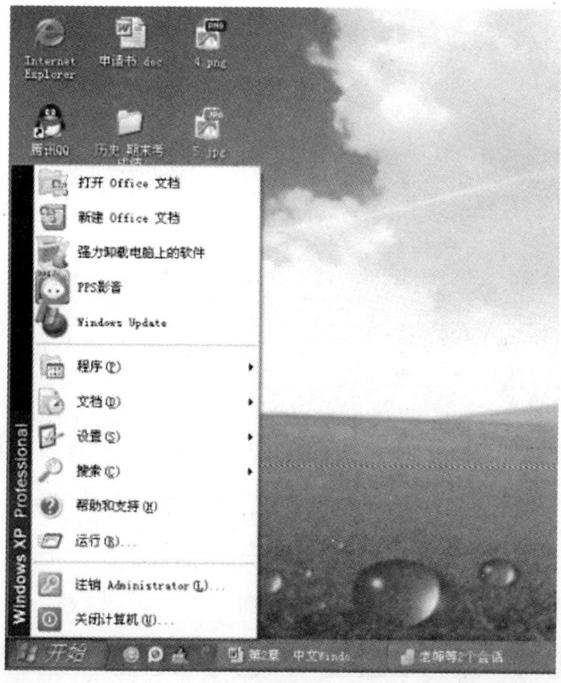

图 2—5

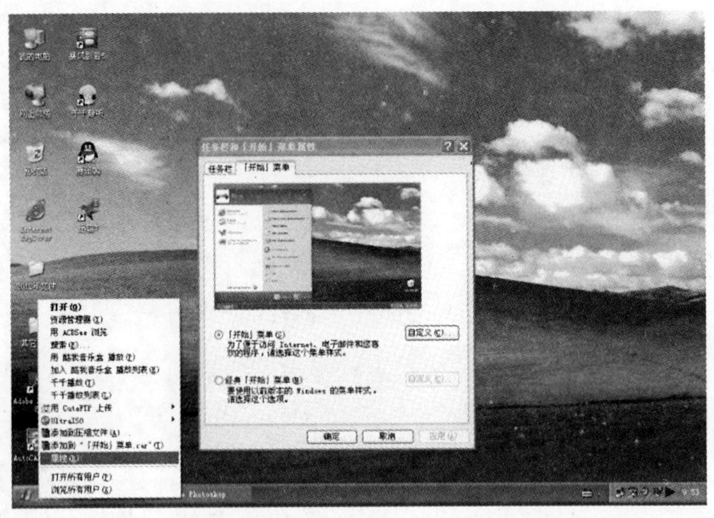

图 2—6

◆ 所有程序：列出计算机上当前安装的程序，可以选择运行指定的应用程序。

◆ 我的文档：可以打开用户的“我的文档”文件夹。

◆ 我最近的文档：用以打开最近使用过的文档。

◆ 我的电脑：是存放系统中所有硬盘、光盘、移动设备上文件资源的系统文件夹。

◆ 控制面板：通过控制面板可看到计算机属性、打印机、网络连接和用户账号等。

◆ 搜索：根据搜索选项条件，显示找到的结果。

◆ 运行：提供了一种通过输入命令字符串来启动程序、打开文档以及浏览 Web 站点的方法。

◆ 注销与关闭计算机：提供退出 Windows 系统的各种方法。

（3）设置开始菜单为经典模式。

①根据图 2—6 完成设置操作。

②右击“开始”菜单，在弹出的快捷菜单中单击“属性”。

③选中“经典开始菜单”单选按钮。

④单击“确定”按钮，完成设置。

（4）任务栏。

任务栏位于桌面的底部，从左至右依次为“开始”菜单、快速启动工具栏、任务按钮、语言栏、通知区域（里面包括音量图标、系统时间、发生一定事件时所显示的通知图标等）。任务栏的组成，如图 2—7 所示。

图 2—7

改变任务栏的大小：任务栏默认处于桌面最底部，把鼠标放到任务栏的上边缘，待鼠标变为↕时，向上拖动鼠标，便可以使任务栏变高。效果图如图 2—8 所示。

图 2—8

改变任务栏的位置：把鼠标移动到“开始菜单”的右边一点，如图 2—8 所示位置，然后向右边拖动鼠标，即可变为如图 2—9 所示的样子。

图 2—9

隐藏任务栏：根据个人的喜好，可以将任务栏隐藏起来，操作方法是在任务栏空白处右击选择“属性”选项，在打开的“任务栏和「开始」菜单属性”对话框中，选中“自动隐藏任务栏”复选框，如图 2—10 所示。

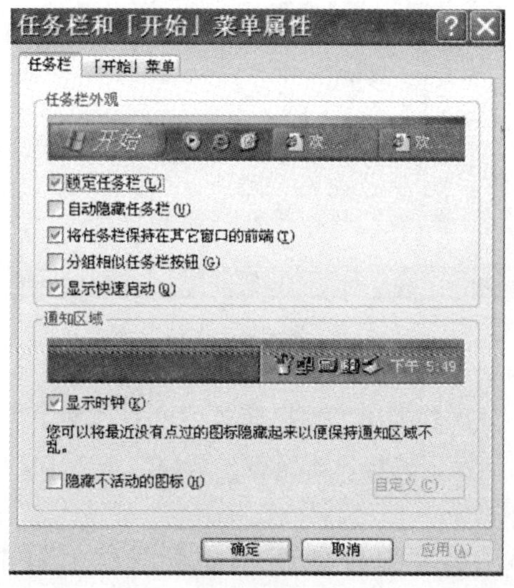

图 2—10

任务 3　操作窗口及对话框

任务概述

窗口和对话框是屏幕上可见的矩形区域，其操作包括打开、关闭、移动、位置排列、放大缩小等，在桌面上可以同时打开多个窗口。

任务实施

认识和熟悉 Windows XP 的窗口，熟悉操作窗口和对话框。完成本任务主要有以下操作：

认识窗口和对话框；

窗口的基本操作：移动、最大化、最小化和恢复、窗口大小的改变；

对话框的基本操作。

1. 认识窗口和对话框

（1）在桌面上双击“我的电脑”图标，观察弹出的窗口，如图 2—11 所示。

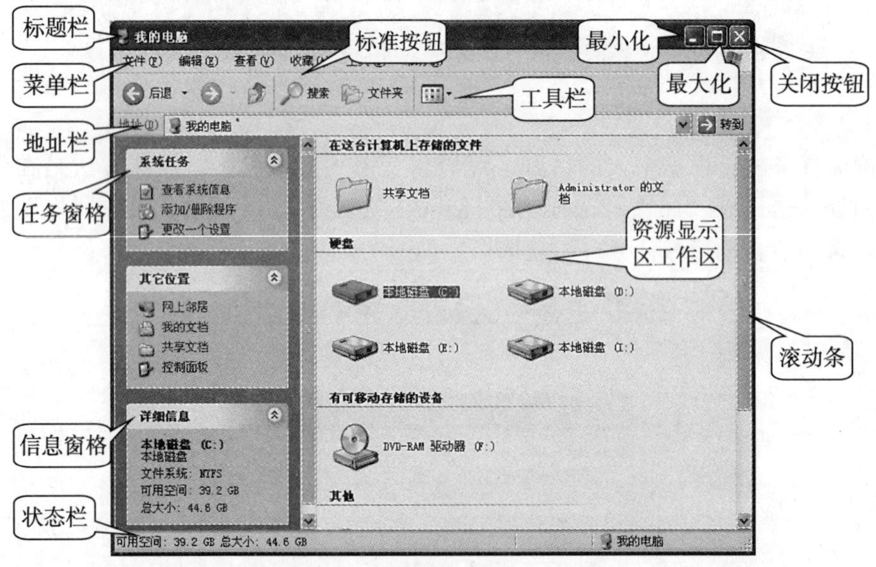

图 2—11

（2）右击桌面空白处，在弹出的快捷菜单中单击“属性”命令，出现如图 2—12 所示的“显示属性”对话框，选择“屏幕保护程序”选项卡，观察认识其中的对象。

2. 窗口的基本操作

（1）窗口的打开：双击相应的图标或在图标上右击选中“打开”后按 Enter 键。

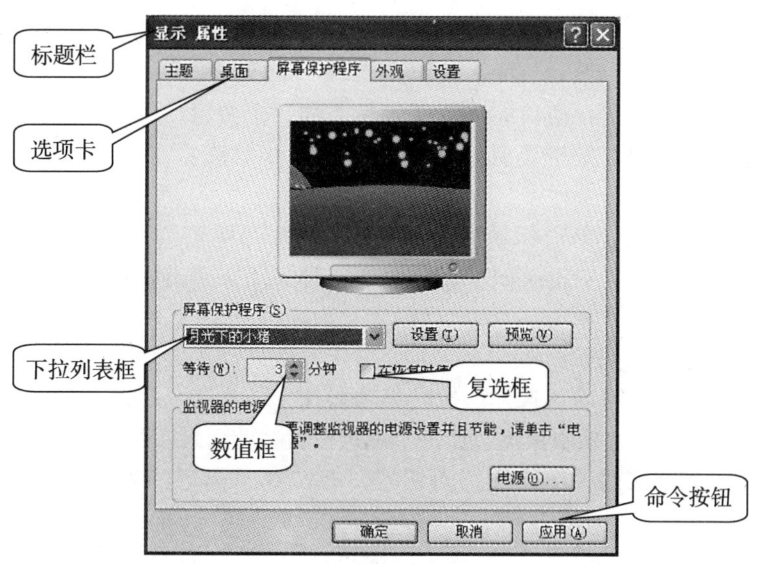

图 2—12

（2）窗口的移动：直接拖动标题栏到目标位置。

（3）窗口的切换：Alt＋Tab 组合键、单击窗口的任意位置、单击窗口在任务栏上的标签。

（4）窗口的改变大小：将光标放在窗口任意边框上，待光标变为双向箭头时直接拖动。

（5）排列窗口：在多个窗口处于打开状态下，鼠标右键单击任务栏的空白处，在弹出的快捷菜单的 3 种排列方式中，选择“层叠窗口”、“横向平铺窗口”和“纵向平铺窗口”中的一种即可，如图 2—13 所示。

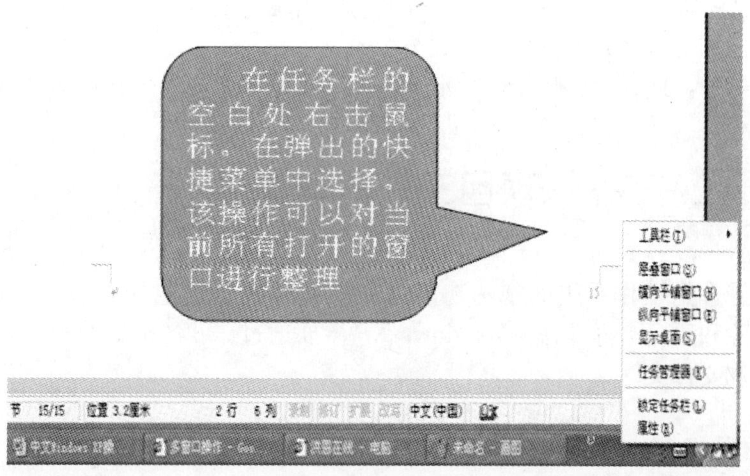

图 2—13

（6）窗口的最大化：是指窗口充满整个屏幕。单击“最大化”按钮，或双击标题栏。

（7）窗口的最小化：窗口缩小为任务栏上的一个按钮。单击“最小化”即可。

（8）窗口的还原：是指让窗口恢复为前一大小状态。单击“还原”按钮，或双击标题栏。

（9）窗口的关闭：单击标题栏上的关闭按钮、Alt＋F4、文件菜单中的关闭、在任务栏的相应标签上右键关闭、在标题栏右键关闭、双击标题栏上的小图标。

3. 对话框

（1）对话框选项如下：

命令按钮：单击可确认选择，执行某项操作。

单选按钮：一组选项中只能选择一个单选按钮，前面带有圆点标记的表示选中。

复选框：用来在两种选择状态间切换，有“√”标记的表示选中，否则表示未选中。

下拉列表框：提供多个选项，单击右侧的向下箭头可以打开下拉列表框。

（2）对话框的移动和关闭。

要移动对话框，只需按住鼠标左键不放，然后拖动鼠标即可。如果对话框中的输入确认后，可单击“确定”按钮使其设置有效，对话框也随之关闭；若要取消设置，可单击“取消”按钮关闭对话框；也可直接单击标题栏右边的“关闭”按钮或 Esc 键退出。

4. 窗口组成功能说明

标题栏：窗口的名称；在标题栏上还有系统菜单、最大化、最小化、还原、关闭按钮。

菜单栏：位于标题栏的下面，包括有执行所需的命令；菜单栏上有文件、编辑、查看、帮助等一组菜单项。

工具栏：提供了一组常用命令的按钮，如后退、前进、搜索、查看、撤销等。

边框：拖动边框会改变窗口的大小。

其他部分：地址栏、状态栏、水平与垂直滑动条、窗口工作区、各种图标等。

项目二　管理文件

文件管理是操作系统的基本功能之一。文件的管理包括查看、查找、复制、移动、删除和重命名等操作。Windows XP 主要通过“我的电脑”和资源管理器来管理文件和文件夹。

能力目标

■ 使用资源管理器或“我的电脑”对文件等资源进行管理；

■ 理解文件和文件夹的概念和作用，掌握文件和文件夹的基本操作；
■ 了解常用的文件类型；
■ 搜索文件或文件夹。

任务 1　使用资源管理器

📖任务概述

使用“我的电脑”进行单个文件或文件夹操作比较方便，但当文件或文件夹较多且层次较深时，将需要打开多层文件夹，操作和显示会变得杂乱。这时，用户可以使用“资源管理器”。

📖任务实施

本任务主要有以下操作：

- 打开和认识资源管理器；
- 选择文件夹。

📖知识链接

1. 文件与文件夹的概念

（1）文件。

文件是操作系统用来存储和管理信息的基本单位。计算机中的所有信息都是存放在文件中的，文件是所有相关信息的集合，可以是源程序、可执行程序、一张图片或一段声音。

（2）文件名。

一个磁盘可以存放许多文件，为了区分它们，对于每个文件，都必须给它们取名字（即文件名）。当存取某一个文件时，只要在命令中指定其文件名，而不必记住存储的物理位置，实现了“按名字存取”。

文件名由主文件名和扩展名两部分组成，它们之间以分隔符隔开。格式为：主文件名 . 扩展名。文件名命名要遵守如下规则：

①文件名最多可达 255 个字符。

②文件名中可以包含有空格，如 my file. doc。

③文件名中不能包含的字符有？ \　|　/　*　“　：　<　>。

④允许使用多分隔符的名字，如 11. 22. 33. doc. txt。只有最后一个分隔符的后面部分（即 . txt）才是扩展名。

⑤系统保留用户指定的文件名的大、小写格式，但大、小写没有区别，如 ABC. DOC 与 abc. doc 是一样的。

⑥还可以使用汉字，如阳春中职学生信息表 . xls。

2. 文件类型

文件类型以其扩展名作为区分。文件的类型非常多，一般初学者常用的文件类型见表 2—2。

表 2—2　　常用的文件类型

.COM 文件	命令文件	.EXE 文件	应用程序文件
.BAT 文件	批处理文件	.DOC 文件	写字板或 Word 文档文件
.TXT 文件	文本文件	.BMP 文件	位图像文件（除此之外还有：GIF、JPG、JPE、JFIF、JPEG、TIF、TIFF 等）
.WAV 文件	声音文件（除此之外还有：MP3、MP4 等）	.AVI 文件	视频文件（除此之外还有：DAT、MPEG 等）

3. 打开认识资源管理器

资源管理器以分层的方式显示计算机内所有文件的详细图表。使用资源管理器可以更方便地管理文件或文件夹，不必打开多个窗口，而只是在一个窗口中就可以浏览所有的磁盘和文件夹。

打开资源管理器的方法如下：

方法一：选择“开始→所有程序→附件→资源管理器”命令。

方法二：用鼠标右击“我的电脑”或“我的文档”，从快捷菜单中选择“资源管理器”命令。

思考：还有其他方法打开资源管理器吗？无论使用哪种方法，都能打开“Windows 资源管理器”窗口，如图 2—14 所示。

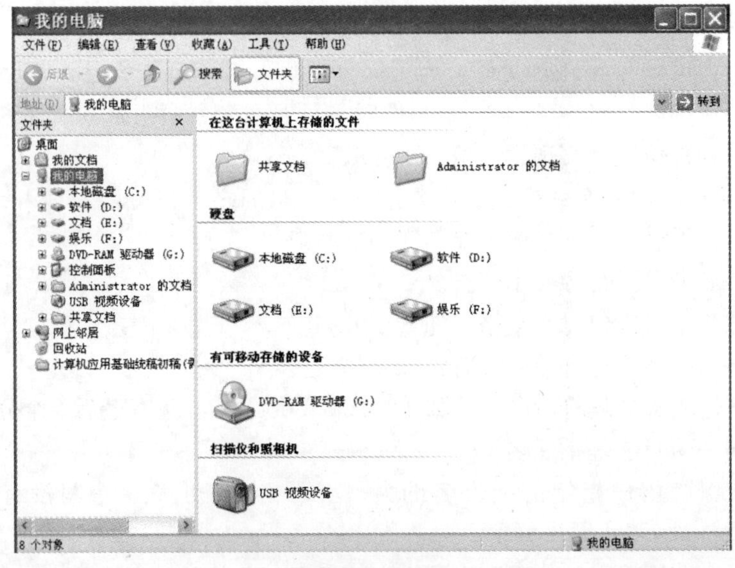

图 2—14

用鼠标拖动左、右窗格中间的分隔条，可以调整左、右窗格的大小。左窗格有一棵文件夹树，显示计算机文件的结构组织，最上方是“桌面”图标，计算机所有资源都组织在这个图标下。右窗格中显示左窗格中选定对象包含的内容。左窗格可以关闭，即单击左窗格右上角的关闭来完成。若要显示左窗格，则选择“查看→浏览器栏→文件夹”命令即可。

＋：表示该文件夹中含子文件夹，单击后则显示其中的文件夹，同时使“＋”变“－”标志。

－：表示已打开一个文件夹，单击后则隐藏其中的子文件夹，同时使“－”变“＋”标志。

树状结构的文件夹是目前操作系统流行的文件管理模式，它的结构层次分明，很容易被人们理解。一般初学者只要明白基本概念，就可以熟练地使用。

根文件夹：在磁盘上，根文件夹往往是必需的、仅有的文件夹。根文件夹能容纳的文件数是有限的。

子文件夹和父文件夹：在根文件夹中建立的文件夹称为子文件夹。子文件夹也可以再含子文件夹。子文件夹对应的上一级文件夹称为父文件夹。

需要说明的是，任何一个文件夹下都可以建立名称不完全相同的若干个子文件夹，但一个子文件夹只对应一个父文件夹。

任务 2　操作文件及文件夹

任务概述

在 Windows XP 中，文件与文件夹的操作是指对它们的创建、复制、移动、删除和更名等。

任务实施

本任务主要有以下操作：

- 新建文件及文件夹；
- 重命名文件及文件夹；
- 选定文件及文件夹；
- 复制和剪切文件及文件夹；
- 删除文件及文件夹。

知识链接

1. 新建文件和文件夹

 新建 文本文档.txt

应用程序文件是在安装 Windows 或是安装应用程序时自动创建的。文档是应用程序创建的结果。新建文档使用以下方法：

方法一：指向空白区域右击，选择“新建→文本文档”。

方法二：单击菜单栏“文件→新建→文本文档”。

（1）创建文件夹。

使用“我的电脑”建立新文件夹，操作步骤如下：

①双击桌面上“我的电脑”图标，打开“我的电脑”窗口。

②选择要建立文件夹的磁盘并打开，如 D 盘。

③选择“文件→新建→文件夹”命令；或是在 D 盘文件列表窗口的空白处右击鼠标弹出快捷菜单，选择“新建→文件夹”命令。

④输入新的文件夹名。

⑤单击鼠标或按回车键后，新文件夹的建立完成。也可使用快捷方式进行。

（2）创建快捷方式。操作方法同创建文件夹，如图 2—15 所示，创建一个桌面快捷方式。

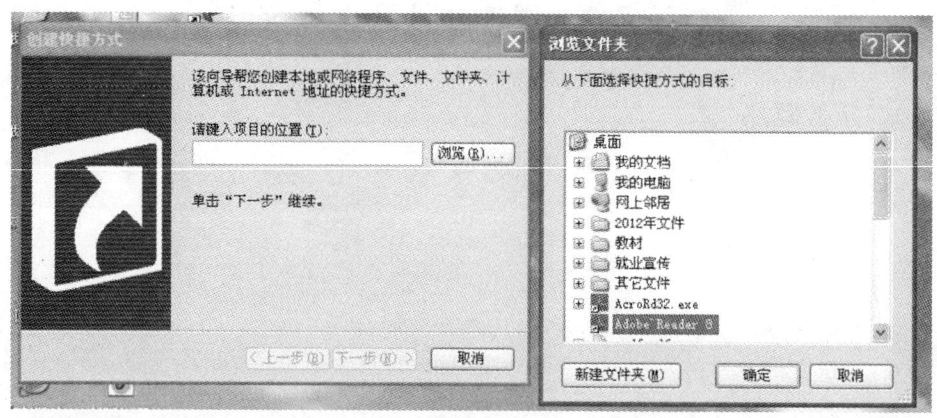

图 2—15

①指向桌面右击，选择“新建→快捷方式”，单击“浏览”按钮，选择相对应程序。

②输入快捷方式的名称，单击“确定”按钮，完成创建。

2. 重命名文件及文件夹

重命名文件或文件夹就是给文件或文件夹重新起一个新的名称，使其符合要求。具体操作步骤如下：

（1）选择要重命名的文件或文件夹。

（2）单击菜单“文件→重命名”命令；或右击该文件或文件夹，在弹出的菜单中单击“重命名”命令。

（3）这时文件或文件夹的名称将处于编辑状态（蓝色反白显示），直接输入新的名称即可。

3. 选定文件及文件夹

Windows XP 在进行操作之前，先选取相应的对象，然后进行操作，即遵循先选定后操作的要求。文件与文件夹的选取方法主要有以下几种：

（1）选择一个文件或文件夹：用鼠标单击文件或文件夹。

（2）选择多个文件或文件夹。

如果多个文件是临近的多个文件夹，则选择第一个文件后，按住 Shift 键，再选择其他文件；或者如果文件在一个矩形区域内，用鼠标拖动矩形框，所经过的文件将都被选中；如果多个文件是非临近的多个文件，则选择第一个文件后，按住 Ctrl 键，再选择其他文件。

（3）不连续选取。按住 Ctrl 键，再依次单击要选定的每一个文件（夹）后，释放 Ctrl 键。

（4）全选。

方法一：单击“编辑”菜单中的“全部选定”命令。

方法二：按 Ctrl＋A 组合键。

4. 文件及文件夹的移动和复制

在进行文件和文件夹的复制、移动、删除等操作，首先选中文件和文件夹。复制和移动文件和文件夹有以下方法。

（1）复制文件和文件夹：

①选定要复制的文件或文件夹。

②选择菜单“编辑”下的“复制”命令，或单击标准工具栏上的“复制”按钮，将所选文件或文件夹复制到剪贴板中。

③打开目标盘或目标文件夹，选择菜单“编辑”下的“粘贴”命令，或单击标准工具栏上的“粘贴”按钮，将所选文件或文件夹复制到目标位置。

（2）移动文件和文件夹：

①选定要移动的文件或文件夹。

②选择菜单“编辑”下的“剪切”命令，或单击标准工具栏上的“剪切”按钮。

③打开目标盘或目标文件夹，选择菜单“编辑”下的“粘贴”命令，或单击标准工具栏上的“粘贴”按钮，将所选文件或文件夹移动到目标位置。

5. 删除文件和文件夹

删除文件和文件夹有以下两种方法：

（1）按 Delete 键。

（2）右击选定的文件或文件夹，在弹出的快捷菜单中选择“删除”命令。

思考：还有哪些方法删除文件和文件夹？若不小心删除了不该删除的文件应当如何找回来？

6. 设置文件属性

（1）选择所要设定某种属性的文件或文件夹。

（2）在“资源管理器”窗口中，从“文件”菜单中选择“属性”或将指针移至需设定属性的文件或文件夹上，按鼠标右键，从快捷菜单中选择“属性”，则出现“属性”对话框。

（3）在所要设定的属性选项中单击鼠标，然后单击“确定”按钮。

Windows 操作系统的一些重要的文件或文件夹是不能进行任何修改操作的，一般操作系统将它们隐藏起来。此外，从光盘中复制到硬盘中的文件，文件属性是只读的，也不能进行编辑修改。要想修改文件或文件夹，必须先修改它们的属性。

Windows XP 中的文件属性有两种，如图 2—16 所示。

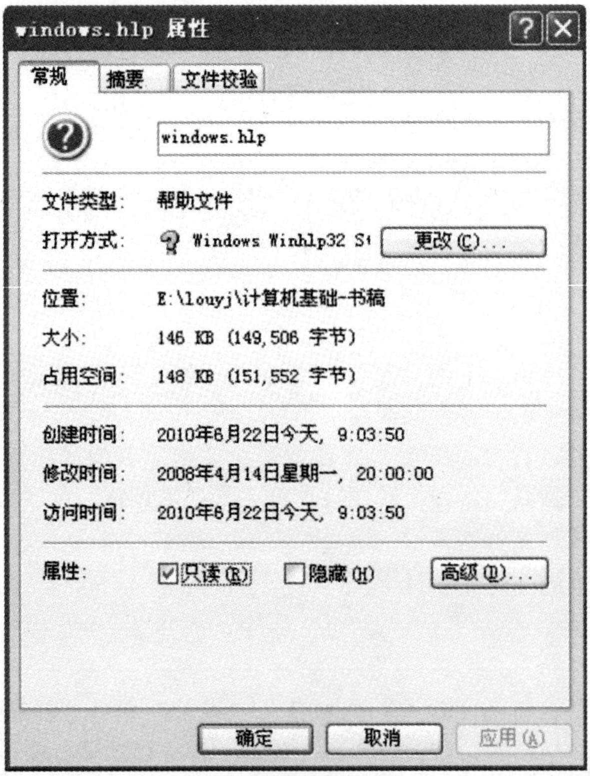

图 2—16

只读（R）：指文件或文件夹只读而不能删除或修改。

隐藏（H）：指文件或文件夹不能用普通显示命令显示。

项目三　Windows XP 的管理

在 Windows XP 中，用户可以根据个人要求对计算机的软件、硬件以及 Windows XP 进行设置，这些设置可以在“控制面板”中完成，Windows XP 有很多有用的程序，可以实现日常应用和更多的管理工作，控制面板是 Windows 提供的用于设置和管理计算机中资源的一套系统工具，如定制 Windows 的桌面、修改日期和时间、安装或卸载硬件设备、添加/删除程序等。

能力目标

■ 了解控制面板的功能；
■ 使用控制面板配置系统；
■ 使用操作系统中自带的常用程序；
■ 安装使用打印机。

任务 1　控制面板的使用

🕮任务概述

利用控制面板管理 Windows XP 的各种管理操作。

🕮知识链接

1. 打开“控制面板”窗口

单击“开始→设置→控制面板”，如图 2—17 所示。

2. 设置桌面背景

设置桌面背景的操作步骤如下：

（1）右击桌面任意空白处，在弹出的快捷菜单中单击“属性”命令，打开“显示属性”对话框。

（2）单击“桌面”标签可以打开“桌面”选项卡，如图 2—18 所示。

（3）在“背景”列表框中，选择喜爱的图片。若没有合适的图片，可以单击右侧的“浏览”按钮，打开图 2—19 所示的“浏览”对话框，从中选择需要的图片，然后单击“确定”按钮。

3. 设置屏幕保护程序

设置屏幕保护的操作步骤如下：

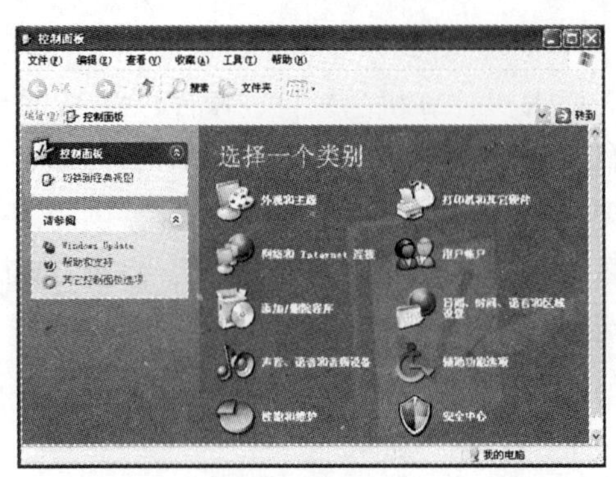

图 2—17

图 2—18

（1）按前面的方法打开“显示属性”对话框，单击该对话框的“屏幕保护程序”标签，如图 2—20 所示。

图 2—19

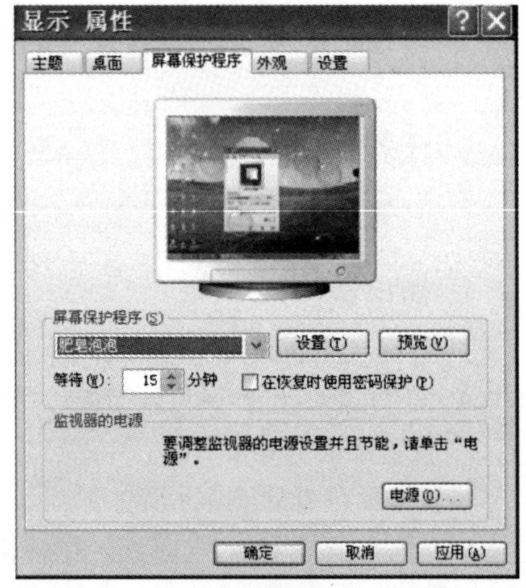

图 2—20

（2）在该选项卡中的“屏幕保护程序”选项组的下拉列表框中选择一种保护程序，如图 2—21 所示。

（3）在选项卡的显示器中即可看到该屏幕保护程序的显示效果。单击“设置”按钮，可以对所选屏幕保护程序进行具体设置。

（4）单击“预览”按钮，可预览该屏幕保护程序的效果，在“等待”文本框中输入或调节等待时间，若计算机在设定的时间内无人使用，则启动该屏幕保护程序。

4. 利用控制面板设置日期时间

在“控制面板”中双击“日期、时间、语言和区域设置”再选择“更改日期和时间”图标；打开“日期和时间属性”对话框，如图 2—22 所示。

图 2—21

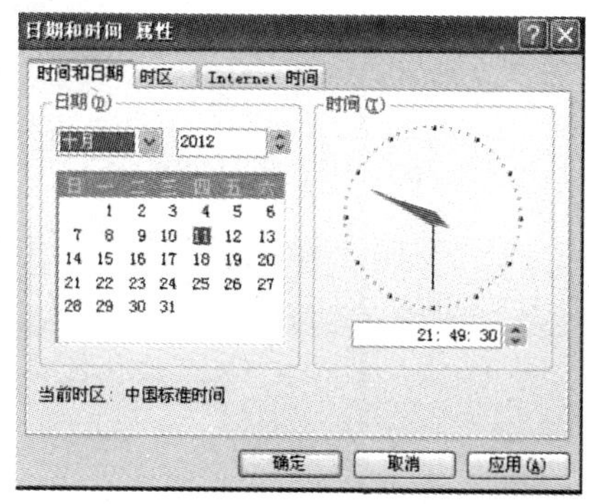

图 2—22

5. Windows 中程序的添加和删除

在“控制面板”中，选择“添加或删除程序”图标，会显示出所有已经安装的程序，按照对话框中向导的引导，可完成每一步操作，如图 2—23 所示。

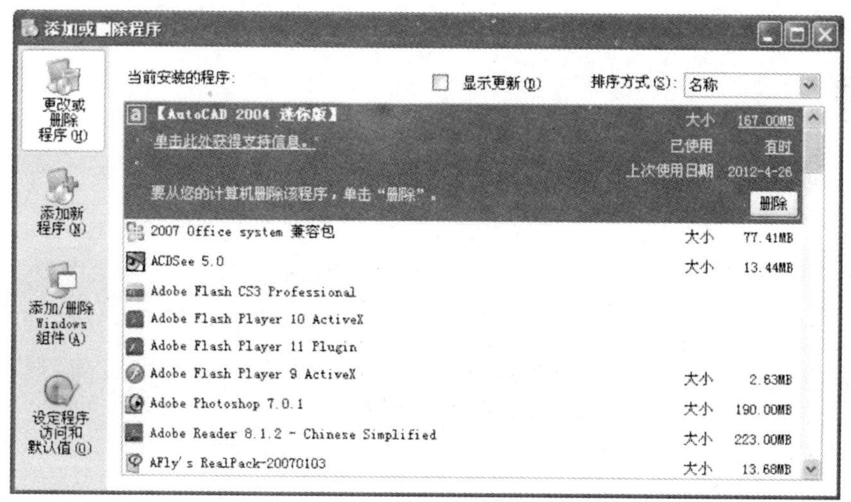

图 2—23

6. 更改显示器分辨率

打开“控制面板”双击“外观和主题”再选择“更改屏幕分辨率”命令，如图 2—24 所示。

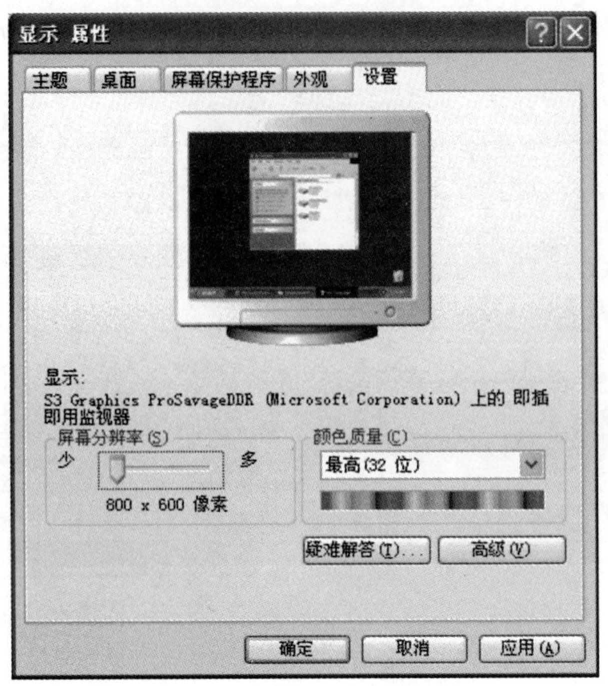

图 2—24

知识拓展

控制面板功能见表 2—3。

表 2—3　　控制面板功能表

控制面板分类	功能说明
外观和主题	更改桌面项目的外观，应用主题或屏幕保护程序，或自定义「开始」菜单和任务栏
打印机和其他硬件	更改打印机、键盘、鼠标、照相机和其他硬件的设置
网络和 Internet 连接	连接到 Internet，创建家庭或小型办公网络，配置网络设置以便在家工作，或者更改调制解调器、电话和 Internet 设置
用户账户	更改用户账户设置，密码和图片
添加/删除程序	安装或删除程序和 Windows 组件
日期、时间、语言和区域设置	为计算机更改时间、日期、时区、使用的语言以及货币、日期、时间显示的方式
声音、语音和音频设备	更改整个声音方案或您的计算机生成的个别声音，或为您的扬声器和录音设备配置设置

任务 2　使用 Windows XP 自带程序

🕮任务概述

Windows XP 系统自带了一些常用的程序，如“磁盘碎片整理”、“计算器”、“记事本”、“画图”等，“磁盘碎片整理程序”能有效地整理磁盘空间，提高磁盘的读写速度。

🕮任务实施

本任务主要有以下操作：

- 对 C 盘进行磁盘碎片整理；
- 对 C 盘进行磁盘清理；
- 打开计算器及画图工具。

🕮知识链接

1. 对 C 盘进行磁盘碎片整理

（1）单击“开始→所有程序→附件→系统工具→磁盘碎片整理程序”命令，打开“磁盘碎片整理程序”窗口。

（2）整理 C 盘磁盘碎片，操作步骤如图 2—25 所示。

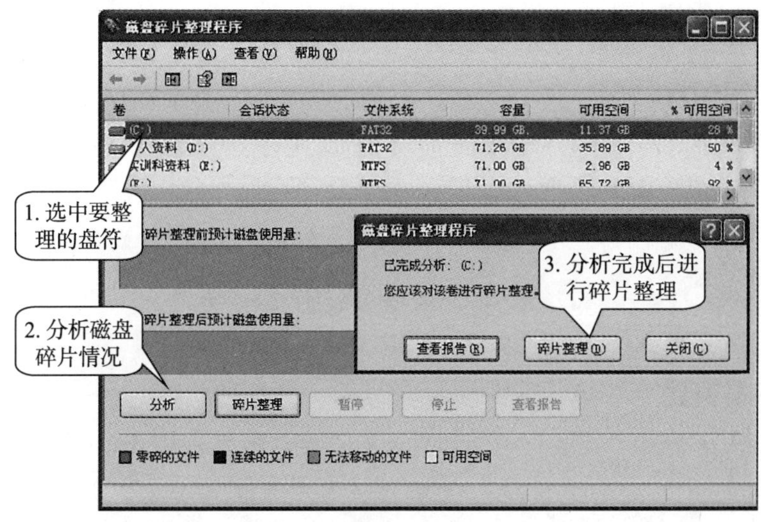

图 2—25

2. 对 C 盘进行磁盘清理

使用磁盘清理程序，可以帮助清理释放硬盘空间，清理工作包括删除临时

Internet文件、删除不再使用的已安装组件和程序并清空回收站。

（1）单击“开始→所有程序→附件→系统工具→磁盘清理”命令，打开“选择驱动器”对话框。

（2）清理 C 盘，操作步骤如图 2—26 所示。

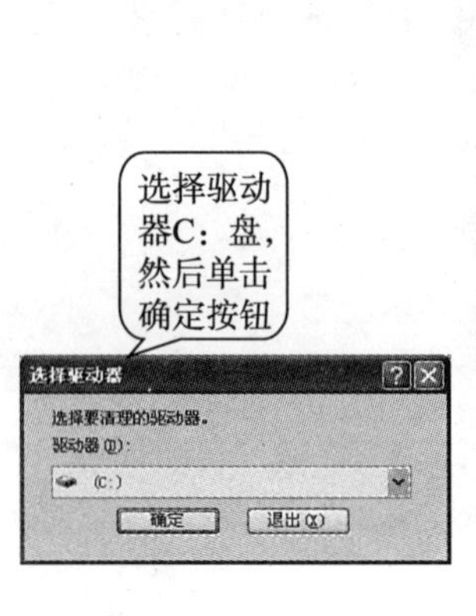

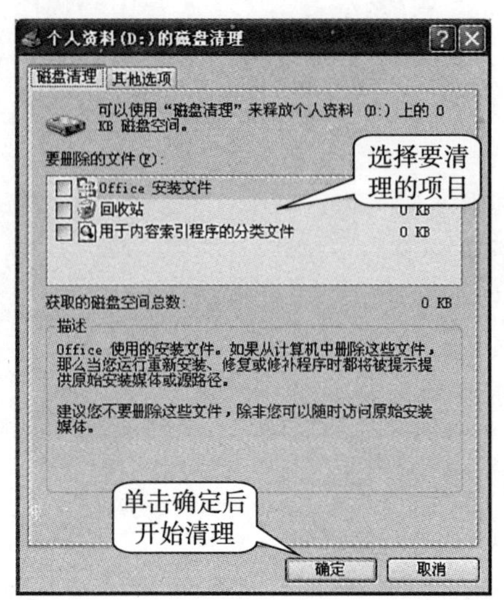

图 2—26

3. 打开计算器及画图工具

参考第一、第二条打开计算器和画图工具。

知识拓展

Windows XP 的自带程序大部分都集中在“附件”中，基本为工具软件。除了上面介绍的几个常用工具外，还有放大镜、造字程序、娱乐游戏、播放器、录音机等实用工具。

任务 3　安装使用打印机

任务概述

在计算机系统中，安装一台本地打印机直接与计算机相连，或者是安装一台共享的网络打印机。Windows XP 一般会自动检测并安装大多数的打印机。但是对于老式打印机，可能需要进行手动安装。打印机的接口类型可分为：LPT（并行口）、USB 或红外接口。

打印机硬件与计算机连接好后，还需要进行必要的软件设置才能实现打印功能，本任务主要有完成打印机的安装操作：

- 打开安装打印机窗口；
- 选择打印机型号；
- 完成打印机的安装测试。

任务实施

（1）打开“控制面板”窗口，单击“打印机和其他硬件”，在“打印机和其他硬件”窗口中，单击“打印机和传真”，如图 2—27 所示。

（2）在图 2—27 中的“打印机任务”窗格中，单击“添加打印机”，在打开的“添加打印机向导”对话框中，单击“下一步”按钮，直到出现图 2—28 所示的对话框。

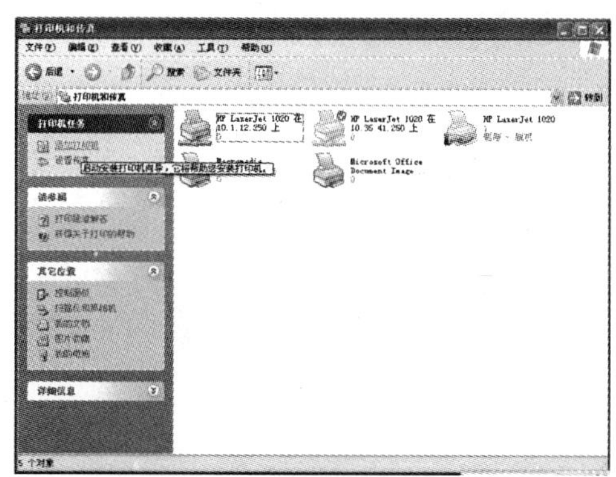

图 2—27

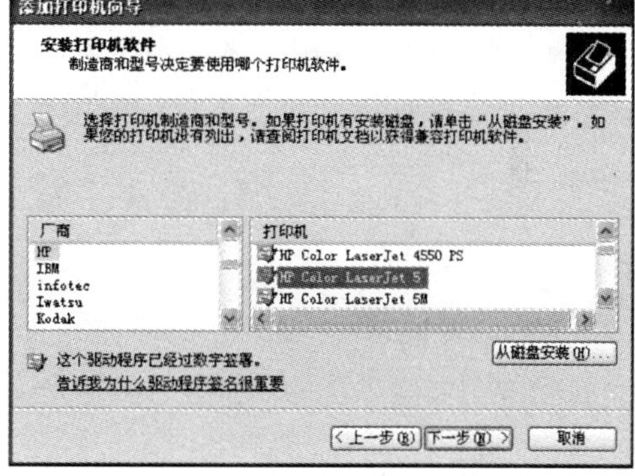

图 2—28

（3）根据向导继续操作，完成打印机的安装。

知识链接

1. 设置默认的打印机

如果计算机上安装多台打印机，可以将其中的一台设为默认打印机。在打印机窗口中，选中要设置的打印机，右击鼠标在弹出的快捷菜单中，单击“设置为默认”命令。一个复选标记出现在打印机图标旁边。

2. 设置共享打印机

默认情况下，安装在 Windows XP 上的打印机没有共享，可以选择在自己的计算机上安装的打印机共享，方便局域网中的其他用户使用。

3. 打印机的使用

在打印机属性对话框中，可以选择打印方向（“纵向”或“横向”）、“纸张规格”、“打印区域”等。

使用打印机打印文件时，会出现一个显示打印状态的窗口。在这个窗口中可以查看待打印的文档，暂停、继续、重启动和取消文档打印作业。

项目四　中文输入法

在前面的章节，我们已经介绍了键盘的使用方法和英文的输入方法，如果在计算机中输入中文必须安装使用中文输入法，现在比较常用的中文输入法有全拼、智能 ABC、微软输入法、五笔字型输入法等，使用这些中文输入法需要安装相应的输入法。

能力目标

- 了解典型的五笔字型输入法的功能与使用方法；
- 至少掌握一种中文输入法；
- 了解快捷键和快捷菜单的使用方法。

任务 1　认识中文输入法

任务概述

完成中文输入法的添加及删除操作，学会切换中文输入法的方法。

知识链接

1. 添加和删除输入法

右击语言栏，在弹出的快捷菜单中单击“设置”命令，即可打开“文字服务和输入语言”对话框，在其中添加和删除输入法，如图 2—29 所示。

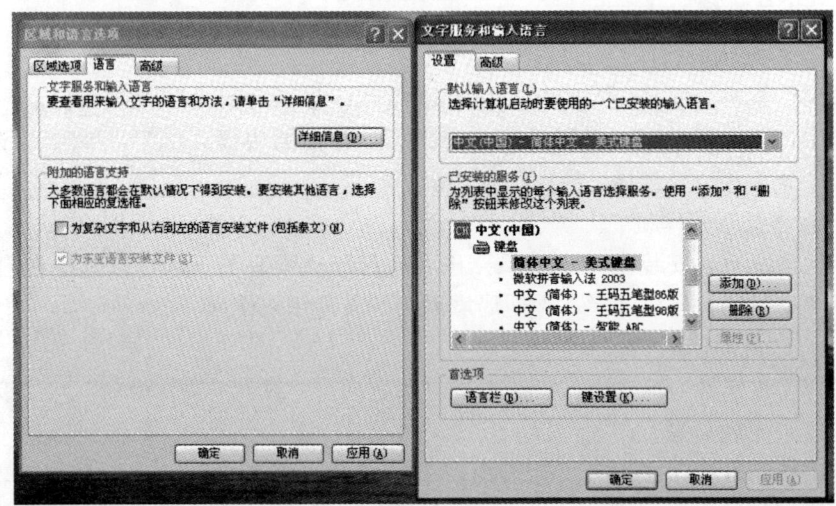

图 2—29

2. 切换输入法

Windows XP 默认的是英文输入状态，要切换到中文输入状态或在两种输入法之间切换，可以单击“语言栏”中的输入法图标，打开“输入法”菜单，如图 2—30 所示，选择所要使用的中文输入法即可。

选择输入法后，桌面上会出现输入法的状态条，智能 ABC 输入法的状态条及各按钮的作用如图 2—31 所示。

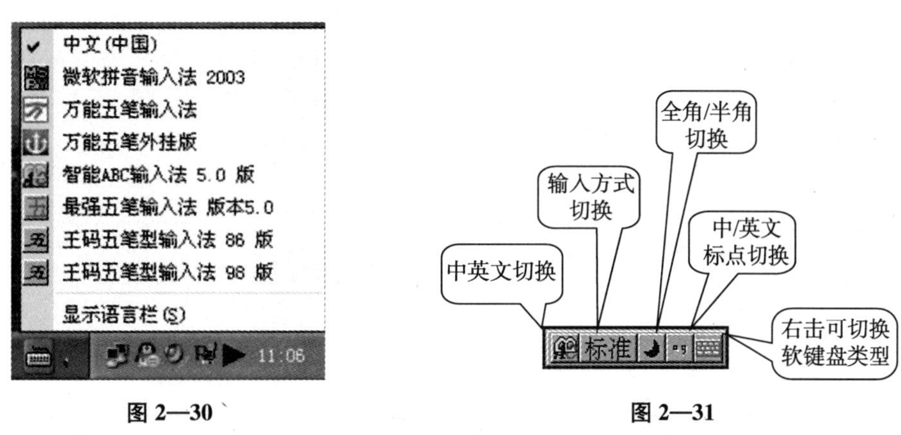

图 2—30　　图 2—31

任务 2　使用智能 ABC 输入法

🕮任务概述

使用智能 ABC 中文输入法在记事本中输入：“我正在学习中文输入法”。

🕮任务实施

(1) 打开“开始菜单”，选择“所有程序”，选择“附件”，再单击“记事本”，进入图 2—32 所示的记事本编辑窗口。

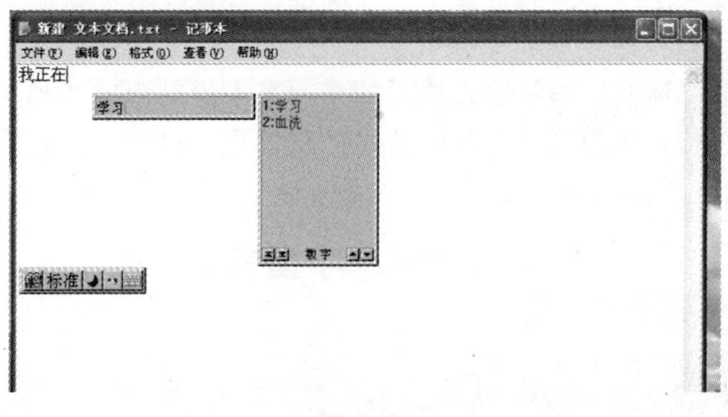

图 2—32

（2）将输入法切换至智能 ABC 输入法，输入“wo”，按空格，再输入“zhengzai”按空格，再用同样的方法输入剩余的汉字。

（3）输入完成后，单击“文件”菜单，单击“保存”命令，保存文件。

📖知识链接

1. 常用输入法的热键

可以使用鼠标进行输入法的选择、全角/半角的切换等；但更快捷的方式是设置键盘快捷键。设置输入法的热键，有利于加快切换输入法、切换全角和半角以及关闭输入法的速度，从而提高文字输入的速度和工作效率。

系统默认输入法的快捷键如表 2—4 所示。

表 2—4　　常用输入法热键

Ctrl+空格	在中文输入法与英文输入法之间切换	Ctrl+Shift	在不同的输入法之间切换
Shift+空格	在全角与半角之间进行切换	Ctrl+圆点	在中文标点符号与英文标点符号之间切换

2. 搜狗拼音输入法

搜狗拼音输入法是 2006 年 6 月由搜狐（SOHU）公司推出的一款 Windows 平台下的汉字拼音输入法。搜狗拼音输入法是基于搜索引擎技术的、特别适合网民使用的、新一代的输入法产品，用户可以通过互联网备份自己的个性化词库和配置信息。搜狗拼音输入法为中国国内现今主流汉字拼音输入法之一，奉行永久免费的原则。

3. 新形式的输入法

目前一些互联网公司根据互联网新词变化多、发展快的特点，陆续开发了基于网站服务器在线更新词库以及用户词库同步上传到服务器的功能，进一步加快了热词、新词的更新，这方面的代表有谷歌拼音输入法、QQ 输入法和搜狗输入法。但这一类输入法这个功能带来了几个问题，一是网络更新造成用户机器输入反应变慢，有用户抱怨一开机系统就经常更新，希望不要那么频繁更新与同步；二是用户担心隐私泄漏，毕竟输入法写的东西有不少是用户的私人东西，上传的话，担心信息外传，即使到了互联网公司的机器里，也难以担心不泄漏；三是用户机器上输入法可能越来越庞大，占用资源更多。

任务 3　五笔字型输入法

📖任务概述

五笔字型输入法技术是由王永民先生发明创立，1983 年开始推广。由于它无需拼音知识，具有重码率低、录入速度快、便于盲打、词语量大、可高速输入等优点，已成为目前社会上使用最广泛的汉字输入方法。

📖知识链接

1. 汉字的五种笔画

五笔字型输入法是按照汉字的笔形将汉字划分为笔画、字根和汉字 3 个层次。5 种基本笔画可以组合成 130 个字根，字根拼合组成汉字。所以说，笔画是构成汉字的基础，字根是汉字形成的基本单元。

所有的汉字都是由笔画构成的，在书写汉字时，一次写成的一个连续不断的线段叫做汉字的笔画，笔画是构成汉字的最小元素，它包括两层含义：①笔画是一条线段；②笔画必须是不间断地一次写成，不能主观地把一个连贯的笔画分解成几段来处理。汉字的笔画按某个笔画书写时的运笔方向作为分类的依据，五笔字型将众多的笔画分为 5 类，分别是：横、竖、撇、捺、折，依次用 1、2、3、4、5 编码，如表 2—5 所示。

其中，把笔画“提”作为“横”处理，把笔画“左竖勾”作为“竖”处理，把笔画“点”作为“捺”处理，把带折的笔画均作为“折”处理，带折的笔画类型很多，只要记清“一笔一下且带拐弯均视为折”（左竖钩除外）。

表 2—5　　　　汉字的 5 种笔画

编码	笔画	笔画走向	笔画	说明	例字
1	横	左→右	一 ㇀	提笔均为横	画、二、凉、坦
2	竖	上→下	丨 亅	左竖钩为竖	竖、归、到、利
3	撇	右上→左下	丿		用、番、禾、种
4	捺	左上→右下	丶 ㇏	点点均为捺	入、宝、术、点
5	折	带转折	乙 → ㇈	带折均为折	飞、发、买、专

分析了汉字的基本笔画，一个汉字一般又可以拆成几部分，每一个部分称为字根。字根是由若干笔画单独或者经过交叉连接而成的，在组成汉字时它是相对不变的结构。汉字有很多字根，将那些组字能力强，且在日常汉语中出现次数多的笔画结构选作基本字根。

五笔字型选定 130 个字根作为基本字根。五笔字型输入法将 130 个基本字根按起笔的笔画分为五大区，即横区、竖区、撇区、捺区、折区，同时又把每个分区分成 5 个位，从 1 到 5 进行编号，这样位号和区号共同组成了 25 个区位号。每个区位号由两位数字组成，其中个位数是位号，十位数是区号，而且每个区的位号都是从打字键区的中间向两端排序，如图 2—33 所示。

五笔字型的字根键盘的键位代码，既可以用区位号（11～55）来表示，也可以用对应的英文字母来表示。键盘上 25 个字母键，每个键对应着一个唯一的区位号。第 1 区的区位号为 11～15，第 2 区的区位号为 21～25，第 3 区的区位号为

3区（撇起笔字根）				←	→			4区（点起笔字根）	
金 35 Q	人 34 W	月 33 E	白 32 R	禾 31 T	言 41 Y	立 42 U	水 43 I	火 44 O	之 45 P
1区（横起笔字根）				←	→			2区（竖起笔字根）	
工 15 A	木 14 S	大 13 D	土 12 F	王 11 G	目 21 H	日 22 J	口 23 K	田 24 J	: ;
5区（折起笔字根）					←				
Z	纟 55 X	又 54 C	女 53 V	子 52 B	已 51 N	山 25 M	< ,	> .	? /

图 2—33

31～35，第 4 区的区位号为 41～45，第 5 区的区位号为 51～55。

为键盘分好区，又为每个字母键编好了位之后，再将字根按照起笔笔画类型放置到键盘的 5 个区中。横起笔类的字根放置在 1 区，竖起笔类的字根放置在 2 区，撇起笔类的字根放置在 3 区，捺起笔类的字根放置在 4 区，折起笔类的字根放置在 5 区。例如，某字根的区位号为“12”，表示该字根在 1 区 2 位，也就是字母键〈F〉上。

经过了科学归类之后，25 个字母键每个键上都分配有字根，多的十几个，少的也有 3 至 4 个，就构成了一张完整的五笔字型 86 版字根分布图，如图 2—34 所示。

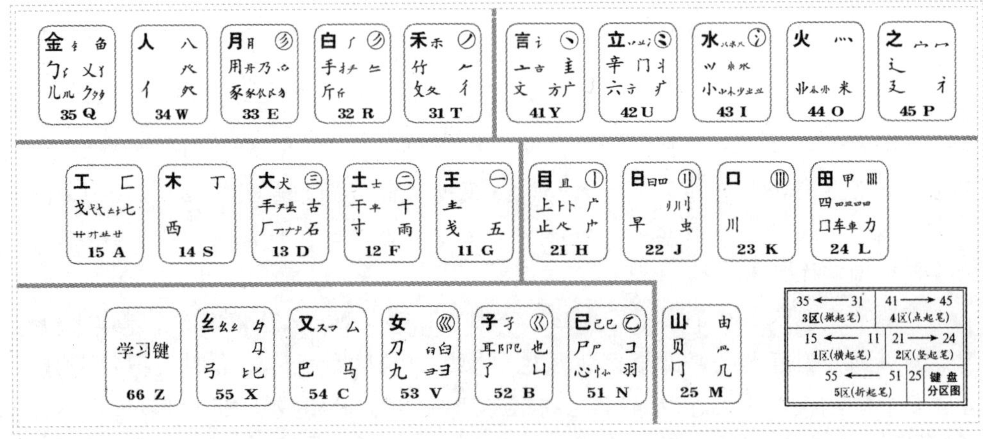

图 2—34

标准五笔字型字根助记词如图 2—35 所示。

2. 汉字的结构

在使用五笔字型输入汉字时，能够正确地判断汉字的结构并将其拆分是输入

第3区			第4区		
31	T	禾竹反文双人立	41	Y	言文方广在四一
32	R	白斤气头手边提	42	U	立辛两点病门里
33	E	月乃用舟家衣下	43	I	水族三点兴头小
34	W	人八登祭把头取	44	O	火里业头四点米
35	Q	金夕乂儿包头鱼	45	P	之字宝盖补衤礻
第1区			**第2区**		
11	G	王旁青头戋五一	21	H	目止具头卜虎皮
12	F	土士二干十寸雨	22	J	日早两竖与虫依
13	D	大犬三羊古石厂	23	K	口中一川三个竖
14	S	木丁西在一四里	24	L	田甲方框四车力
15	A	工戈草头右框七	25	M	山由贝骨下框几
第5区					
51	N	已类左框心尸羽			
52	B	子耳了也框上举			
53	V	女刀九巛臼山倒			
54	C	又巴劲头私马依			
55	X	绞丝互腰弓和匕			

注：

11. 戋读兼	45. 衤读衣
13. 羊指手	53. 巛读川
25. 骨指冎	53. 臼读旧
35. 乂读叉	54. 私指厶
45. 礻读示	55. 互腰指彑

图 2—35

汉字的前提，在五笔字型中，汉字的构成主要有 3 种情况：①笔画、字根和整字同一体，如“乙”等。②字根本身也是汉字，这类字根称做键面字，包括键名字和成字字根，如“王、甲、手、言、耳”等。③每个汉字可拆分成几个字根，称为合体字，如“思、意、照”等。

3. 汉字的 3 种字型结构

汉字的字型，是指构成汉字的各个字根在整字中所处的位置关系。在五笔字型中，将汉字的字型分为 3 种。

左右型：左右型的汉字由左右两部分或左中右三部分构成。左右型，包括两种情况，一种是双合字，一个字可以明显地分成左右两个部分，如“好、她、拍、根、浪”等；另一种是三合字，如“侧、鸿、搬、浙”等，或者分成左右两部分，其间有一定距离，如“别、部、港、抢”等。

上下型：上下型的汉字由上下两部分或自上往下几部分构成。上下型，也包括两种情况，一种是双合字，一个字可以明显地分成上下两部分，并且这两部分间有一定距离，如“节、香、章、声”等；还有一种是三合字，字可以明显地分为三部分，分为上、中、下三层，或者分为上下两层，其中一层又可以分为左右两部分，如“意、想、范、窍、罚”等。

杂合型：一个汉字的各成分之间无明显简单的左右或上下关系，都视为杂合型。如“千、自、里、句、头、达、园”等。

4. 字根间的 4 种结构关系

单：字根本身就是一个独立汉字的情况叫做“单”。“单”的情况可以分为两种，一种是键名字，另一种是成字字根，还包括 5 种基本笔画。例如，“日、木、文、甲、干、用、乙、马、丨”等。

散：当几个字根共同组成一个汉字时，字根与字根之间保持一定的距离，它们既不相连又不相交，叫做“散”。例如，“汉、她、识、意、树、相、思”等。

连：单笔画与某一字根相连或带点的结构叫做“连”，“连”是指两个字根刚刚挨上，但不相交的情况。例如，“夫、太、且、千、术、勺、自、主、尺”等。

交：两个或两个以上的字根交叉、套叠的情况叫做“交”。例如“农、申、夷、里、内”等。属于“连”和“交”的汉字一律属于杂合型。

5. 键名字和成字字根

在五笔字型中，字根是构成汉字的基本单元。输入汉字时首先要将汉字拆分成一系列的字根，再通过敲击各字根所在的键位将汉字输入。

字根的主要组成部分是汉字的偏旁部首，在这些众多的偏旁部首中有的本身就是汉字，而且使用频率很高，既是汉字又是字根的字根称为键面字。由于键面字本身就是字根，使用普通汉字的拆分方法无法再继续分解它们，为了解决这个问题，五笔字型特别为键面字制定了一套拆分规则和编码规则。键面字分为两种，一种是键名字，一种是成字字根，它们的输入方法是不同的。

（1）键名字。

在同一个键位上的几个基本字根中，选择一个具有代表性的字根，也就是第一个字根，称为键名字。键名字的输入方法是连续敲 4 下相应的字母键即可，如：输入“王”，只需要敲“GGGG”。输入“目”，只需敲“HHHH”。把每一个键都连敲 4 下，即可输入 25 个键名字。

（2）成字字根。

在键盘的每个键位上，除了一个键名字根外，还有数量不等的几种其他字根。在它们中间，有一部分字根本身也是汉字，这样的字根称为成字字根。成字字根的输入方法为：键名代码＋首笔代码＋次笔代码＋末笔代码（不足四码，加打空格键）。如输入“文”，只需敲入“YYGY”。输入“西”，只需敲入“SGHG”。输入“甲”，只需敲入“LHNH”。

6. 单笔画字根

单笔画字根有横、竖、撇、捺、折 5 种笔画，五种单笔画的编码为：

一：GGLL　　丨：HHLL　　丿：TTLL

丶：YYLL　　乙：NNLL

7. 汉字拆分原则

汉字在具体拆分的过程中需要掌握 4 个要点，这 4 个要点可以概括为四句口诀：取大优先、兼顾直观、能连不交、能散不连。各原则的含义见表 2—6。

表 2—6　　汉字拆分原则

拆分原则	含义理解	举例	拆分字根	编码
书写顺序	在拆分汉字时，一定要根据汉字正确的书写顺序进行。汉字正确的书写顺序是：先左后右，先上后下，先横后竖，先撇后捺，先内后外，先中间后两边，先进门后关门等	体	亻 木 一	WSG
		则	贝 刂	MJ
		必	心 丿	NT
		夷	一 弓 人	GXW
取大优先	尽量将汉字拆分成结构最大的字根。所谓“大”是指在字根中包含的笔画多而言的，包含笔画多的字根“大”于包含笔画少的字根。如果一个字根上再加一笔就不能构成一个字根了，这时得到的字根为最大字根	奉	三 人 二 丨	DWFH
		平	一 丷 丨	GUH
		无	二 儿	FQ
		重	丿 一 日 土	FGJF
兼顾直观	在拆分汉字时，为了照顾字根的完整性，就不能按“书写顺序”和“取大优先”的规则	自	丿 目	TH
		乘	禾 丬 匕	TUX
		国	口 王	LGY
		末	一 木	GS
能连不交	有些汉字既可以按“连”的结构对待，又可以按“交”的方式处理，此时就应该按“连”来拆分而不要按“交”的关系来拆分	牛	𠂉 丨	RHK
		于	一 十	GF
		矢	𠂉 大	TDU
		生	丿 龶	TG
能散不连	当一个汉字的结构既能被看成“散”的关系又能被看成“连”的关系时，应该按“散”的关系处理	午	𠂉 十	TFJ
		占	⺊ 口	HK
		非	三 ‖ 三	DJD
		严	一 䒑 厂	GOD

8. 合体字的输入

任何汉字，不管拆分成多少字根，最多只能取 4 个字根。这样，键外字的编码规则如下：含 4 个或 4 个以上字根的汉字，按照书写顺序取第 1、第 2、第 3 个字根和最后 1 个字根。不足 4 个字根的汉字，编码除包括字根码以外，还要补加一个识别码。如仍不足 4 码，可按空格键。例如，“输”字折分成“车”、“人”、“一”、“刂”，即 LWGJ；“思”字可拆分成“田”、“心”，即 LNU。

9. 末笔识别码

末笔识别码是根据汉字的字型和最后一笔的笔画决定的，当一个汉字拆分成的字根少于 4 个时，依次输完字根码后，还需要补加一个末笔识别码。末笔识别码，它由单字的末笔画的类型编号和单字的字型编号组成。具体地说，末笔识别码为两位数字，第一位（十位）是末笔画类型编号（横 1、竖 2、撇 3、捺 4、折 5），第二位（个位）字型代码（左右型 1、上下型 2、杂合型 3），如表 2—7 所示。

表 2—7　　　　末笔识别码

字型		左右型	上下型	杂合型
笔型	编号	1	2	3
横	1	11（G）	12（F）	13（D）
竖	2	21（H）	22（J）	23（K）
撇	3	31（T）	32（R）	33（E）
捺	4	41（Y）	42（U）	43（I）
折	5	51（N）	52（B）	53（V）

末笔识别码的作用是减少重码，加快选字速度，举例参见表 2—8。

表 2—8　　　　末笔识别码

单字	字根	字根码	末笔代号	字型	识别码	编码
杠	木 工	SA	一 1	1 左右型	11G	SAG
元	二 儿	FQ	乙 5	2 上下型	52B	FQB
自	丿 目	TH	一 1	3 杂合型	13D	THD
奴	女 又	VC	丶 4	1 左右型	41Y	VCY
旷	日 广	JY	丿 3	1 左右型	31T	JYT

10. 简码

为了提高输入速度，五笔字型方案还设计了简码输入，使常用汉字只取其前边的 1 个、2 个或 3 个字根即可，因为“末笔识别码”总是在全码的最后位置，所以简码的设计不但减少了击键次数，而且省去了部分汉字的“末笔识别码”的判别和编码，给击键带来了很大的方便。简码汉字共分以下 3 级。

（1）一级简码。

在五笔字型中，根据每个字母键上的字根形态特征，每个键安排一个最为常用的高频汉字，这类字共 25 个，它们的编码只有一位，输入时只要输入该字所在的键，再按空格键即可。

一 11（G）　地 12（F）　在 13（D）　要 14（S）　工 15（A）　上 21（H）
是 22（J）　中 23（K）　国 24（L）　同 25（M）　和 31（T）　的 32（R）
有 33（E）　人 34（W）　我 35（Q）　主 41（Y）　产 42（U）　不 43（I）
为 44（O）　这 45（P）　民 51（N）　了 52（B）　发 53（V）　以 54（C）

经 55（X）

（2）二级简码。

二级简码是指编码时取单字全码的前两个字根代码，如“天、理、燕、离、呈、站、季、增、淡、信、断、科、睡、格”等。

（3）三级简码。

三级简码由一个汉字的前 3 个字根组成，只要一个汉字的前 3 个字根码在整个编码体系中是唯一的，一般都作为三级简码，如“华、意、想”等。

11. 词语的输入

为了使汉字的输入速度更快一些，除了设计了简码输入之外，五笔字型还允许直接输入词组，仍然使用四码，只需敲击 4 次即可。词组是由两个汉字组合而成的，一般分为 2 字词、3 字词、4 字词及多字词四种。

（1）2 字词。

2 字词就是由两个汉字组成的词组，在汉字文章中随处可见。在五笔字型中 2 字词也是由 4 个编码组成，平均一个字敲两次键便可输入。例如：

如果：女 口 日 木　　VKJS

计算：言 十 竹 目　　YFTH

数量：米 女 日 一　　OVJG

早晨：早 丨 日 厂　　JHJD

（2）3 字词。

3 字词就是由 3 个汉字组成的词组，它的编码规则是取前两个字的第 1 码，最后一个字的前两个码。例如：

计算机：言 竹 木 几　　YTSM

工艺品：工 艹 口 口　　AAKK

现代化：王 亻 亻 匕　　GWWX

合格证：人 木 言 一　　WSYG

（3）4 字词。

4 字词就是由 4 个汉字组成的词组，它的编码规则是各取 4 个汉字的第 1 码。例如：

花言巧语：艹 言 工 言　　AYAY

落花流水：艹 艹 氵 水　　AAII

强词夺理：弓 言 大 王　　XYDG

巧夺天工：工 大 一 工　　ADGA

（4）多字词。

由 4 个以上汉字组成的词组称为多字词，多字词的编码规则是取前 3 个字加最后一个字的第 1 码。例如：

中华人民共和国：口 亻 人 国　　KWWL

对外经济贸易部：又 夕 纟 立　　　　CQXU
中国人民解放军：口 国 人 冖　　　　KLWP

习　题

一、选择题

1. 任务栏可以分为________、________、________和________等部分。
2. Windows 操作系统启动完成后所显示的整个屏幕称为________。
3. 在“资源管理器”窗口中，选择________菜单中的________命令，可以将所有的文件和文件夹全部选中。
4. 设置显示器分辨率，应选择“显示属性”对话框中的________选项卡。

二、填空题

1. 以下对 Windows XP 中的添加和删除程序工具进行的功能描述不正确的是（　　）。
   A. 可以添加新程序　　B. 可以更改、删除已有的程序
   C. 可以添加、删除 Windows XP 的组件　　D. 可以添加新硬件
2. 在 Windows XP 中的“任务栏和开始菜单属性”对话框“常规”选项卡，不可以设置（　　）。
   A. 任务栏自动隐藏　　B. 滚动程序菜单
   C. 任务栏显示时钟　　D. 使用个性菜单
3. 文件名由（　　）两部分组成。
   A. 主文件名和辅文件名　　B. 主文件名和扩展名
   C. 文件属性和文件大小　　D. 以上说法都不正确

三、上机实践

1. Windows XP 基本操作
   (1) 隐藏任务栏；把任务栏放在屏幕上端。
   (2) 设置回收站的属性：所有驱动器均使用同一设置（回收站最大空间为 5%）。
   (3) 以“详细资料”的查看方式显示 C：盘下的文件，并将文件按从小到大的顺序进行排序。
   (4) 设置屏幕保护程序为“三维管道”，等待时间为 1 分钟。
2. 文件及文件夹操作
   (1) 在 D：盘的根目录下建立一个新文件夹，以学生自己姓名命名。
   (2) 该文件夹中建立名为 brow 文件夹与 word 文件夹，并在 brow 文件夹下，建立一个名为 bub. txt 空文本文件和 teap. bmp 图像文件。

(3) 将 bub. txt 文件移动到 word 文件夹下并重新命名为 best. txt。

(4) 为 brow 文件夹下的 teap. bmp 文件建立一个快捷方式图标，并将该快捷方式图标移动到桌面上。

(5) 删除 brow 文件夹，并清空回收站。

(6) 在桌面上创建一个指向学员姓名的文件夹的快捷方式，命名为“阳春中职”。

第三章　文字处理软件 Word 2003

项目一　Word 2003 入门操作

Word 2003 是美国微软公司出品的 Office 2003 办公套装软件之一。它主要用于办公文件排版，以及印刷品的排版。因为其操作简单，界面友好，功能强大，所以在自动化办公方面应用非常广泛，是现代办公室不可缺少的软件之一。

能力目标

- 掌握 Word 2003 的启动与退出操作方法；
- 了解 Word 2003 窗口组成和视图方式；
- 掌握 Word 2003 文档基本操作；
- 掌握 Word 2003 文档编辑操作。

任务 1　Word 2003 的启动与退出

任务概述

Word 2003 是目前使用比较广泛的一种文字处理软件，它集文字的编辑、排版、表格处理、图形处理为一体。

📖任务实施

(1) 单击任务栏“开始→所有程序→Microsoft Office→Microsoft Office Word 2003”。

(2) 在新建的空白文档中输入文字(见图 3—1)。

不论你经历了什么，在经历着什么，你总该明白，人生的路，总要走下去的。只要我们没有了断自己的决心，要生存下去，我们只能自救，让自己尽可能地活得少些痛。人生，没有过不去的坎，你不可以坐在坎边等它消失，你只能想办法穿过它。

图 3—1

(3) 选择“文件”菜单下的“保存”命令，保存的文件名为“人生.doc”。

(4) 退出 Word 2003 软件：选择“文件”菜单下的“退出”命令。

📖知识链接

Word 2003 的启动与退出

1. 启动方法

(1) 在桌面上，单击“开始→所有程序→Microsoft Office→Microsoft Office Word 2003”命令即可。

(2) 用鼠标双击桌面上的“Microsoft Office Word 2003”的快捷图标来启动 Word 2003。

(3) 用鼠标双击已经创建的 Word 文档，也可以启动 Word 2003。

2. 退出方法

(1) 使用 Alt+F4 键。

(2) 单击 Word 2003 窗口右上角的关闭按钮。

(3) 在 Word 2003 窗口中，选择“文件→退出”菜单项。

任务 2 Word 2003 窗口组成和视图方式

📖任务概述

Word 软件界面友好，提供了丰富多彩的工具，利用鼠标就可以完成选择，排版等操作。

📖任务实施

(1) 单击任务栏“开始→所有程序→Microsoft Office→Microsoft Office Word 2003”。

(2) 打开“认识 Word 窗口和视图模式.doc”，完成 Word 2003 窗口和视图方式填写(见图 3—2)。

图 3—2

（3）退出 Word 软件：选择“文件”菜单下的“退出”命令。

知识链接

1. Word 2003 窗口组成

Word 窗口由标题栏、菜单栏、工具栏、窗口工作区、滚动条、状态栏、任务窗格等组成（见图 3—3）。

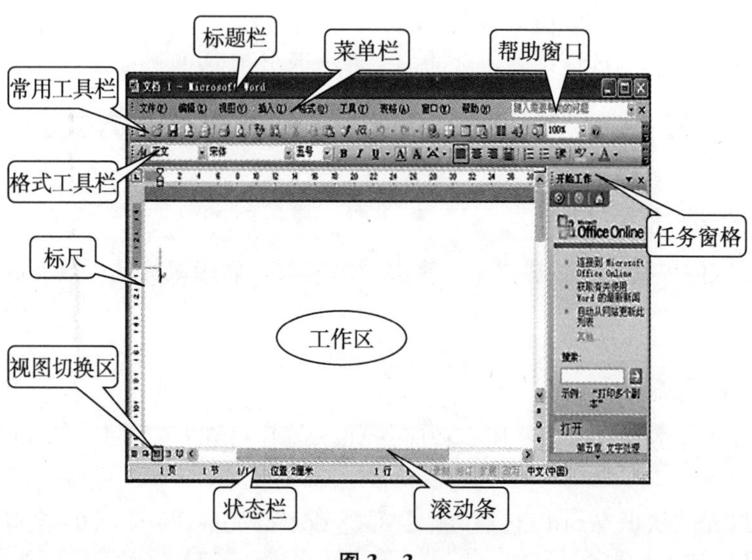

图 3—3

2. Word 2003 的视图方式

所谓视图，就是简单查看文档的方式。Word 2003 向用户提供了普通视图、Web 版式视图、页面视图、大纲视图、阅读版式视图等多种不同的视图模式，用户可以根据不同的需要选择不同的视图方式来查看文档。

任务 3　Word 2003 文档基本操作

🕮任务概述

Word 软件就是建立文档、排版、写报告的一种工具。本任务讲述如何建立一个 Word 文档和保存 Word 文档，从而学习 Word 文档的基本操作，如图 3—4 所示。

勇敢面对生命中的取舍

放弃是需要勇气的，但是我想，每个人都只有在保全自己的情况下，才能更有价值地活着；放弃，有时是为了换取更大的空间。也许，人生本身就是一个不停放弃的过程，放弃童年的无忧，成全长大的期望；放弃青春的美丽，换取成熟的智慧；放弃爱情的甜蜜，换取家庭的安稳；放弃掌声的动听，换取心灵的平静……接受与否，有时并无选择。活着，总是有代价的。

不论你经历了什么，在经历着什么，你总该明白，人生的路，总要走下去。只要我们没有了断自己的决心，要生存下去，那么只能自救，让自己尽可能地活得少些痛。人生，没有过不去的坎，你不可以坐在坎边等它消失，你只能想办法穿过它。

人生，没有永远的爱情。没有结局的感情，总要结束；不能拥有的人，总会忘记。

我们，就是在一次又一次的打击中长大，弱者在打击中颓废，强者在打击中坚强。还是要学杨柳，看似柔弱却坚韧，狂风吹不断；太刚强的树干，风中折枝。

学会放弃，学会承受，学会坚强，学会微笑，也许，我们别无选择！

图 3—4

🕮任务实施

1. 启动 Word 软件

单击任务栏“开始→所有程序→Microsoft Office→Microsoft Office Word 2003”。

2. 制作文档“勇敢面对生命中的取舍”

（1）在新建的空白文档中输入文字，选择第一行标题文字，在“格式”工具栏中，设置字体和大小，并设置“居中”方式。

（2）选择正文除最后一行文字外其余文字，在“格式”工具栏中，设置字体和大小。

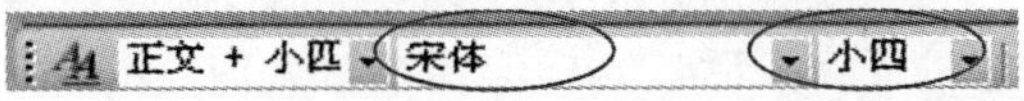

（3）选择正方最后一行文字，在“格式”工具栏中，设置“右对齐”方式 ，设置字体和大小 。

3. 保存文档“勇敢面对生命中的取舍 .doc”

选择“文件”菜单下的“保存”命令，在弹出的对话框中，选择对应的文件夹和文件名，单击“保存”按钮，如图 3—5 所示。

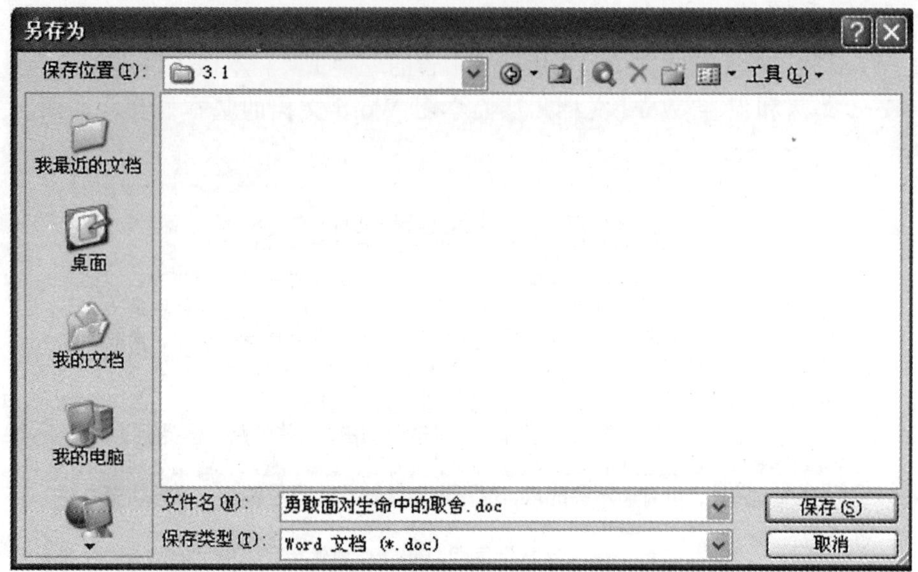

图 3—5

4. 退出 Word 软件

选择“文件”菜单下的“退出”命令。

📖知识链接

Word 2003 文档基本操作

1. 创建文档

常用的创建文档方法如下：

（1）启动 Word 后自动生成新文档“文档 1”。

（2）在 Word 菜单栏上选择“文件→新建”命令，或者单击工具栏上的新建按钮可以创建新文档。

2. 输入文本

创建文档后，文档编辑区的闪烁光标处就是当前输入文本的位置，选择输入法后，就可以开始输入文本。内容输入完成后，光标停留在输入内容的末尾。

3. 保存文档

(1) 第一次保存文档时，在菜单栏上单击“文件→保存”命令，打开“另存为”对话框。在保存位置下拉列表框中选择合适的保存路径，也可以新建一个文件夹；在“保存类型”列表框中选择合适的文件保存类型；在文件列表区中显示所选路径下指定类型文件的列表。在对话框的“文件名”输入框内输入或选择文档名称。单击“保存”按钮，文档保存完成，如图 3—6 所示。

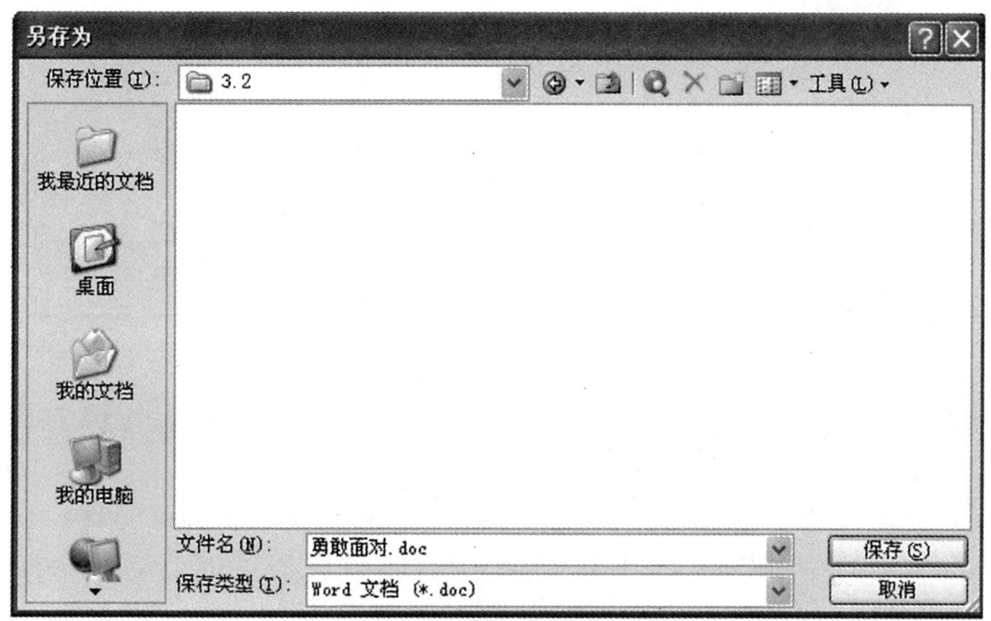

图 3—6

(2) 如果该文档已经保存过，可以直接单击工具栏上的保存按钮、选择菜单栏上“文件→保存”命令或者使用 Ctrl+S 组合键来保存文档。

4. 打开 Word 文档

按照 Word 文档格式保存文档后，生成一个扩展名为 .doc 的文档文件。当需要编辑或打印文档时，必须先打开文档。打开 Word 文档主要有两种方式。

一种是利用资源管理器，找到指定文档，双击文档图标；另一种是启动 Word 后，选择单击菜单栏上的“文件→打开”命令，或者直接单击工具栏上的打开按钮，屏幕上会弹出“打开”对话框，如图 3—7 所示。

5. 打开近期编辑过的 Word 文件

如果要打开最近编辑过的文件，请单击“文件”下拉菜单底部的文件名或输入该文件名左边对应的数字。如果没有显示最近使用过的文件，请单击“工具”菜单中“选项”命令，在“常规”选项卡上选中“列出最近所用文件”复选框。

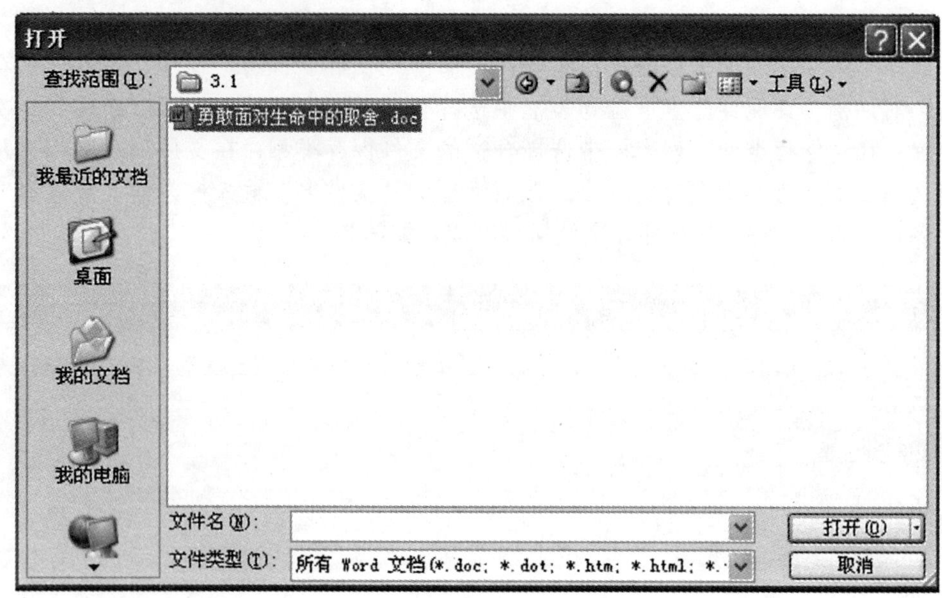

图 3—7

6. 关闭 Word 文档

关闭文档主要方法如下：

（1）从菜单栏上选择“文件→退出”命令，关闭文档并退出 Word 2003。

（2）直接单击窗口右上角标题栏上的关闭按钮，关闭文档并退出 Word 2003。

（3）使用键盘 Alt+F4 组合键来关闭文档。

（4）从菜单栏上选择“文件→关闭”命令或单击标题栏下方的关闭按钮关闭文档，但是，此方法只关闭文档而不退出 Word 2003。

任务 4　Word 2003 文档编辑

任务概述

Word 文档在文本输入后，往往要对内容进行编辑，这些编辑操作包括删除、插入、移动、复制、撤销等。

本任务将编辑一份文档“勇敢面对生命中的取舍”，讲述如何复制、删除和插入文字等编辑操作，从而学习 Word 文档的编辑操作，如图 3—8 所示。

任务实施

1. 启动 Word 软件

单击任务栏“开始→所有程序→Microsoft Office→Microsoft Office Word 2003”。

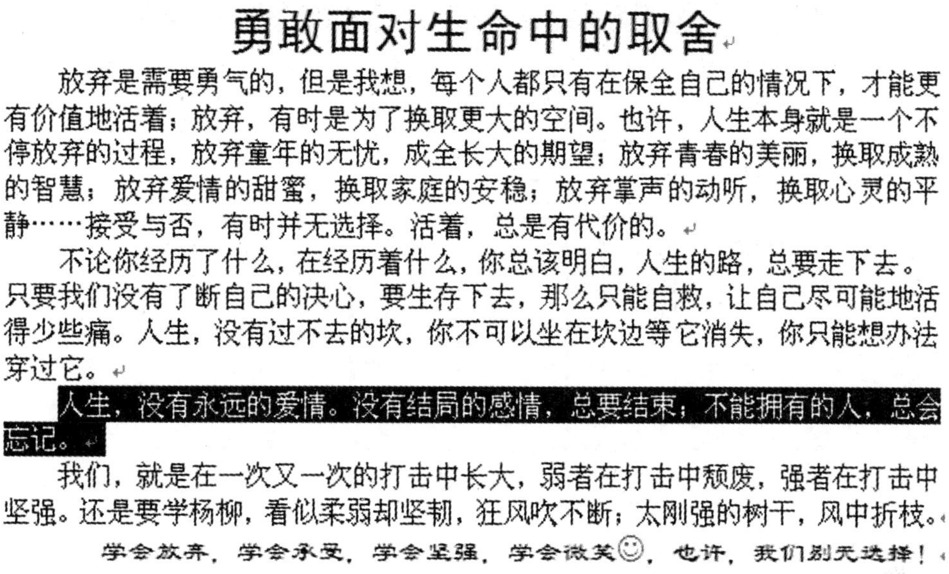

勇敢面对生命中的取舍

放弃是需要勇气的，但是我想，每个人都只有在保全自己的情况下，才能更有价值地活着；放弃，有时是为了换取更大的空间。也许，人生本身就是一个不停放弃的过程，放弃童年的无忧，成全长大的期望；放弃青春的美丽，换取成熟的智慧；放弃爱情的甜蜜，换取家庭的安稳；放弃掌声的动听，换取心灵的平静……接受与否，有时并无选择。活着，总是有代价的。

不论你经历了什么，在经历着什么，你总该明白，人生的路，总要走下去。只要我们没有了断自己的决心，要生存下去，那么只能自救，让自己尽可能地活得少些痛。人生，没有过不去的坎，你不可以坐在坎边等它消失，你只能想办法穿过它。

人生，没有永远的爱情。没有结局的感情，总要结束；不能拥有的人，总会忘记。

我们，就是在一次又一次的打击中长大，弱者在打击中颓废，强者在打击中坚强。还是要学杨柳，看似柔弱却坚韧，狂风吹不断；太刚强的树干，风中折枝。

学会放弃，学会承受，学会坚强，学会微笑☺，也许，我们别无选择！

图 3—8

2. 制作文档“勇敢面对生命中的取舍 . doc”

(1) 打开“勇敢面对生命中的取舍 . doc”，选中第三段文字复制到最后一段。

(2) 把光标定位在“微笑”后，从菜单栏上选择“插入→符号”命令，在弹出的对话框中把“字体”选项选择为“Webdings”，再选择对应的符号“☺”，单击“插入”按钮。

(3) 把光标定位在最后一段，删除该段文字。

3. 保存文档

选择“文件”菜单下的“保存”命令。

📖知识链接

Word 文档编辑

1. 确定插入点位置

进入 Word 2003 编辑窗口，在窗口中有一个闪烁的光标竖线“|”，即为插入点（当前输入位置）。

2. 输入操作

(1) 输入文字。

(2) 输入特殊字符或符号。

确定插入点后，选择“插入→特殊符号命令”菜单命令，在弹出的“插入特殊符号”对话框中选择相应的选项卡，找到要插入的符号后，单击“确定”按钮即可，如图 3—9 所示。

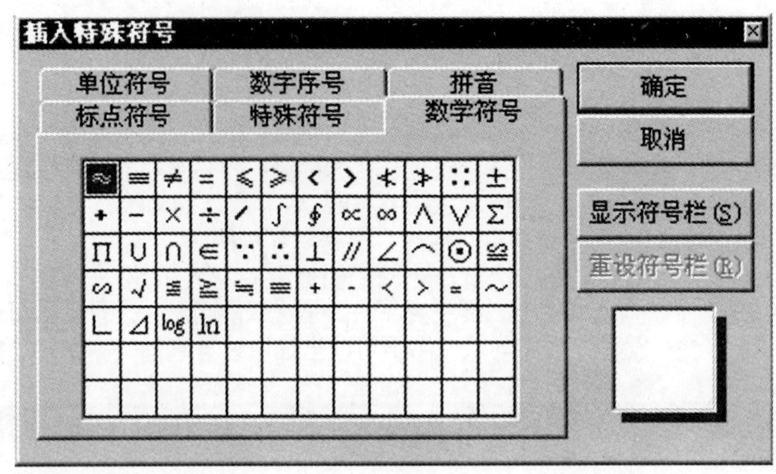

图 3—9

3. 选择文本

要对文本进行编辑，首先要选择需要编辑的文本，被选择的文本以反相显示来表示。

4. 复制、剪切、粘贴

复制是文档编辑常用的操作，可在文档内、文档间或应用程序间复制文字，它是把将选定的文字复制到剪贴板中；剪切是将选定的文字剪切到剪贴板中，即原文字被删除；粘贴是将剪贴板中的内容复制到用户需要的位置，还可以根据剪贴板中的内容进行选择粘贴操作。

5. 撤销、恢复操作

（1）撤销。

在文档编辑过程中，经常会出现错误操作。撤销功能可将最近的几次操作记录在列表中。利用菜单栏上的撤销清除图标 、工具栏上的 按钮，可以撤销最近一次或几次操作。

（2）恢复。

恢复功能可以恢复被撤销的操作。单击工具栏上 图标上的小三角，可以看到要恢复的操作列表。单击相应的列表项可以选择想要恢复的操作。直接单击 按钮，可以恢复最近的一次操作。也可以使用菜单栏上的“编辑→恢复清除”命令，执行恢复操作。

6. 查找与替换

（1）在文档编辑过程中，查找和替换是常用的操作。其查找操作步骤如下：

①选择菜单栏上的“编辑→查找”命令或按 Ctrl+F 组合键，打开“查找和替换”对话框，如图 3—10 所示。

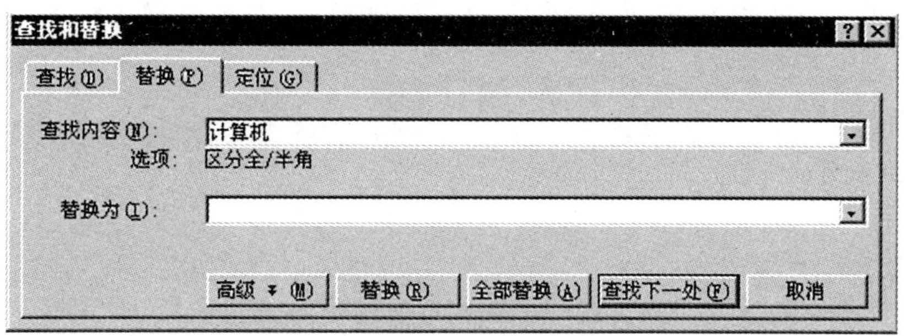

图 3—10

②在“查找内容”栏里填入需要查找的内容。

③单击“查找下一处”按钮，即可开始查找。

④查找到的内容反相显示，再单击“查找下一处”按钮可以继续查找。

⑤查找结束后，显示查找结束对话框。

在查找时，还可以指定查找范围、是否反相显示所有查找到的内容。使用“高级”查找功能时，还可以抒写区分大小写、区分全/半角等搜索选项。

（2）替换文档内容步骤如下：

①选择菜单栏上的“编辑→替换”命令或按 Ctrl＋H 组合键，打开“查找和替换”对话框。

②在“查找内容”和“替换为”输入区内输入查找和替换后的内容。

③单击“查找下一处”按钮，开始查找并定位在当前位置后第一个满足条件的文本处。

④查找到的内容反相显示，单击“替换”按钮，替换当前内容并定位在下一个满足条件的文本处。

⑤如此反复，可以查找到整个文档满足条件的文本。

⑥如果单击“全部替换”按钮，可以将文档中指定范围内所有满足条件的文本替换成新的内容。使用“高级”替换功能时，还可以指定区分大小写、区分全/半角、全字匹配、使用通配符等搜索选项，如图 3—11 所示。

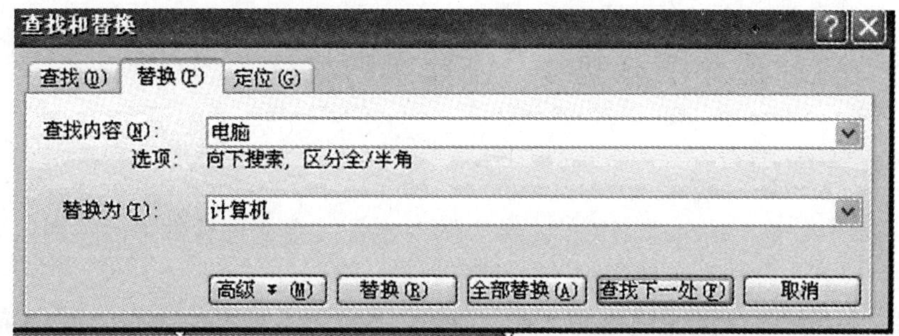

图 3—11

习　题

上机实践

【操作要求】

1. 新建文件：在 Word 中新建一个文档，文件命名为“项目一 . doc”，保存在“E:\自己名字命名的文件夹\”中。
2. 录入文本与符号：按照“样文 1A”，录入文字、字母、标点符号、特殊符号等。
3. 复制粘贴：将“C:\样文 1B. doc”中文字复制到“项目一”文档之后。
4. 查找与替换：将文档中所有“微机”替换为“计算机”。

【样文 1A】

¤第一阶段（1946—1959 年），这一代计算机主要特点是使用“电子真空管”作为逻辑元件，存储器用延迟线或磁鼓，软件主要使用『机器语言』，并开始使用『符号语言』。1946 年出现的第一台计算机 ENIAC，占地 150 万平方米，重 30 吨，运算速度为 5 000 次/秒，体积大，速度慢，体型笨重。

项目二　Word 2003 文档排版

我们平时把 Word 仅看成一个打字或文字录入工具，也就是只看到了 Word 的 20%甚至更少的功能，而并未真正开启 Word 本身所具有的强大文字处理和排版的功能。

能力目标

■ 掌握设置字符格式操作；

■ 掌握设置段落格式操作；

■ 掌握设置底纹与边框操作。

任务 1　设置字符格式

🕮任务概述

Word 是微软 Office 家庭中的主帅，同时也是文字处理软件中的王者，它丰富的功能和极具人性化的界面吸引了一大批忠实的用户。

本任务将“排版艺术诗效果 . doc”的文档进行字符格式的设置，从而学习 Word 软件字符格式的操作方法，如图 3—12 所示。

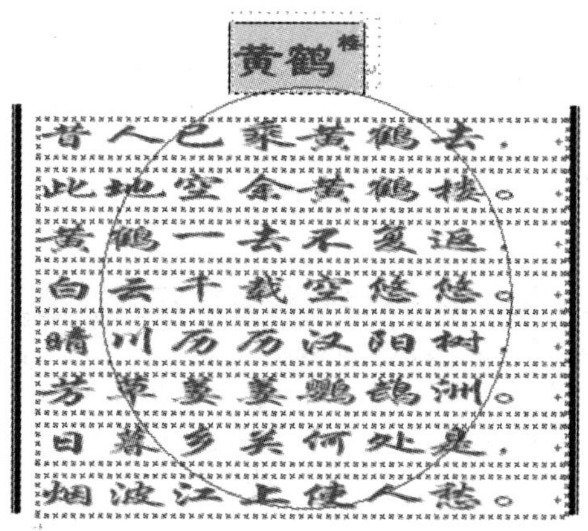

图 3—12

📖任务实施

打开“排版艺术诗效果 . doc”文件。

(1) 选择第一行标题文字，在“格式”工具栏中，设置字体和大小，并设置“居中”方式。

(2) 选择“楼”文字，选择菜单栏的“格式→字体”命令，在“效果”选项中找到“上标”，并在方框中打上“√”，单击“确定”按钮。

(3) 选择第一行标题文字，选择菜单栏的“格式→字体”命令，选择“文字效果”选项卡，选择“赤水情深”效果，单击“确定”按钮。

(4) 选择其他文字，选择菜单栏的“格式→字体”命令，设置字体为“华文行楷”，字体大小为“三号”，字体颜色为“深绿色”，在“效果”选项中找到“阳文”，并在方框中打上“√”；选择“文字效果”选项卡，选择“七彩霓虹”效果，单击“确定”按钮。

(5) 在“绘图”工具栏中，画一条直线，选择效果图的线型，复制直线，调整线型。

(6) 选择“文件”菜单下的“保存”命令。

📖知识链接

1. 文本格式的设置

文本格式设计主要设置文本的字体、字形、字号和文本的装饰。通过使用格式菜单、工具栏或者字体对话框来设置文本的格式。

(1) 使用工具栏格式化文本。

◆ 设置字体。

◆ 设置字型。在 Word 系统中，字型包括常规、加粗、倾斜和加粗倾斜四种。

◆ 改变字号。字号是字母的大小，一般用“号”值或“磅”值来表示。字号越大，字符尺寸越小；磅值越大，字符尺寸越大。

(2) 使用字体对话框格式化文本。

◆ 选择需要格式化的文本，单击菜单栏上的“格式→字体”命令，打开“字体”对话框，如图 3—13 所示。

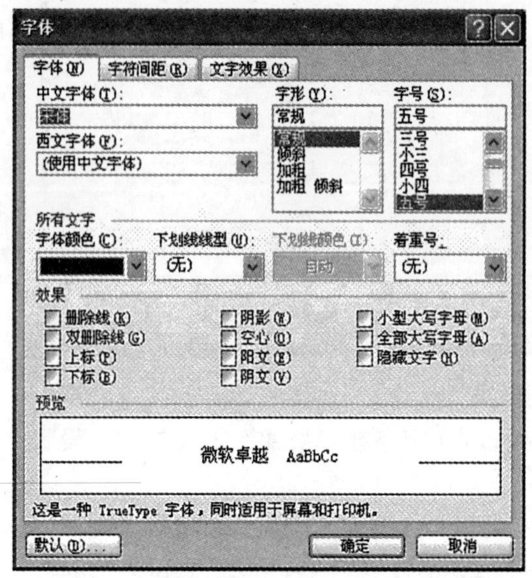

图 3—13

◆ 选择“字符间距”选项卡，如图 3—14 所示。

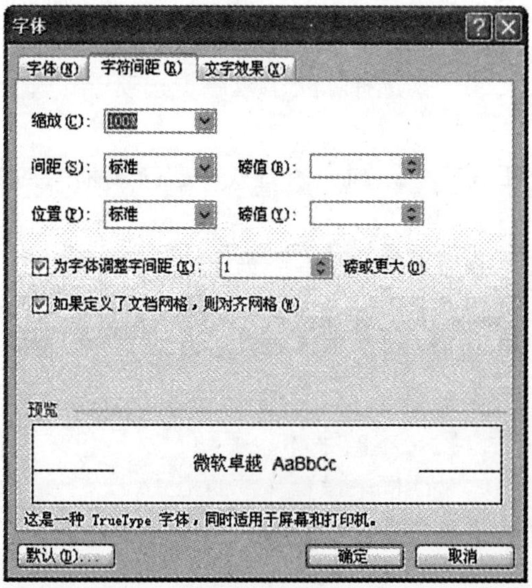

图 3—14

◆ 在“文字效果”选项卡中，可以选择字符的动态效果，如图 3—15 所示。

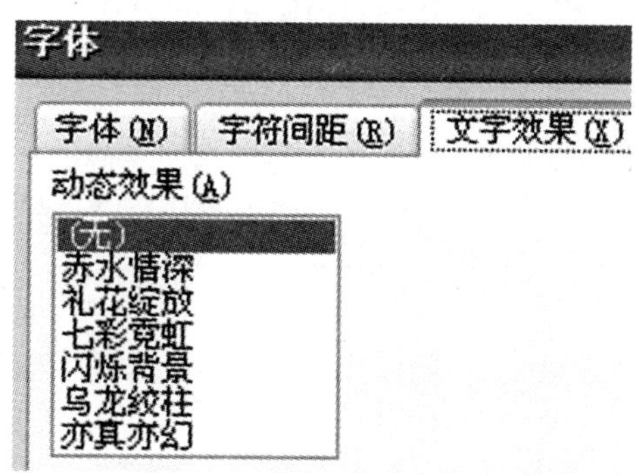

图 3—15

(3) 竖直方向排版。

Word 不仅可以水平方向排版，还可以进行垂直方向排版。

选择需要设置文本，在菜单栏上单击“格式→文字方向”命令，打开“文字方向”对话框。单击“方向”区域中的垂直显示文字图标，在“预览”区域中显示文字的排版效果。如果希望设置应用于整篇文档，可以在“应用于”列表中选择“整篇文档”；如果希望设置应用于当前选择的文本，可以选择“所选文字”。设置完成后，单击“确定”按钮完成所作的设置，如图 3—16 所示。

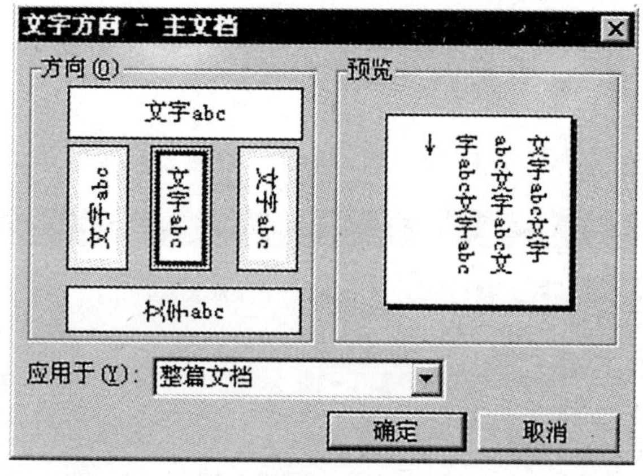

图 3—16

任务 2　设置段落格式

📖任务概述

段落格式就是控制段落外观的格式设置，如缩进、对齐、行距等。行距和段间距是最常用的段落格式之一。

本任务将“人生.doc”的文档进行段落格式的设置，从而学习 Word 软件段落格式设置的操作方法，如图 3—17 所示。

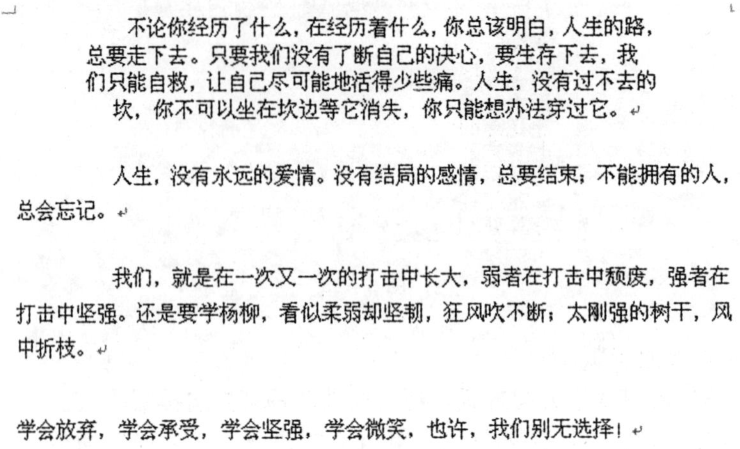

不论你经历了什么，在经历着什么，你总该明白，人生的路，总要走下去。只要我们没有了断自己的决心，要生存下去，我们只能自救，让自己尽可能地活得少些痛。人生，没有过不去的坎，你不可以坐在坎边等它消失，你只能想办法穿过它。

人生，没有永远的爱情。没有结局的感情，总要结束；不能拥有的人，总会忘记。

我们，就是在一次又一次的打击中长大，弱者在打击中颓废，强者在打击中坚强。还是要学杨柳，看似柔弱却坚韧，狂风吹不断；太刚强的树干，风中折枝。

学会放弃，学会承受，学会坚强，学会微笑，也许，我们别无选择！

图 3—17

📖任务实施

打开“人生.doc”文件。

文档的编辑操作如下：

（1）选择第一段，选择菜单栏的“格式→段落”命令，将第一段的首行缩进设置成两个字符，左边界设置成四个字符，右边界设置成四个字符，设置对齐方式为“居中”，设置完毕，单击“确定”按钮，如图 3—18 所示。

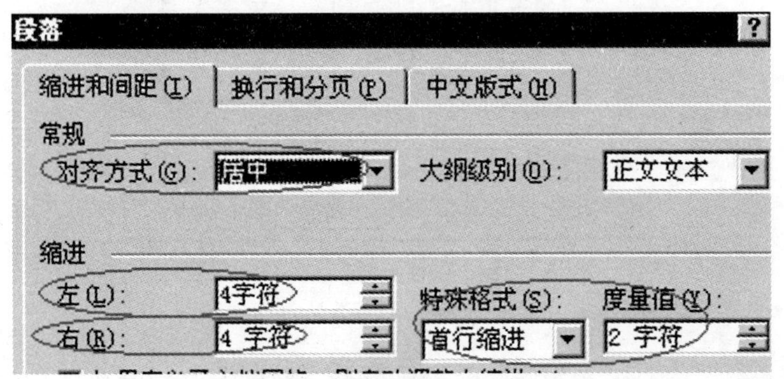

图 3—18

（2）选择第 2 段和第 3 段，选择菜单栏的“格式→段落”命令，设置首行缩进为 2 厘米，行距为固定值 20 磅，段前间距为 1.5 行。设置完毕，单击“确定”按钮，如图 3—19 所示。

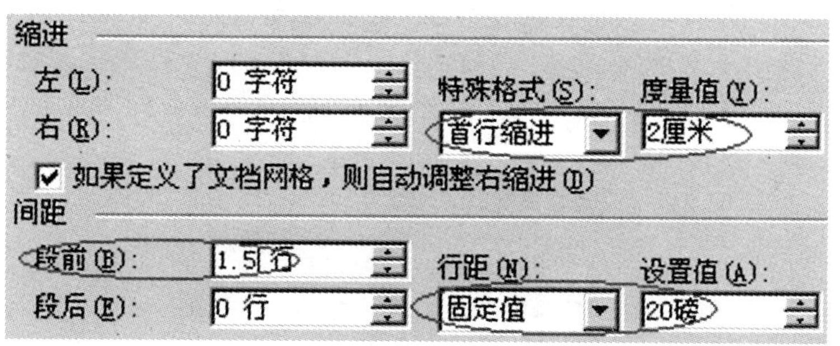

图 3—19

（3）选择第 4 段，选择菜单栏的“格式→段落”命令，设置右缩进为 2 厘米，行距为 1.5 倍行距，段前间距为 2.5 行。设置对齐方式为“居中”右对齐。设置完毕，单击“确定”按钮，如图 3—20 所示。

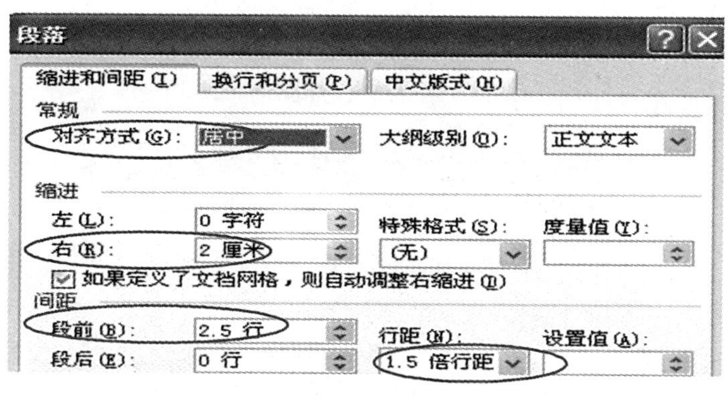

图 3—20

（4）选择“文件”菜单下的“保存”命令。

📖知识链接：段落格式设置

段落格式设置主要是对段落的对齐方式、段落的缩进方式、段落之间的间距和行距进行设置。

（1）段落的对齐方式。

段落的对齐方式包括左对齐、右对齐、居中对齐、分散对齐和两端对齐。两端对齐为默认的对齐方式。可以使用段落对话框、工具栏设置对齐方式。

- 使用段落对话框设置对齐方式。选择需要设置对齐方式的段落后，单击菜单栏上的“格式→段落”命令，打开“段落”对话框，在对齐方式列表中选择需要设置的对齐方式即可，如图 3—21 所示。

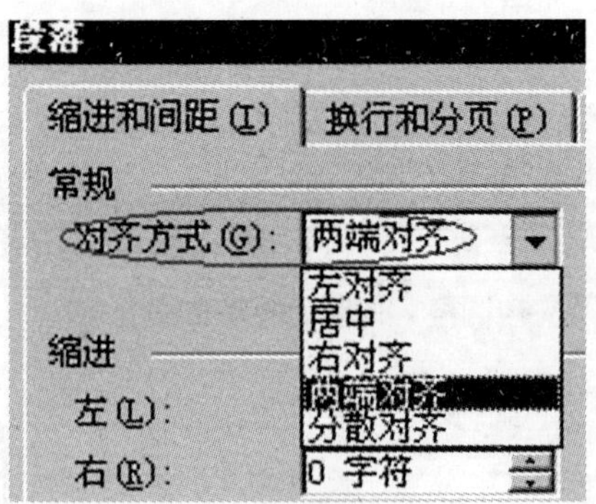

图 3—21

◆ 使用工具栏设置对齐方式。选择需要设置对齐方式的段落后，单击“格式”工具栏上相应的对齐方式 按钮即可。

(2) 段落缩进。

设置段落缩进可以使用段落对话框、工具栏和标尺。

◆ 使用段落对话框。选择需要设置缩进的段落后，单击菜单栏上的“格式→段落”命令，打开“段落”对话框，如图 3—22 所示。

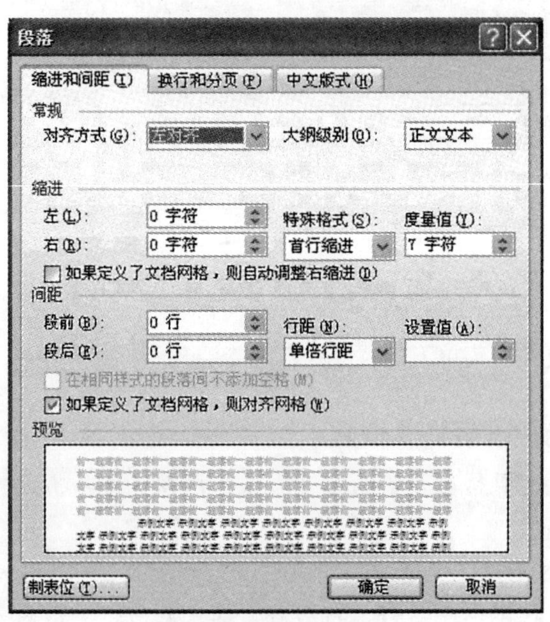

图 3—22

◆ 使用工具栏设置缩进。选中需要设置的段落后，通过单击工具栏上的 按钮减少缩进量，单击 按钮增加缩进量，也可以使用键盘快捷键 Ctrl+M

增加缩进量、Ctrl＋Shift＋M 减少缩进量。

◆ 使用标尺设置缩进。在标尺上可以看到 4 个滑块，一个位于标尺的右端，另外三个位于标尺的左端。将鼠标移到这些滑块上，会分别显示“右缩进”、“首行缩进”、“悬挂缩进”和“左缩进”。位于左上端的为首行缩进，位于它下方的为悬挂缩进，位于悬挂缩进下方的为左缩进，在标尺右端的为右缩进。

(3) 设置段落间的间距和行距。

使用段落对话框设置间距和行距。选择需要设置的段落后，执行菜单栏上的“格式→段落”命令，打开“段落”对话框。在对话框中可以设置段前距离、段后距离和行距，如图 3—23 所示。

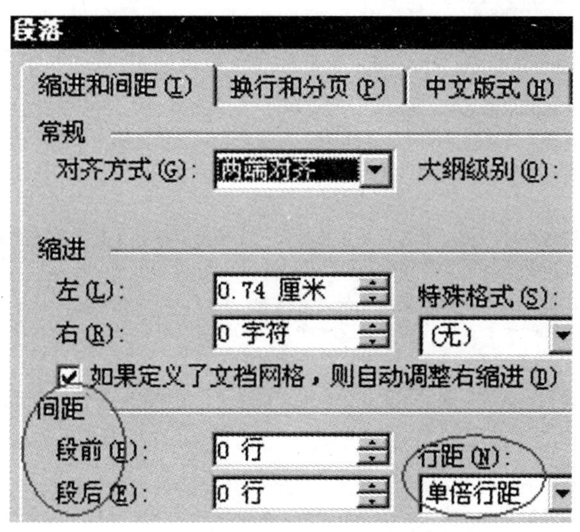

图 3—23

也可以使用工具栏设置行距。在菜单栏上单击“视图→工具栏→其他格式”命令，在出现的“其他格式”工具栏中 可以设置 1 倍行距、1.5 倍行距和 2 倍行距。如果需要设置更精确的行距值，必须使用“段落”对话框。

任务 3　设置底纹与边框

📖任务概述

Word 用于文字的格式化和排版，文字处理软件的发展和文字处理的电子化是信息社会发展的标志之一。本任务将“冬至简介”的文档进行文字格式的排版，从而学习 Word 软件文字排版的功能和操作方法，如图 3—24 所示。

冬至简介

冬至俗称“冬节”、“长至节”、“亚岁”等。冬至是北半球全年中白天最短、黑夜最长的一天。过了冬至，白天就会一天天变长。古人对冬至的说法是，阴极之至，阳气始生，日南至，日短之至，日影长之至，故曰“冬至”。

冬至过后，各地气候都进入一个最寒冷的阶段，也就是人们常说的“进九”，我国民间有“冷在三九，热在三伏”的说法。

现代天文科学测定，冬至日太阳直射南回归线，阳光对北半球最倾斜，北半球白天最短，黑夜最长。这天之后，太阳又逐渐北移。

早在两千五百多年前的春秋时代，我国已经用土圭观测太阳测定出冬至时间，它是二十四节气中最早确定出的一个，时间在每年的阳历 12 月 22 日或者 23 日。

我国古代对冬至很重视，冬至被当做一个较大节日，曾有“冬至大如年”的说法，而且有庆贺冬至的习俗。

《汉书》中说：“冬至阳气起，君道长，故贺。”人们认为，过了冬至，白昼一天比一天长，阳气回升，是一个节气循环的开始，也是一个吉日，应该庆贺。

《晋书》上记载有“魏晋冬至日受万国及百僚称贺……其仪亚于正旦”，说明古代对冬至日的重视。

现在，一些地方还把冬至作为一个节日来过。因此冬至既是我国农历中一个非常重要的节气，也是一个传统节日。北方地区有冬至宰羊，吃饺子、吃馄饨的习俗，南方地区在这一天则有吃冬至米团、冬至长线面的习惯。各个地区在冬至这一天还有祭天祭祖的习俗。

图 3—24

📖任务实施

打开“冬至简介 . doc”文件。

(1) 选择第一行标题文字，在“格式”工具栏中，设置字体和大小、加粗，并设置“居中”方式 华文彩云 一号 B I U A A。

(2) 选择其余文字，在“格式”工具栏中，设置字体和大小 楷体_GB2312 小四。

(3) 把光标移到第三段末尾，按回车键。选择“插入”菜单下的“图片→来自文件”命令，在弹出的对话框中，选择对应的文件夹和文件名，单击“插入”按钮，如图 3—25 所示。

图 3—25

(4) 选择最后一段文字，选择“格式”菜单下的“边框和底纹”命令，在弹出的对话框中，选择对应的样式、线型和应用范围，单击“确定”按钮，如图 3—26 所示。

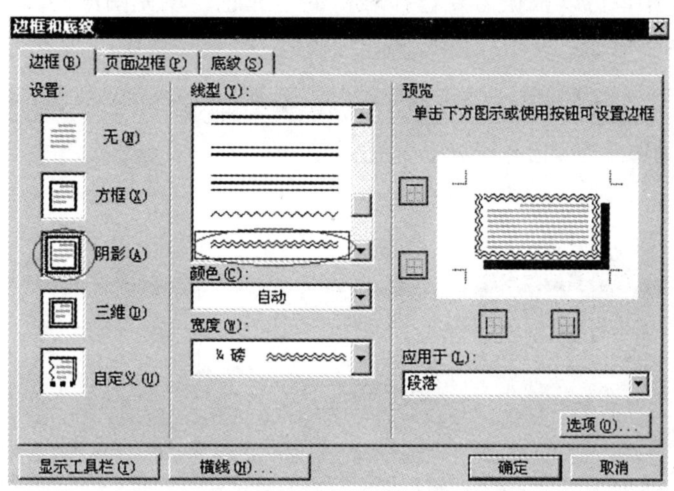

图 3—26

📖知识链接：设置边框和底纹

(1) 选择需要设置的文字或段落，单击菜单栏上的“格式→边框和底纹”命令，打开“边框和底纹”对话框。选择“边框”选项卡，进入边框设置对话框。在对话框中，可以选择边框类型、边框线型、边框颜色、边框宽度和设置的应用范围，在预览框中可以查看设置效果，如图 3—27 所示。

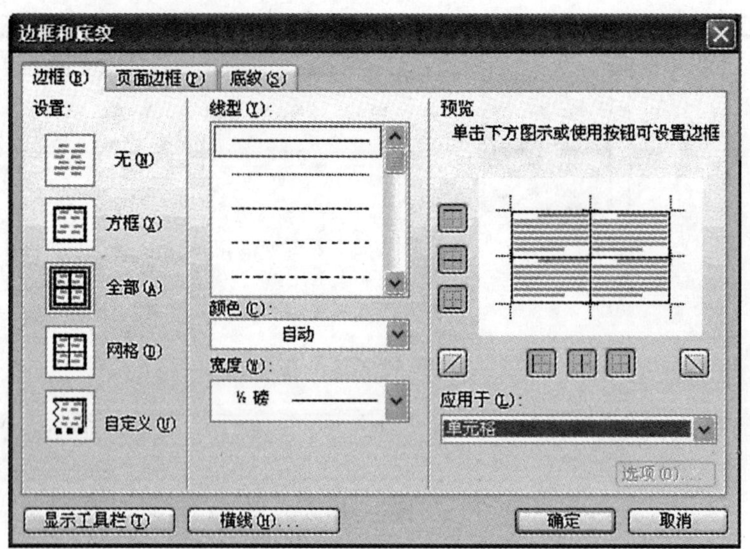

图 3—27

（2）在“边框和底纹”对话框中，选择“底纹”选项卡，进入设置底纹对话框。在对话框中，可以根据需要选择表格的填充色、填充图案的样式和颜色，以及应用的范围等信息，如图 3—28 所示。

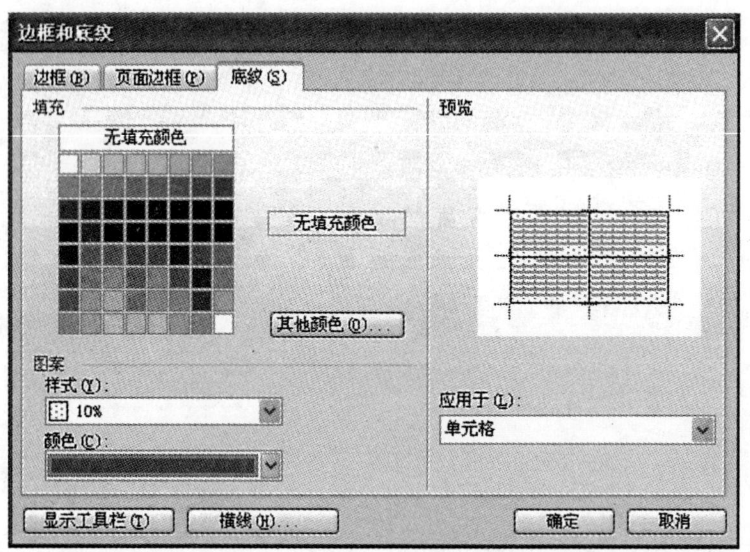

图 3—28

（3）在“边框和底纹”对话框中，选择“页面边框”选项卡，进入设置页面边框对话框。其设置方法和设置边框基本相同，还可以选择艺术型图片作为页面边框，如图 3—29 所示。

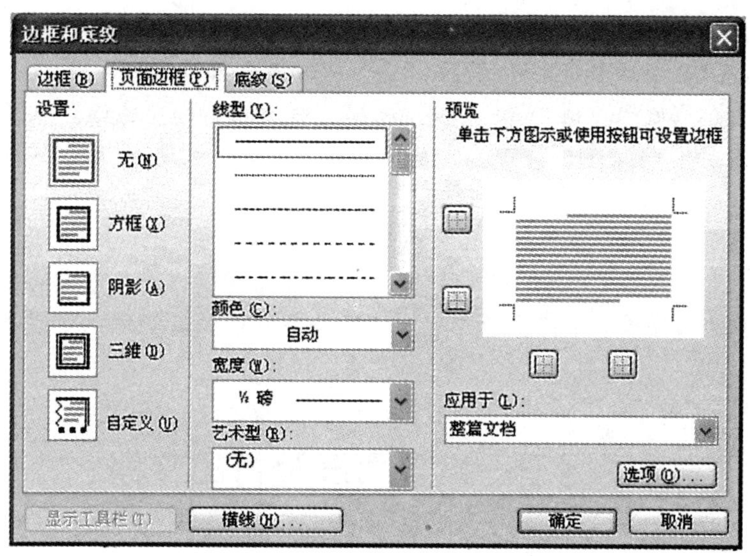

图 3—29

习　题

上机实践

【操作要求】

1. 新建文件：在 Word 中新建一个文档，文件命名为“项目二 .doc”，保存在“E:\自己名字命名的文件夹\”中。
2. 录入文本并设置标题格式：按照“样文 2”，录入文字。字体格式为隶书、三号字、加粗，字符间距加宽 1 磅、缩放为 90%，居中、段后距 0.5 行。
3. 正文第一段格式：黑体、小四号字、倾斜，字体颜色为金色，加双线下划线。
4. 正文第二、三段格式：首行缩进 2 个字符，段前段后间距均为 1 行，1.3 倍行距，左对齐。
5. 正文第四、五段格式：段落加蓝色单波浪线阴影边框、底纹图案式样为 25%。

【样文 2】

苹果电脑专卖店采用开放式让顾客自由试用

苹果电脑一直给人与众不同的印象，今天在乌节路开幕的苹果电脑专卖店同样带给人们许多惊喜。

这个东南亚最大的苹果电脑专卖店占地 1 700 平方英尺，位于乌节路博德斯(Borders) 书局楼上，出售苹果生产的所有电脑及辅助产品。此外，它也出售佳能生产的摄影机、数码相机和打印机，太平洋互联网提供上网服务。

专卖店采用开放形式，用户可以随便试用店内的任何电脑设备。它为不同用户设立专门展示区。在儿童特区有色彩鲜艳的 iMac，在教育特区有教育电脑 eMac；数码生活方式特区则包括数码音乐、电影和影像处理三部分。

苹果电脑刚刚推出的教育专用电脑 eMac 首次在新加坡露面，专卖店是本地唯一售卖这种电脑的商店。除了向教育界出售之外，它也首次向一般电脑用户出售。

它的售价比一般苹果电脑便宜大约 20%，标准配套的 eMac 售价为 2009 新元，包括消费税。它配备 17 寸平面显示器、动力 G4 处理器以及节省空间的一体成型外观，最适合在学校的书桌上使用。它还有许多数码教育软件，可在苹果操作系统 OS X 与 OS 9 上使用。

项目三　设置页面及打印文档

在一篇 Word 文档中，一般情况下将所有页面均设置为横向，但有时也需要将其中的部分页面设置为纵向。

能力目标

- 掌握设置页面格式、页眉和页脚；
- 掌握分栏排版及分栏符；
- 掌握预览文档及打印。

任务 1　设置页面格式、页眉和页脚

任务概述

其实可以将页面方向任意地应用到不同的页面，“页面设置”对话框中的其他设置选项，如纸张类型、版式、页边距等，都可以对不同页面采用不同的设置。

本任务将新建一个“生日贺卡 . doc”文档，并设置相应的文字格式，从而学习 Word 软件页面设置的操作方法，如图 3—30 所示。

任务实施

1. 新建文档

单击任务栏“开始→所有程序→Microsoft Office→Microsoft Office Word 2003”。

2. 文档的编辑操作

(1) 新建一个文档，选择“文件”菜单下的“页面设置”命令，在弹出的对话框中，选择“纸张”选项卡，把纸张大小设置为“自定义大小”，设置宽度为 15. 5 厘米，高度为 11. 5 厘米，单击“确定”按钮，如图 3—31 所示。

图 3—30

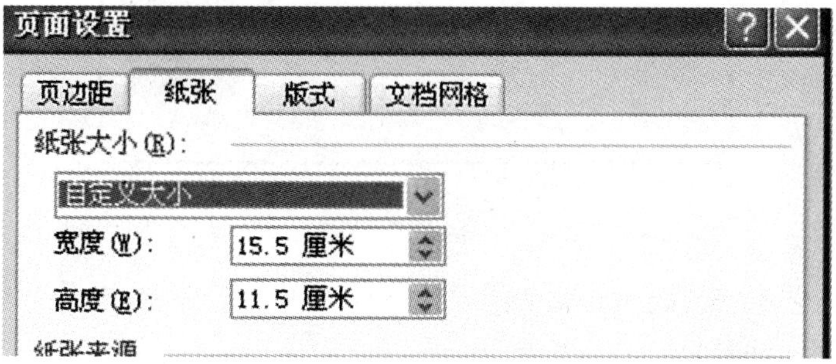

页面设置
页边距　纸张　版式　文档网格
纸张大小(R)：
自定义大小
宽度(W)：15.5 厘米
高度(E)：11.5 厘米
纸张来源

图 3—31

（2）选择“插入”菜单下的“图片→来自文件”命令，在弹出的对话框中，选择对应的文件“生日贺卡 .bmp”，单击“插入”按钮。选择该图片，单击右键，选择“设置图片格式”，选择“大小”选项卡，设置图片高度为 6.11 厘米，宽度为 9.26 厘米，如图 3—32 所示。选择“版式”选项卡，设置版式为“衬于文字下方”，单击“确定”按钮。

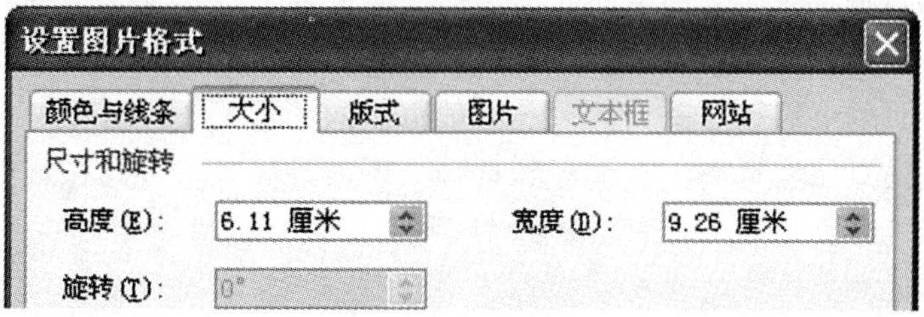

设置图片格式
颜色与线条　大小　版式　图片　文本框　网站
尺寸和旋转
高度(E)：6.11 厘米　宽度(D)：9.26 厘米
旋转(T)：0°

图 3—32

（3）设置图片边框：在绘图工具栏中选择，设置图案、背景色（红色）和前景色，3 磅，单击“确定”按钮，如图 3—33 所示。

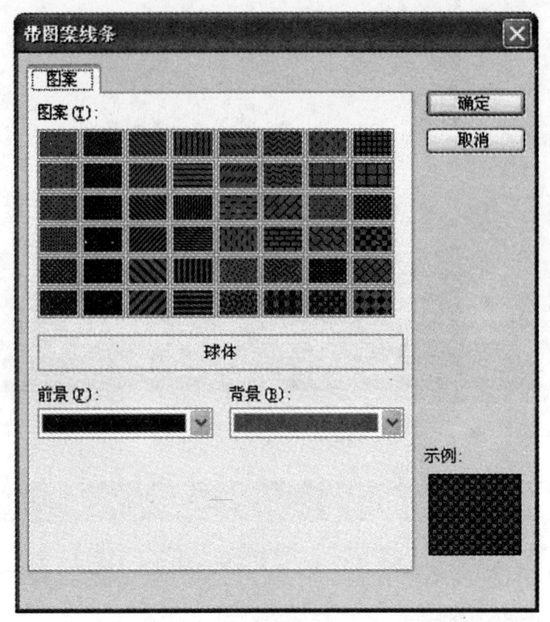

图 3—33

（4）插入艺术字“妈妈，您辛苦了!”和“祝您生日快乐!”。

（5）保存文件名为“生日贺卡 . doc”。

📖知识链接：文档的页面设置

1. 页面设置

页面设置的操作方法是单击“文件→页面设置”命令，在弹出的“页面设置”对话框中，可以设置页边距、纸张大小等，如图 3—34 所示。

2. 页眉和页脚

页眉和页脚是指在文档页面的顶端和底端重复出现的文字或图片等信息。在普通视图方式下无法显示页眉和页脚，在页面视图中页眉和页脚会呈现灰色。用户可以将首页的页眉和页脚设置成与其他页不同的形式，也可以对奇数页和偶数页设置不同的页眉和页脚。在页眉和页脚中还可以插入域，如在页眉和页脚中插入时间、页码，就是插入了一个提供时间和页码信息的域。当域的内容被更新时，页眉页脚中的相关内容就会发生变化。

在文档中创建页眉和页脚的具体步骤如下：

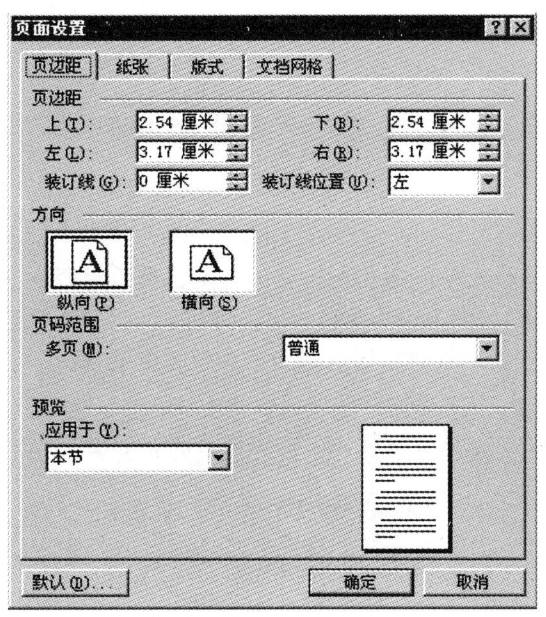

图 3—34

（1）将插入点定位在文档中的任意位置。

（2）单击“视图→页眉和页脚”命令，进入页眉和页脚编辑模式，同时打开“页眉和页脚”工具栏，如图 3—35 所示。

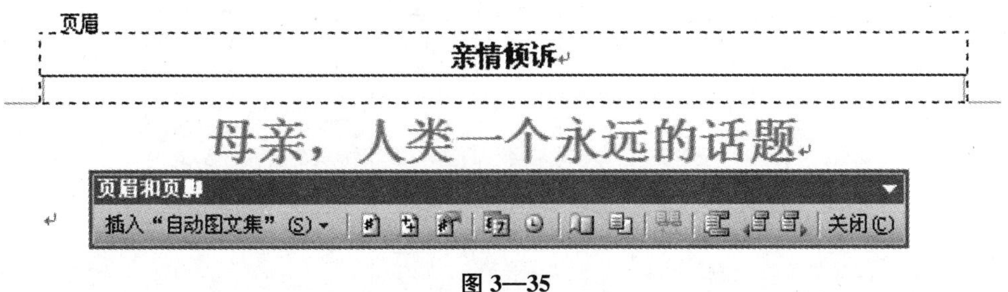

图 3—35

（3）单击“页眉和页脚”工具栏上的“在页眉和页脚间切换”按钮，切换到“页脚区”，如图 3—36 所示。

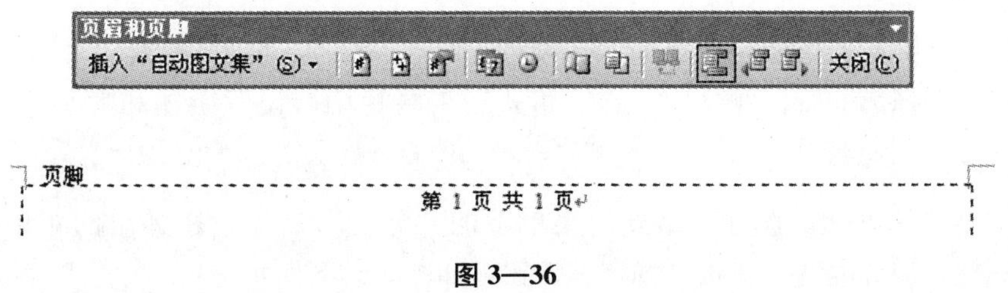

图 3—36

（4）编辑完毕，在“页眉和页脚”工具栏中单击“关闭”按钮，返回到正常的编辑模式。

任务 2　设置分栏排版

任务概述

建立文档时，Word 2003 根据所设定的页型、页边距值及字体大小等进行自动分页。在特殊需要下，用户也可强制分页，即进行人工分页或手动分页。分栏常见于报纸、杂志等刊物，它使文档更易阅读，版面更美观。

本任务编辑一个“网站营销如何成功 . doc”文档，设置相应的文字格式和分栏效果，从而学习 Word 软件分栏排版的操作方法，如图 3—37 所示。

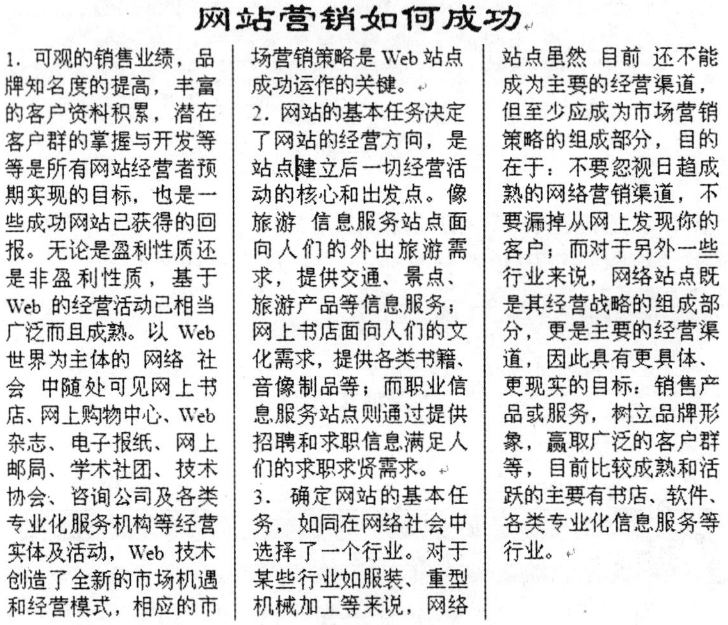

网站营销如何成功

1. 可观的销售业绩，品牌知名度的提高，丰富的客户资料积累，潜在客户群的掌握与开发等等是所有网站经营者预期实现的目标，也是一些成功网站已获得的回报。无论是盈利性质还是非盈利性质，基于 Web 的经营活动已相当广泛而且成熟。以 Web 世界为主体的 网络 社会 中随处可见网上书店、网上购物中心、Web 杂志、电子报纸、网上邮局、学术社团、技术协会、咨询公司及各类专业化服务机构等经营实体及活动，Web 技术创造了全新的市场机遇和经营模式，相应的市场营销策略是 Web 站点成功运作的关键。

2. 网站的基本任务决定了网站的经营方向，是站点建立后一切经营活动的核心和出发点。像旅游 信息服务站点面向人们的外出旅游需求，提供交通、景点、旅游产品等信息服务；网上书店面向人们的文化需求，提供各类书籍、音像制品等；而职业信息服务站点则通过提供招聘和求职信息满足人们的求职求贤需求。

3. 确定网站的基本任务，如同在网络社会中选择了一个行业。对于某些行业如服装、重型机械加工等来说，网络站点虽然 目前 还不能成为主要的经营渠道，但至少应成为市场营销策略的组成部分，目的在于：不要忽视日趋成熟的网络营销渠道，不要漏掉从网上发现你的客户；而对于另外一些行业来说，网络站点既是其经营战略的组成部分，更是主要的经营渠道，因此具有更具体、更现实的目标：销售产品或服务，树立品牌形象，赢取广泛的客户群等，目前比较成熟和活跃的主要有书店、软件、各类专业化信息服务等行业。

图 3—37

任务实施

打开“网站营销如何成功 . doc”文件。

（1）选择第一行标题文字，在“格式”工具栏中，设置字体和大小，并设置“居中”方式 隶书 小一 B I U A A。

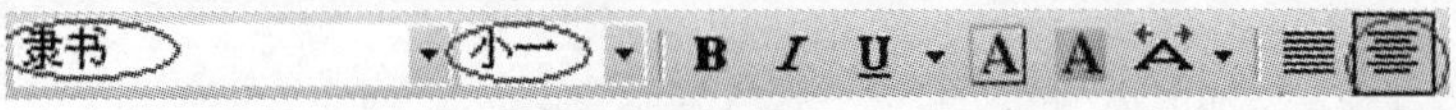

（2）选择正文，选择“格式”菜单下的“分栏”命令，在弹出的对话框中，设置三栏，加分隔线，单击“确定”按钮，如图 3—38 所示。

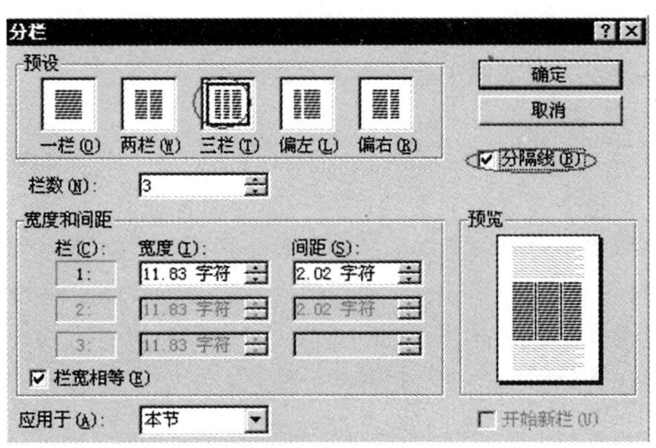

图 3—38

(3) 保存文件。

📖知识链接：特殊格式的设置

Word 可以利用首字下沉分栏排版中文版式等技术来美化文档页面，使整个文档版面看起来更加大方美观。

(1) 设置首字下沉。

首字下沉是文档中比较常用的一种排版方式，就是将段落开头的第一个或若干个字母的文字字号变大，从而使文档的版面出现显著效果使文档更美观。用户可以为段落开头的一个文字或多个字符设置首字下沉的效果。具体步骤如下：

①将鼠标定位在文档某一段中。

②单击"格式→首字下沉"命令，打开"首字下沉"对话框，如图 3—39 所示。

图 3—39

③在"位置"区域选中"下沉"样式。

④在“字体”下拉列表中选择“宋体”。

⑤在“下沉行数”文本框中选择或输入数值。

⑥单击“确定”按钮。

(2) 设置分栏版面。

设置分栏就是将整篇文档或文档的某一部分设置成具有相同栏宽或不同栏宽的多个栏。Word 2003 为用户提供了控制栏数、栏宽和栏间距的多种分栏方式，用户可以使用“分栏”按钮和“分栏”对话框设置栏数。具体步骤如下：

①选中要设置分栏的文本。

②单击“格式→分栏”命令，打开“分栏”对话框，如图 3—40 所示。

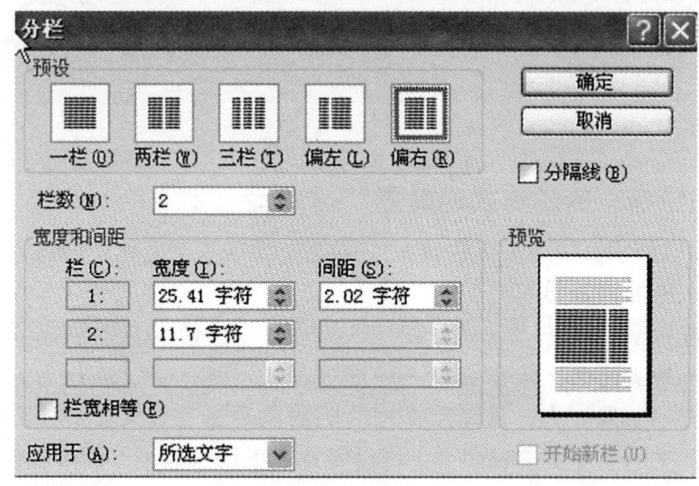

图 3—40

③在“预设”区域选择“偏右”选项，在“宽度和间距”区域的第一栏的“间距”文本框中选择或输入“2.02 字符”，在“宽度”文本框中则自动显示为“25.41 字符”。

④将“栏宽相等”复选框前面的“√”去掉，在“应用于”下拉列表中选择“所选文字”选项。

⑤单击“确定”按钮。

任务 3　设置预览文档及打印

🕮任务概述

Word 软件提供了打印预览功能，具有对打印机参数的强大的支持性和配置性。本任务将新建一个“母亲，人类一个永远的话题 .doc”文档，并设置相应的文字格式，最后把该文档打印 3 份，如图 3—41 所示。

母亲，人类一个永远的话题

有人说，人与动物有共通性，这共通性就是母爱。

一位老猎人，打猎、卖钱、换物，就是他生活的全部。一次，他看到一只母鹿，这是一只肥硕的母鹿，老猎人果断地举起了枪。然而令他惊诧的是，母鹿并没有逃走，而是向他跪了下来，眼中渗出泪。老猎人手微微一抖，但作为一个职业猎人，他还是打出了他生命中最沉重的一枪。割皮、开肚……老猎人像往日一样清理这只母鹿，然而令他震撼的是母鹿肚里有一只小鹿……

孟郊的《游子吟》：“慈母手中线，游子身上衣。临行密密缝，意恐迟迟归。谁言寸草心，报得三春晖。”这是一支亲切诚挚的母爱颂歌，艺术地再现了人所共感的平凡而又伟大的人性美，所以千百年来赢得了无数读者强烈的共鸣。

千百年来，唯有母爱是不断的音弦。

图 3—41

任务实施

1. 新建文档

单击任务栏“开始→所有程序→Microsoft Office→Microsoft Office Word 2003”。

2. 文档的编辑操作

（1）在新建的空白文档中输入文字，选择第一行标题文字，在“格式”工具栏中，设置黑体、二号字，并设置“居中”方式 黑体 二号 B I U A A 。

（2）选择正文内容，在“格式”工具栏中，设置字体为宋体、四号字 宋体 四号；在菜单栏的“格式→段落”命令中，将所有正文内容设置成两个字符 特殊格式(S): 首行缩进 度量值(Y): 2 字符 。

（3）选择第一段文字，在“格式”工具栏中，设置双下划线

。

（4）选择第二、三段文字，在菜单栏的“格式→分栏”中，设置两栏格式。

（5）选择正文最后一段文字，在菜单栏的“格式→边框和底纹”中设置底纹，图案样式为“浅色网格”，颜色设置为“浅青绿”。

（6）保存该文件。

(7) 单击菜单栏上的“文件→打印”命令，在弹出的对话框中，设置打印份数为 3，单击“确定”按钮，如图 3—42 所示。

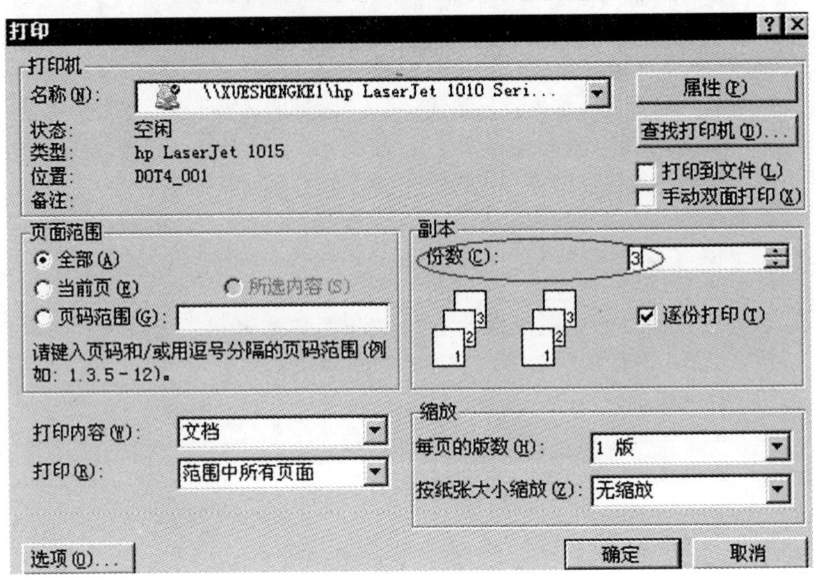

图 3—42

知识链接：文档的打印

在计算机安装了打印机的情况下，用户还可以将编排好的文档打印出来。Word 2003 提供了多种打印方式，包括打印多份文档、打印输出到文件、手动双面打印等功能，此外利用打印预览功能，即用户在打印之前看到打印的效果。

1. 打印预览

利用 Word 2003 的打印预览功能，用户可以在正式打印文档之前就看到文档被打印后的效果，如果不满意，还可以在打印前进行必要的修改。

打印预览视图是一个独立的视图窗口，与页面视图相比，可以更真实地表现文档外观。在打印预览视图中，可任意缩放页面的显示比例，也可同时显示多个页面。

单击“文件→打印预览”命令或是单击“常用”工具栏中的“打印预览”按钮 都可以进入到打印预览视图。用户通过单击打印预览窗口上方的工具按键 ，可以进行一些打印预览的设置。

- 单击“打印”按钮 可以打印当前预览的文档。
- 单击“放大镜”按钮 然后将鼠标移动到预览文档的上方，鼠标指针将变成放大镜形状。

◆ 单击“单页”按钮 可以使窗口中只预览一页文档。

◆ 单击“多页”按钮 ，在出现的下拉菜单中选择要显示的页面数目。

◆ 在“显示比例”文本框中可以调整预览中文档的显示比例。

◆ 单击“查看标尺”按钮 可以使标尺在显示和隐藏之间切换。在打印预览的状态下，使用标尺可以很容易地调节页面边距等设置。

◆ 如果文档只超出一页少许可以使用“缩小字体填充”按钮 让系统自动压缩超出的部分显示在一页中。

◆ 单击“全屏显示”按钮 ，可使预览窗口呈全屏显示。

◆ 单击“关闭”按钮 关闭(C)，即可关闭预览视图返回到文档编辑状态。

2. 快速打印

在打印文档时如果用户想快速打印，可直接单击“常用”工具栏上的“打印”按钮，这样就可以按 Word 2003 默认的设置进行打印文档。

3. 一般打印

一般情况下，默认的打印设置不能够满足用户的要求，此时用户可以在“打印”对话框中对打印的具体方式进行设置。具体步骤如下：

单击“文件→打印”命令，打开“打印”对话框，如图 3—43 所示。

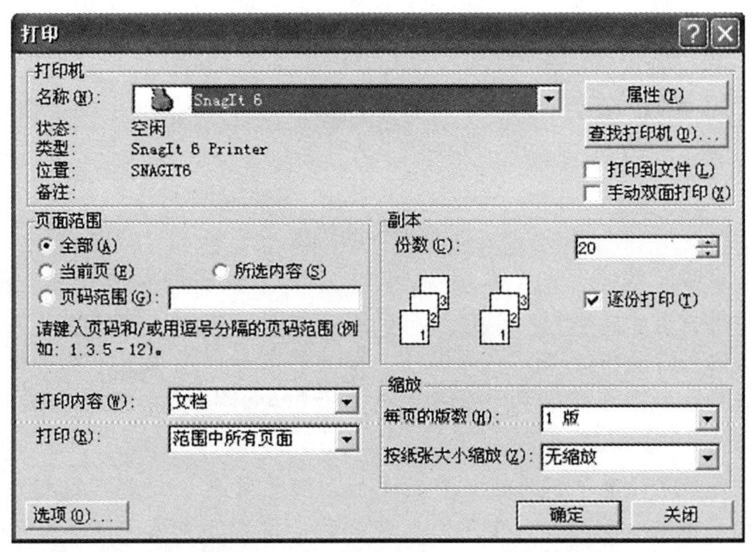

图 3—43

Word 2003 提供了多种打印方式，用户不但可以打印多份文档，还可以按指定范围打印文档，或将文档打印到文件，打印双面文档等。Word 2003 打印文档时，可以打印全部的文档，也可以打印文档的一部分。用户可以在“打印”对话框中的“页面范围”区域设置打印的范围。

习 题

上机实践

【操作要求】

1. 新建文件：在 Word 中新建一个文档，文件命名为“项目三.doc”，保存在 E 盘自己名字命名的文件夹中。
2. 录入文本并设置页面格式：按照“样文 3”，录入文字；将文档的纸型设置为 Letter；将文档的页边距设置上、下各 2.5 厘米，左、右各 3.5 厘米。
3. 设置标题格式：将标题设置为二号，加粗，华文彩云。
4. 设置段落缩进：正文各段文字的首行缩进设置为 2 个字符。
5. 设置首字下沉和边框：将第一段文字设置段落边框并设置首字下沉，下沉行数为 2。
6. 设置分栏格式：将正文第 2～9 段文本设置为三栏格式，第一栏宽设置为“8 字符”，栏间距设置为“2 字符”，第二栏宽设置为“12 字符”，栏间距设置为“3 字符”，加分隔线。
7. 插入图片：在样文所示的位置插入图片，图片的大小缩放为原图的 25%，图片的环绕方式设置为“紧密型”。
8. 设置页眉和页脚：设置页眉文字“神话故事”，并将页眉文字的字体设为仿宋，字号为小四。

【样文 3】

嫦娥奔月的传说

相传远古的时候，有十个太阳一齐出现在天上，晒得大地冒烟，海水干枯，天下百姓很难活下去。这时，有位叫后羿的英雄力大无穷，能开万斤宝弓，能射巨蛇猛兽。他同情受难百姓，就弯宝弓、搭神箭，一口气儿射下九个太阳。最后一个太阳认罪求饶，后羿才息怒收弓，严令太阳按时起落，为民造福。从此，后羿的名字传遍天下，人人敬仰。

后来，他娶了位妻子叫嫦娥，非常美丽，温柔贤惠。夫妻二人相亲相爱，生活非常美满。嫦娥心地善良，常用丈夫射来的猎物接济乡亲们。乡亲们都非常喜爱她，夸后羿娶了个好媳妇。

有一天，后羿射猎途中碰见一位老道士。这位老道钦佩后羿的神力和为人，赠给他一包不死药，说吃了这药就能长生不老，成仙升天。后羿舍不得自己心爱的妻子，也舍不得父老乡亲们，不愿自己一人上天，回家后，就把不死药交给了妻子。嫦娥把药藏在了床头首饰匣里。

那时候，因为羡慕后羿的威名，不少人跟着他拜师学艺。其中有个叫蓬蒙的奸小人，想偷吃后羿的不死药，自己成仙。

这一年的八月十五日，后羿又带着徒弟们出门射猎去了。天近傍晚，蓬蒙偷偷溜了回来，闯进嫦娥的住室，威逼嫦娥交出那包不死药。嫦娥迫不得已，把不死药全部吃下，立刻，身轻似燕，冲出窗口，直上云天。可她一心还恋着心爱的丈夫，就飞到离地面最近的月亮上安身。

后羿回家后，不见了妻子嫦娥，忙向侍女打听，才知道事情的经过。他焦急地冲出门外，只见天上的月亮比往日格外亮，格外圆，就像心爱的妻子看着自己。

他心似刀绞，拼命朝月亮追去。可他追三步，月亮退三步；他退三步，月亮进三步，怎么也到不了眼前。后羿思念心爱的妻子，心痛欲裂，默默流泪。无奈，只得命侍女在月下摆上供桌，上面摆上嫦娥最爱吃的各种水果，以示对远去妻子的思念。

乡亲们听说以后，也都在各家院内摆上供桌，放上水果，遥祭善良的嫦娥。

第二年八月十五晚上，是嫦娥奔月的忌日，月亮又是格外明格外圆。后羿和乡亲们怀念善良的嫦娥，都早早地在院中月光下摆上水果祭月，寄托对亲人的思念。以后年年如此，世代相传。

项目四　Word 2003 表格制作

Word 软件提供了强大的制表功能，不仅可以自动制表，也可以手动制表。Word 的表格线自动保护，表格中的数据可以自动计算，表格还可以进行各种修饰。用 Word 软件制作表格，既轻松又美观，既快捷又方便。

能力目标

- ■ 掌握表格的创建；
- ■ 掌握表格的简单编辑；
- ■ 表格格式化；
- ■ 表格的公式计算和排序。

任务 1　创建表格

🕮任务概述

表格是一种简明、概要的表意方式。其结构严谨，效果直观，往往一张表格可以代替许多说明文字。因此，在编辑排版过程中，就常常要处理到表格。本任务将新建一个“学生成绩单”文档，制作一个规则的表格，从而学习 Word 软件制作表格的操作方法（见图 3—44）。

学生成绩单

学号	姓名	成绩
1	张三	72
2	李四	89
3	王五	92

图 3—44

📖任务实施

1. 新建文档

单击任务栏“开始→所有程序→Microsoft Office→Microsoft Office Word 2003”。

2. 文档的编辑操作

（1）在新建的空白文档中第一行录入标题文字。

（2）单击菜单栏上的“表格→插入→表格”命令，在弹出的对话框中，设置列数为 3，设置行数为 4，单击“确定”按钮，如图 3—45 所示。

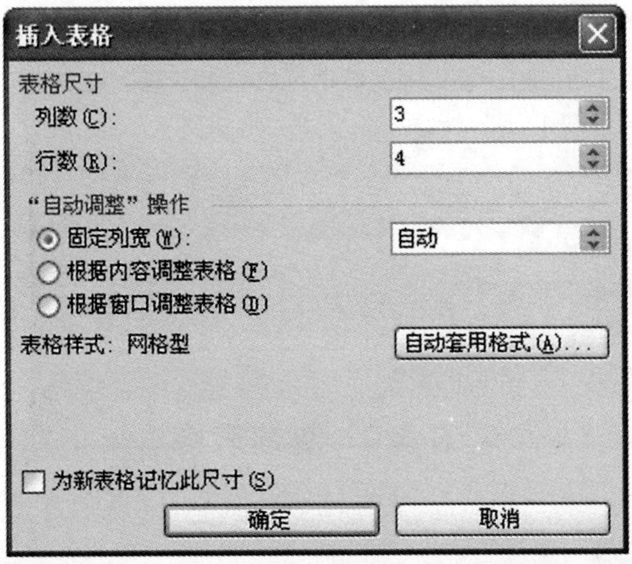

图 3—45

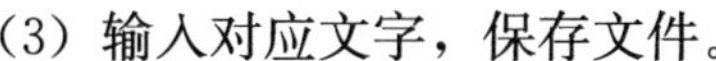

（3）输入对应文字，保存文件。

📖知识链接

1. 创建简单表格

（1）使用插入命令创建表格。

单击菜单栏上的“表格→插入→表格”，打开“插入表格”对话框，在对话框中设置表格的列数和行数、表格的列宽、是否“为新表格记忆此尺寸”以及是否自动套用 Word 内置的常用样式表格等；单击“确定”按钮，就会在文档中出现一个根据设置而生成的空表格，如图 3—46 所示。

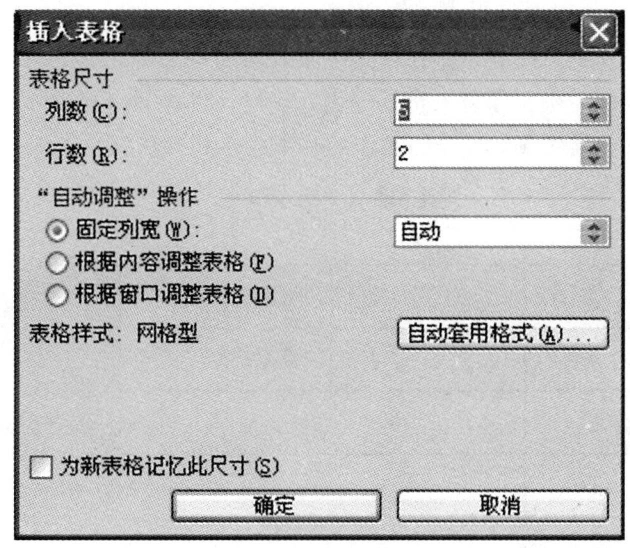

图 3—46

（2）使用工具栏创建表格。

单击工具栏上的插入表格按钮 ▦，在按钮下会显示表示表格行数和列数的方格。拖动鼠标，选择合适的行数和列数后，释放鼠标左键，就会在文档中出现指定行数和列数的表格。

2. 绘制表格

绘制表格可以绘制任意大小样式的表格。

（1）单击菜单栏上的“表格→绘制表格”命令，打开“表格和边框”工具栏。

（2）单击工具栏上的绘制表格按钮 ✎，当鼠标指针变成 ✏ 形状时，可以在文档中绘制表格。

3. 选择表格内容

（1）使用鼠标选择内容。

（2）使用菜单选择内容。在菜单栏上选择“表格→选择”命令的子菜单项，可以选择表格、行、列或单元格。

4. 定位单元格

绘制好表格后，就可以在表格中输入数据。在表格中输入数据可以不受单元格顺序的限制，在光标定位的任意单元格中输入数据。

任务 2　表格的简单编辑

📖任务概述

Word 具有功能强大的表格制作功能，其所见即所得的工作方式使表格制作更加方便、快捷、安全，以满足制作中式复杂表格的要求。

本任务将制作一份“招聘人员登记表”表格。讲述如何在 Word 文档建立一个表格等操作，从而学习 Word 表格制作的基本操作和方法（见图 3—47）。

招聘人员登记表

<table>
<tr><td colspan="2">姓　名</td><td></td><td>性别</td><td></td><td rowspan="4">照　片</td></tr>
<tr><td colspan="2">学　历</td><td></td><td>婚否</td><td></td></tr>
<tr><td colspan="2">毕业学校</td><td colspan="3"></td></tr>
<tr><td colspan="2">专　业</td><td colspan="3"></td></tr>
<tr><td colspan="2">身份证号码</td><td colspan="2"></td><td>联系电话</td><td></td></tr>
<tr><td colspan="2">联系地址</td><td colspan="4"></td></tr>
<tr><td colspan="2">现在工作单位</td><td colspan="4"></td></tr>
<tr><td colspan="2">离职原因</td><td colspan="4"></td></tr>
<tr><td rowspan="6">简历</td><td>起止时间</td><td colspan="2">学校/单位</td><td colspan="2">专业/职位</td></tr>
<tr><td></td><td colspan="2"></td><td colspan="2"></td></tr>
<tr><td></td><td colspan="2"></td><td colspan="2"></td></tr>
<tr><td></td><td colspan="2"></td><td colspan="2"></td></tr>
<tr><td></td><td colspan="2"></td><td colspan="2"></td></tr>
<tr><td></td><td colspan="2"></td><td colspan="2"></td></tr>
</table>

图 3—47

任务实施

1. 新建文档

单击任务栏“开始→所有程序→Microsoft Office→Microsoft Office Word 2003”。

2. 文档的编辑操作

（1）在新建的空白文档中输入“招聘人员登记表”文字，设置文字的字体为“楷体-GB2312”，字号为“二号”，“加粗”并“居中”。

（2）制作表格：单击“表格→插入→表格”菜单命令，在“插入表格”对话框中输入行数和列数（见图 3—48）。

（3）合并单元格：选择第五列的第一、二、三、四行，按右键，在弹出的菜单中选择“合并单元格”（见图 3—49）。用同样的方法根据样图进行单元格的合并。

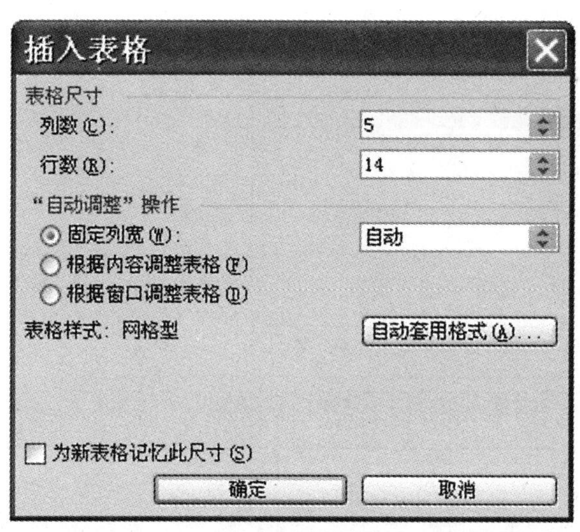

图 3—48

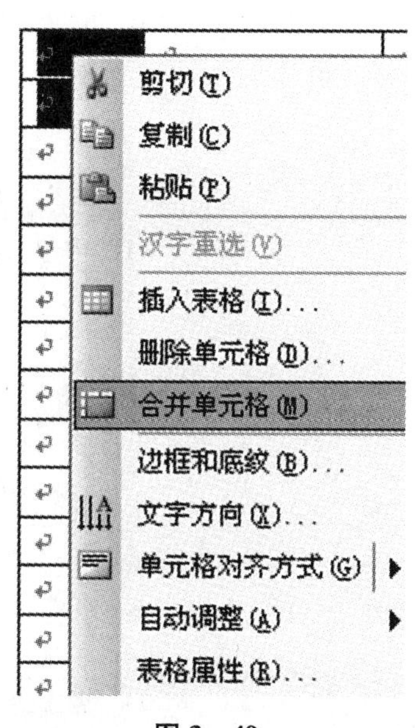

图 3—49

（4）输入文字。

（5）选中表格，单击“表格和边框”工具栏中的“靠上两端对齐”按钮的箭头按钮，弹出下拉菜单，选中“中部居中”选项。设置字体为“楷体-GB2312”、字号为“四号”（见图 3—50）。

（6）选中表格右上角照片所在的单元格，单击“表格和边框”工具栏中的“底纹颜色”的箭头按钮，选中“灰度－25%”的颜色块，选中单元格的底纹颜色变成灰色。

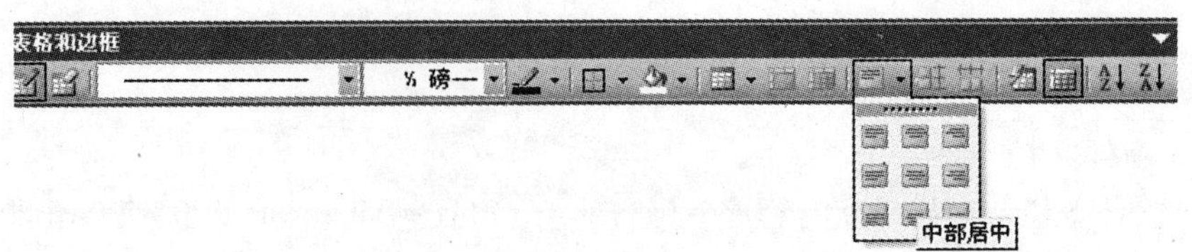

图 3—50

📖知识链接

1. 表格的自动套用格式

在“插入表格”对话框中单击“自动套用格式”按钮，打开“表格自动套用格式”对话框。在表格样式列表中选择样式名称，利用预览框查看显示效果，如果希望以后沿用此样式表格，可以单击“默认”按钮。表格自动套用格式确认后，返回插入表格对话框，再次单击“确定”按钮，就可以在文档中按照表格自动套用格式创建表格（见图 3—51）。

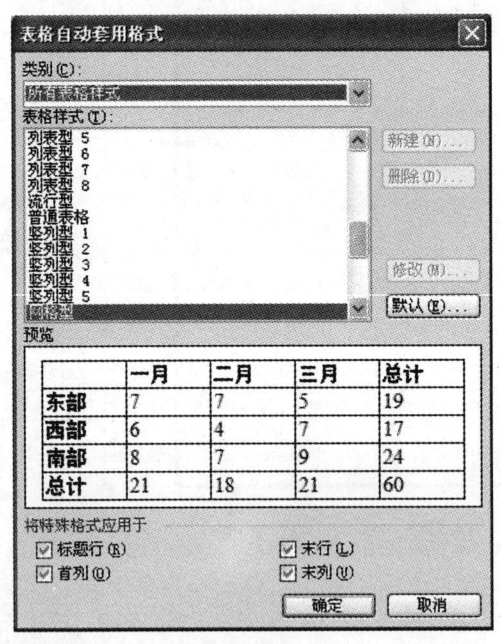

图 3—51

2. 设置表格对齐方式

表格与文本一样可以选择居中、左对齐、右对齐、两端对齐等对齐方式。操作方法是单击“格式”工具栏的按钮 ☰ ☰ ☰ 设置水平对齐方式。

使用“表格自动套用格式”来格式化表格。单元格的内容不但可以设置对齐方式，还可以设置字体、字型和字号等。

3. 修改表格

修改表格包括表格、行、列或单元格的插入、删除和修改。

(1) 插入行、列或表格。首先将光标定位到需要插入行、列或表格的位置，选择菜单栏上"表格→插入"命令，就可以在指定的位置插入相应的对象。

(2) 删除行、列或表格。将光标定位到要删除的行、列、单元格或表格中，选择菜单栏上的"表格→删除"命令，就可以删除指定的对象。

(3) 在表格中插入或删除行、列。先选定要插入或删除行、列，再按鼠标右键，从弹出的菜单中选择相应的"插入行"、"插入列"、"删除行"或"删除列"即可。

(4) 清除表格、行、列或单元格的内容。先选定要清除内容的表格、行、列或单元格，然后按 Delete 键即可。

4. 拆分表格、拆分单元格与合并单元格

(1) 拆分单元格。

先将光标定位在需要拆分的单元格上，单击菜单栏上的"表格→拆分单元格"命令，打开"拆分单元格"对话框。也可以在指针定位到单元格时，单击鼠标右键，从弹出的菜单中选择"拆分单元格"命令，然后在对话框中根据需要输入要拆分的行数和列数，单击"确定"按钮即可完成拆分操作。

如果选择了几个相邻单元格一起进行拆分，可以在"拆分单元格"对话框中选择"拆分前合并单元格"，表示先合并后拆分。

(2) 合并单元格。

选择相邻的、需要合并的单元格，单击菜单栏上的"表格→合并单元格"命令就可以将相邻单元格合并成一个单元格。也可以在选择单元格后，直接单击鼠标右键，在弹出的菜单上选择"合并单元格"命令来合并单元格。

(3) 拆分与合并表格。

◆ 将光标定位到要拆分的位置，单击菜单栏上的"表格→拆分表格"命令，将表格分为两个部分。

◆ 合并表格时只需将两个表格之间的空行删除，按 Delete 键即可。

5. 单元格列宽和行高的调整

(1) 用鼠标拖动。将鼠标指针移动到要调整的单元的行或列上，当鼠标指针变成 ÷ 或 ◂||▸ 时，按下鼠标左键拖动到指定的行高或列宽时，释放鼠标左键即可。

(2) 用菜单命令。先将插入点定位在要调整的单元格，然后单击"表格→表格属性"菜单命令或单击鼠标右键，在弹出的菜单中选择"表格属性"命令，在弹出的对话框中选择行、列选项卡，精确设置行高和列宽。

6. 表格的边框和底纹

在 Word 中，可以为整个表格、选择的区域、行、列或单元格添加边框和底纹，其设置方式与文字、段落的边框和底纹设置方法相同。

任务 3　表格格式化

任务概述

本任务将制作一份“人事资料表”表格，讲述如何在表格边框、底纹等格式的设置，从而学习 Word 表格格式化的操作方法（见图 3—52）。

人事资料表

职员编号	姓名	性别	出生年月日	进入公司的年份	职位
10001	张锦芳	女	1966/10/18	1998	秘书
10002	王慧	女	1980/01/09	2004	职员
10003	李世嘉	男	1959/04/27	1980	总经理
10004	赵晓宇	男	1978/08/03	2000	经理助理
10005	周传	男	1975/05/11	2001	职员
10006	吴家范	男	1969/06/19	1993	部分经理

图 3—52

任务实施

1. 新建文档

单击任务栏“开始→所有程序→Microsoft Office→Microsoft Office Word 2003”。

2. 文档的编辑操作

（1）在新建的空白文档中输入标题文字，选择标题，在“格式”工具栏中，设置字体为“宋体”，字体大小为“二号”，加粗，居中。

（2）制作一个七行六列的表格。

（3）根据样图用标尺调整列宽。

（4）输入文字。

（5）设置文字对齐方式：选定表格，单击“格式”工具栏的 按钮；单击“表格→表格属性”菜单命令，在“表格属性”对话框的单元格标签页中，选择“垂直对齐方式”为“居中”。单击“确定”按钮。

（6）选择表格，在“表格和边框”工具栏中，选择线型为“实线”和“外侧框线”，颜色为“浅蓝”，宽度为 3 磅 表格和边框 3 磅 。

(7) 选择表格，在“底纹→填充”中选择“浅青绿”，如图 3—53 所示。

(8) 保存该文件。

📖知识链接：格式化表格

1. 设置表格属性

将光标定位在表格中，单击菜单栏上的“表格→表格属性”命令，打开“表格属性”对话框。

修改表格属性。单击“表格”选项卡的“定位”按钮，打开“表格定位”对话框，如图 3—54 所示。在这个对话框中，可以设置表格的水平位置、垂直位置、距正文的距离以及是否随文字的移动而移动等。在“表格”选项卡中单击“选项”按钮，打开“表格选项”对话框。在这个对话框中，可以修改单元格的边距和间距，以及表格是否自动重调尺寸以适应内容的变化等。设置完毕后，单击“确定”按钮保存设置并返回“表格”选项卡。

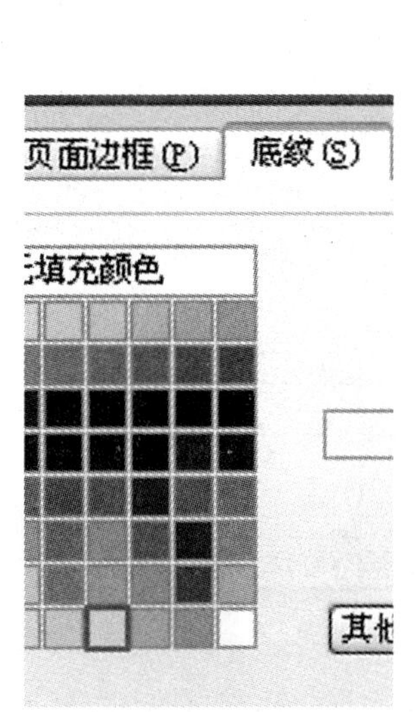

图 3—53

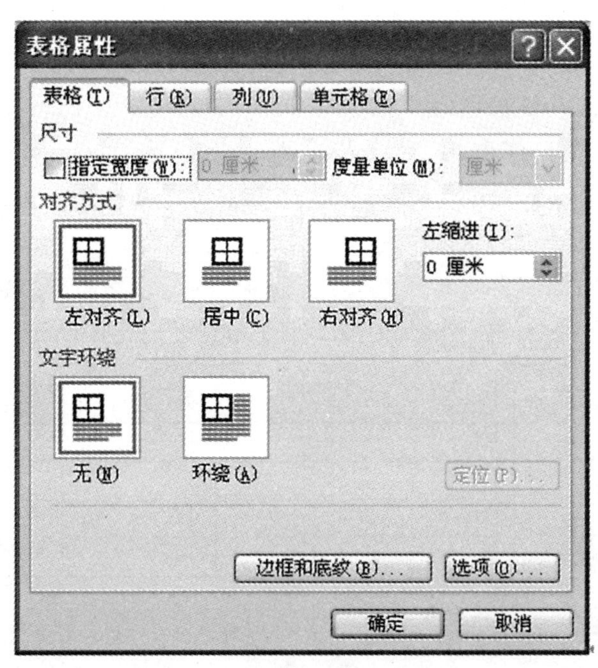

图 3—54

2. 绘制斜线表头

将光标定位到表格中，单击菜单栏上的“表格→绘制斜线表头”命令，打开“绘制斜线表头”对话框，如图 3—55 所示。在表头样式列表中选择表头样式；在字体大小列表中选择表头字号；在标题输入区内输入行标题和列标题；在预览框内预览设置效果；单击“确定”按钮，将所设置的表头应用到指定的表格中。

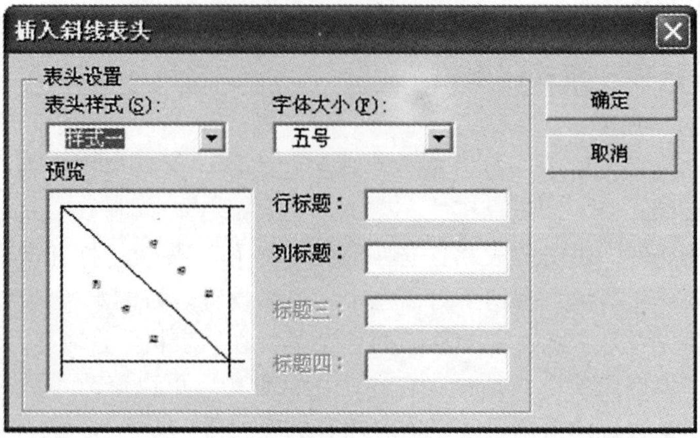

图 3—55

任务 4　表格的公式计算和排序

🕮任务概述

表格不但可以在单元格中填写文字，还可以用表格按列对齐数字，并且能对表格中的数字进行较为复杂的计算，而且还可以对数字进行排序。

本任务将编辑“计算、排序 . doc”表格。讲述如何在表格里进行计算、排序。从而学习 Word 表格的公式计算和排序的操作方法，如图 3—56 所示。

姓名	语文	英语	数学	平均成绩
甲	346	356	267	
乙	356	346	456	
丙	452	435	355	
丁	351	347	421	

要求：

1. 计算“平均成绩”。
2. 按照“语文”成绩从高至低排序。

图 3—56

🕮任务实施

打开“计算、排序 . doc”文档。

（1）把光标定位在第二行第五列，选择菜单栏上的“表格→公式”命令，在弹出的对话框中，输入公式，单击“确定”按钮，如图 3—57 所示。

图 3—57

（2）用同样的方法计算其他同学的平均成绩。

（3）把光标定位表格中，选择菜单栏上的“表格→排序”命令，在弹出的对话框中，选择主要关键字为“语文”、降序，单击“确定”按钮，如图 3—58 所示。

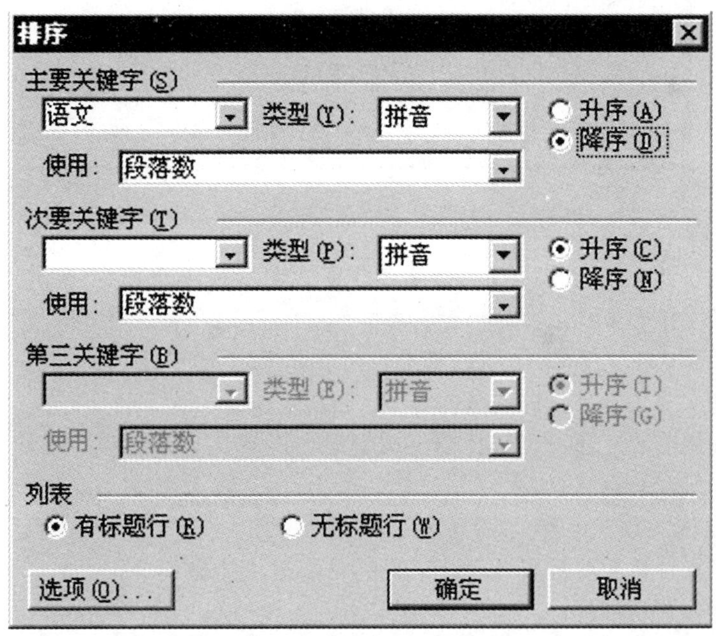

图 3—58

（4）保存文件。

📖知识链接：表格的公式计算和排序

1. 表格内数据的排序

可以根据数字、日期、笔画或拼音顺序排序，对表格内的数据进行升序或降序排列。操作过程如下：

（1）单击菜单栏上的“表格→排序”命令，打开排序对话框，如图 3—59 所示。

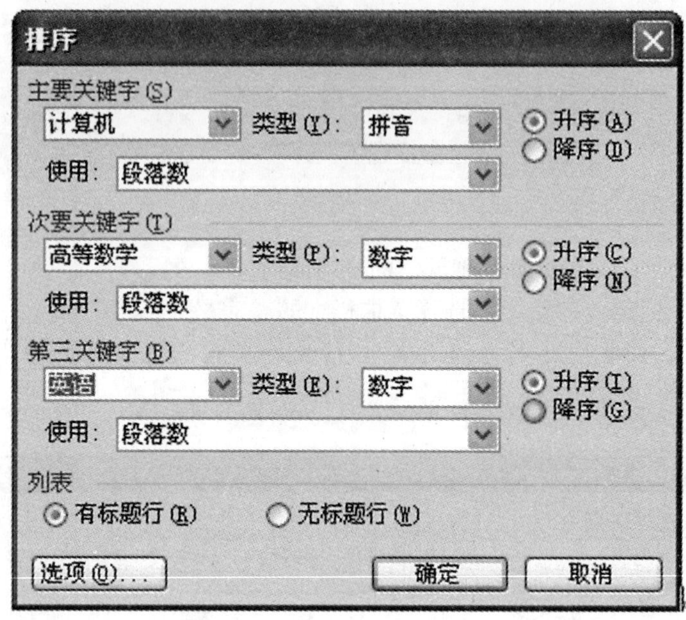

图 3—59

（2）在对话框中选择主要关键字名，在类型列表中选择排序的数据类型，指定主要关键字排序方式。

（3）如果以多列作为排序的基准，可在次要关键字处选择列名，在“类型”列表中选择次要关键字排序的数据类型，再指定次要关键字排序方式。

（4）如果需要，还可以选择第三关键字。设置完毕后，按“确定”按钮即可完成排序操作。

2. 表格内的数据计算

（1）将指针移至要放置计算结果的单元格中，单击菜单栏上的“表格→公式”命令，打开公式对话框。

（2）在“粘贴函数”列表中选择一个合适的函数，在“数字格式”栏中选择或输入计算结果的显示格式。

（3）按“确定”按钮即可得到计算结果，如图 3—60 所示。

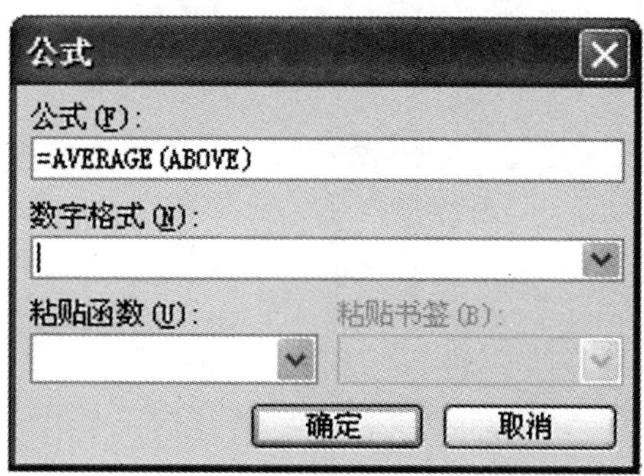

图 3—60

习　题

上机实践

【操作要求】

1. 新建文件：在 Word 中新建一个文档，文件命名为项目四 .doc，保存在 E 盘自己名字命名的文件夹中。
2. 设置标题格式：按照“样文 4”录入标题；将标题设置楷体- GB2312、二号字、颜色为“紫罗兰”、加粗、居中。
3. 插入表格：插入一个 10 行 6 列的表格，在表格内输入相应的文字和数据，并设置首行和首列的文字字体为楷体- GB2312、小四。
4. 设置表格自动套用格式：选中表格，套用“古典型 2”格式，只选中“标题行”和“首列”复选框。
5. 公式计算：使用“公式”对话框计算净胜球数和平均每场进球数。例如：计算北京队净胜球数的公式为“＝C2－D2”，计算平均每场进球数的公式为“＝C2/B2”。
6. 排序：将光标移到表格的最后一列，按平均每场进球数从多到少进行“降序”排序。

【样文 4】

	已赛场次	进球数	失球数	净胜球数	平均每场进球数
北京队	20	34	25		
天津队	19	18	28		

大连队	21	41	17
南京队	20	29	24
广州队	20	25	26
重庆队	21	15	29
济南队	19	24	31
武汉队	20	17	35
上海队	20	31	19

项目五　Word 2003 图形处理

用 Word 软件可以编辑文字图形、图像、声音、动画，还可以插入其他软件制作的信息，也可以用 Word 软件提供的绘图工具进行图形制作，编辑艺术字和数学公式，能够满足用户的各种文档处理要求。

能力目标

- 掌握图片的插入；
- 掌握图形的绘制；
- 插入设置艺术字；
- 公式编辑器与邮件合并。

任务 1　图片的插入

任务概述

毕业的时候可以撰写自己的简历，可以加入自己的照片，并且可以书写论文、计划，同时还可以在编写的文档中加入声音、图像，这样可以构成一个图文并茂的文件。

本任务将制作一份奖励证书，如图 3—61 所示。讲述如何在 Word 文档建立插入图片和绘制图形，从而学习 Word 图片插入的方法等相关知识。

任务实施

1. 新建文档

单击任务栏“开始→所有程序→Microsoft Office→Microsoft Office Word 2003”。

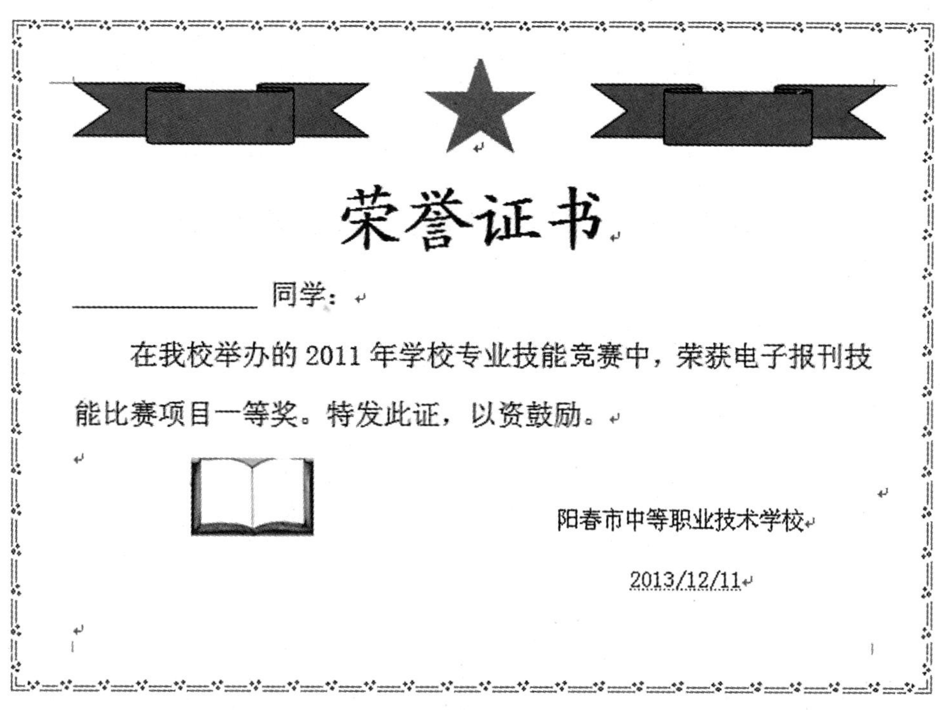

图 3—61

2. 文档的编辑操作

(1) 在新建的空白文档中输入文字；选择第一行文字，在“格式”工具栏中，设置字体为“华文行楷”，字体大小为“小初”，加粗，居中。选择第一、二段文字，在“格式”工具栏中，设置字体为“宋体”，字体大小为“小三”。最后两行设置字体为“宋体”，字体大小为“小四号”。

(2) 设置页面大小为 18 厘米×13 厘米：在菜单栏上选择“文件→页面设置”命令，在弹出的对话框中选择“纸张”标签页，选择“自定义大小”，设置宽度为 19 厘米，高度为 14 厘米，如图 3—62 所示，选择“页边距”标签页，设置左、右、上、下边距均为 2 厘米。

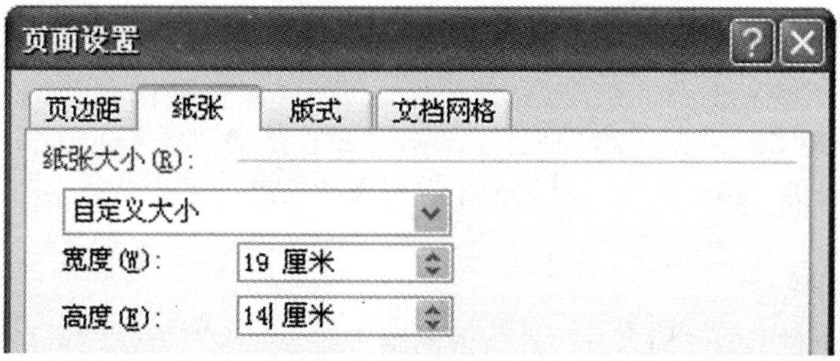

页面设置
页边距　纸张　版式　文档网格
纸张大小(R):
自定义大小
宽度(W): 19 厘米
高度(E): 14 厘米

图 3—62

（3）在菜单栏上选择“插入→图片→来自文件”命令，在弹出的对话框中选择“书.gif”，选择该图片，按右键，在弹出的菜单中选择“设置图片格式”，选择“版式”标签页，选择“浮于文字上方”环绕方式，单击“确定”按钮，如图 3—63 所示。

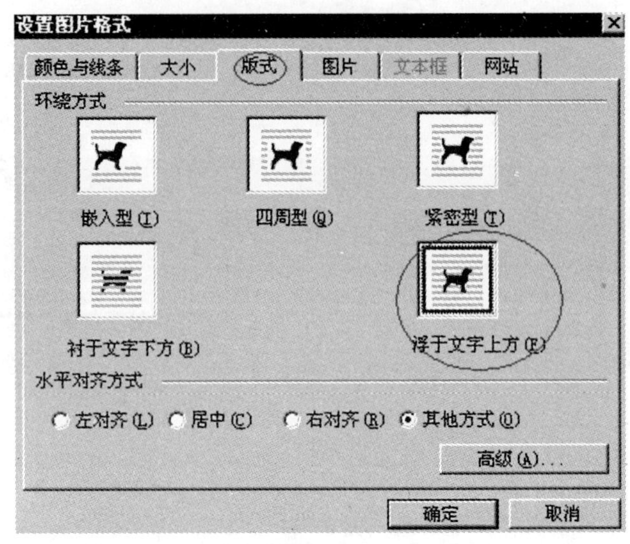

图 3—63

（4）在菜单栏上选择“视图→工具栏→绘图”命令，在“绘图工具栏”中选择“自选图形→星与旗帜→五角星”，鼠标变成一个“+”字形的图案后，拖动鼠标，即可画出一个五角星。选择“五角星”，填充颜色为“橙色”，线条为“无线条颜色”。用同样的方法画出两个“前凸带形”。

（5）设置页面边框：在菜单栏上选择“格式→边框与底纹”命令，在弹出的对话框中选择“页面边框”标签页，选择“艺术型”某一种，调整宽度，单击“确定”按钮。

（6）保存文件名为“荣誉证书.doc”。

🕮知识链接：插入图片和剪贴画

1. 插入图形文件

将光标移到需要插入图片的位置，选择菜单栏上的“插入→图片→来自文件”命令，在打开的“插入图片”对话框中选择图片文件，单击“插入”按钮就可以插入图片。

2. 插入剪贴画

选择菜单栏上的“插入→图片→剪贴画”命令，在打开的“剪贴画”任务窗格中或剪辑管理器窗口中复制剪贴画，并将其粘贴到文档中。如果外接数码相机或扫描仪，也可以从中得到图片文件并插入到文档中。

3. 插入自选图形

将光标移到需要插入图形的位置，选择菜单栏上的“插入→图片→自选图形”命令，在打开的“自选图形”对话框中选择图片文件，即可在插入图形的位置出现矩形绘图区域，在此矩形区域可以创建选定的图形。

4. 编辑图片

(1) 改变图片大小。单击需要调整的图片，在图片的四周出现一个矩形边框，在图片的上下左右四个方向以及四个顶端上各有一个控制点，将鼠标移至控制点上就可以在鼠标指针箭头的方向上拖动鼠标来缩放图片。也可以利用“设置图片格式”对话框调整图片尺寸，如图 3—64 所示。

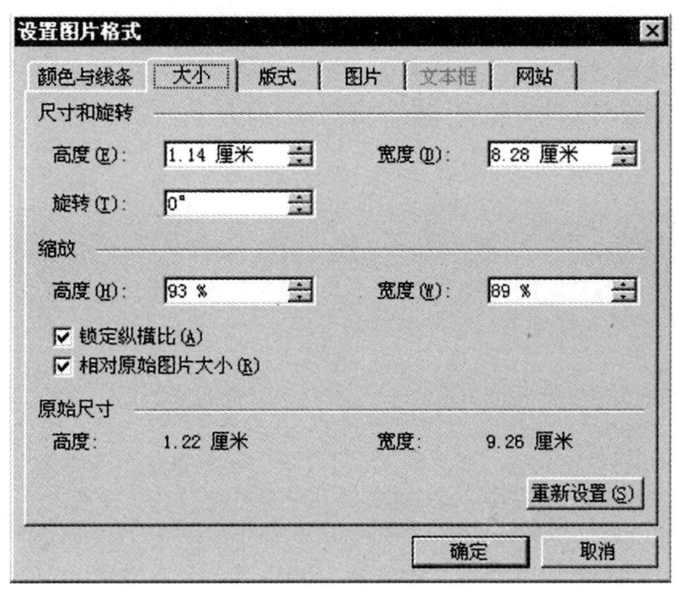

图 3—64

(2) 剪裁图片。单击图片，可以看到屏幕中出现了图片工具栏，如图 3—65 所示，单击裁剪按钮，将鼠标移到图片的控制点上，就可以在上、下、左、右四个方向上裁剪图片。如果按住 Alt 键移动鼠标，就可以更加平滑地裁剪图片。

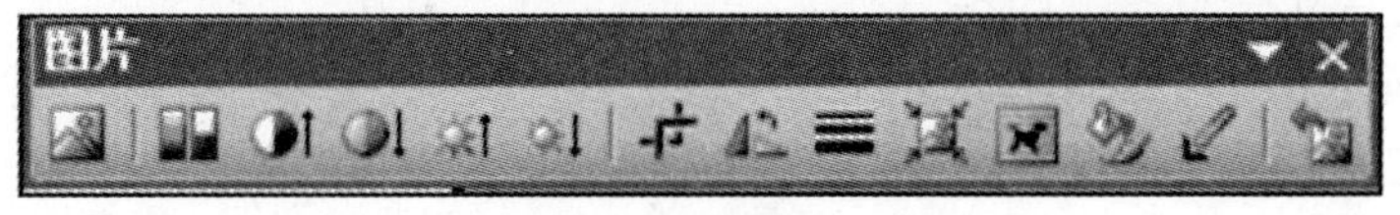

图 3—65

(3) 设置图片格式其他编辑功能。除了改变图片大小和剪裁图片外，利用图片编辑工具栏还可以调整图片的明暗度、对比度和旋转图片等功能。

5. 插入文本框

选择菜单栏上的"插入→文本框→横排（竖排）"命令或选择工具栏上的横排图标 或竖排图标，将文本框插入到文档之中。在文本框的内部有光标闪烁，在这个位置上可以输入文字。

任务 2　图形的绘制

任务概述

Word 作为编制教案、试卷、文稿的工具，已为师生熟悉；但是大家往往不知道 Word 还可以用来制图。其实，Word 的制图功能比较强大，掌握了制图技巧，可大大提高制图工作的效率。

本任务将编辑"绘图练习"文档。讲述如何在 Word 文档中插入图形，从而学习 Word 图形的绘制方法等相关知识，如图 3—66 所示。

办公和家庭自动化

1. 办公自动化按应用阶段分为事务型、管理型和决策型。

2. 事务型就是应用初始阶段，是用文字处理机、复印机、传真机及其他自动化设备，代替传统的文房四宝、文件柜、打字机，实现一般公文处理和信息传递。

3. 后来逐渐发展成管理型，它能高效地完成文件的起草、修改、审校、分发、归档等工作；可实现文字、数据、图象、图形、声音等多功能的信息传递与处理。把计算机与通信联系在一起，甚至联成网，形成办公自动化工作站，实现办公全面的自动化。

4. 决策型是办公自动化进一步发展的结果，它的标志是建立各类模型和方法库，并建立四通八达的计算机网络。智能办公系统是办公自动化发展方向，它主要由语言、知识、问题处理系统组成。智能型决策办公系统是人和机器智能相结合的系统，为中高级领导提供现代决策工具，利用它可以综合处理静态和动态信息，作出决策，召开电子会议，实现远距离办公。

题目要求：

1. 把第三段剪切在文本框中

2. 将文本框填充为青绿色

3. 并设阴影效果为阴影效果5

4. 环绕方式设为紧密型

图 3—66

🕮任务实施

打开“绘图练习 . doc”文档。

（1）选择第 3 段文字，在菜单栏上选择“视图→工具栏→绘图”命令，在“绘图工具栏”中选择“文本框”。选择“文本框”，填充颜色为“青绿色”，线条为“无线条颜色”，在绘图工具栏中选择“阴影设置”中的“阴影效果 5”。

（2）选择该文本框，按右键，在弹出的菜单中选择“设置文本框格式”，选择“版式”标签页，选择“紧密型”环绕方式，单击“确定”按钮。

🕮知识链接：绘制图形

Word 不但可以编辑图片，还可以绘制图形。在菜单栏上选择“视图→工具栏→绘图”命令，显示绘图工具条。

（1）利用绘图工具条可以绘制直线、箭头、自选图形，也可以编辑图形的颜色、线条、大小与版式等，如图 3—67 所示。

图 3—67

（2）组合多个图形。

①选择要组合的多个图形。按下 Shift 键，再用鼠标选择要组合的图形，即可选择要组合的多个图形。

②在“绘图”工具栏上，单击“绘图”，再单击“组合”；也可以在被选中的图形处，单击鼠标右键，在弹出的菜单中选择“组合”命令，这样就完成了多个图形的组合。若取消组合，可以在弹出的菜单中选择“取消组合”命令即可。

任务 3　插入艺术字

🕮任务概述

Word 文字处理软件的强大图文混排功能。还可以通过使用“艺术字”修饰标题，使得整篇文档更加漂亮。

本任务将编辑“秋天的思索”文档，讲述如何在 Word 文档插入艺术字，从而学习 Word 插入设置艺术字的方法等相关知识，如图 3—68 所示。

秋天的思索　　　　用文件名：秋天.DOC 存盘

方法要点：

- 正文字体设为小四宋体。首字下沉，首行缩进，分栏。
- 文章标题以艺术字体插入两栏之间，竖排，环绕类型为“紧密型”。
- 文中的图片文件在练习盘上，文件名为：“插入／图片／来自文件”插入到文档中，高度为 3，宽度为 4。环绕类型为“四周型”。位于页面（4.1，8.04）．图片颜色为灰度

秋天的思索

你说，秋天是令人思索的。万山红遍，层林尽染。丰盛的季节，成熟的季节，收获的季节。

对着萧萧的红叶，捧起沉甸甸的谷穗，我们能想到酷冬的严风厉雪，料峭的春冰寒冻，盛夏的劈雷猛雨。呵，浴汗、蹈火、流血，我们才夺得黄金季节！

不是么，几经寒暑，几经搏斗，几经反复，用流血，用牺牲，用战斗，用血与汗洗尽污泥浊水，我们才走向这成熟的季节，有这成熟的季节，才有这成熟的队伍……

挺立于这成熟的队伍中，我们自然热爱这成熟的季节。面对萧萧红叶，我们常爱作秋天的思索。我们思索什么呢？

我们想秋天是忠实的，我们付出多少汗水和智慧，它就给我们多少收获。秋天是严峻的，猛卷的秋风，把一切枯枝败叶都扫荡得干干净净。秋天是辛勤的，我们不抓紧收获，一年的收获就会付诸东流。秋天是明净的，它回荡的笑声会让人久久难忘。秋天是紧促的，我们必须不松气，在收获中盘算秋种、冬耕和春天的播种。

从一次收获，想到永久的收获；勇于进击，毫不停顿；不在于过去，而在于未来……这些，正是从美好的秋光秋色中战斗而来的我们这支队伍的气质。

朋友，秋天，我们有太多的思索！

图 3—68

任务实施

打开“秋天的思索.doc”文档。

（1）选择正文，设置字体为“宋体”，字体大小为“小四”。在菜单栏上选择“格式→首字下沉”命令，设置下沉行数为“2”（见图 3—69），单击“确定”按钮。在菜单栏上选择“格式→分栏”命令，在“预设”项目中选择“两栏”，单击“确定”按钮。

（2）在菜单栏上选择“插入→图片→艺术字”命令，选择第三行第六列的样式，输入文字“秋天的思索”，在“艺术字”工具栏中，设置文字环绕为“紧密型”（见图 3—70），设置艺术字形状为“波形 1”（见图 3—71）。

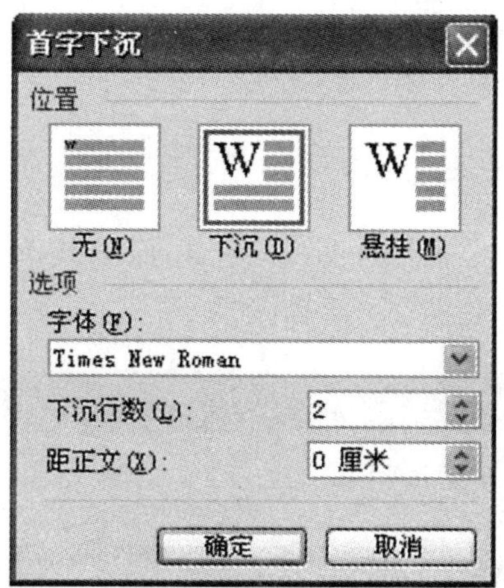

图 3—69

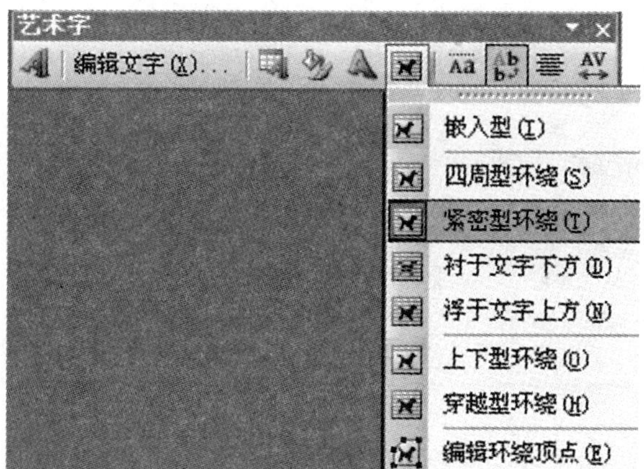

图 3—70

图 3—71

(3) 在菜单栏上选择“插入→图片→来自文件”命令，在弹出的对话框中选择“秋天 .jpg”，选择该图片，按右键，在弹出的菜单中选择“设置图片格式”，选择“版式”标签页，选择“四周型”环绕方式，再设置页面位置，单击“确定”按钮。

知识链接：插入艺术字

（1）在菜单栏上选择“插入→图片→艺术字”，或单击工具栏上的图标打开“艺术字库”对话框，如图 3—72 所示。

图 3—72

（2）选择合适的艺术字样式，单击“确定”按钮打开“编辑‘艺术字’文字”对话框。

（3）在文字框内输入文字内容，选择字体、字号和字型，单击“确定”按钮，就可以在文档中看到所设置的艺术字效果。

（4）艺术字编辑方法与图片的编辑方法相同。

任务 4　公式编辑器

任务概述

“公式编辑器”一直是老师们的热门话题，因为很多老师在备课、出试卷时经常要用到它，尤其是理科老师，很多试卷或教案都是使用“公式编辑器”完成的。

本任务将制作一份公式，如图 3—73 所示。讲述如何在 Word 文档编辑输入公式，从而学习 Word 公式编辑器的使用方法等相关知识。

解连不等式 $N<f(x)<M$ 常有以下转化形式

$$N<f(x)<M \Leftrightarrow [f(x)-M][f(x)-N]<0$$

$$\Leftrightarrow |f(x)-\frac{M+N}{2}|<\frac{M-N}{2} \Leftrightarrow \frac{f(x)-N}{M-f(x)}>0$$

$$\Leftrightarrow \frac{1}{f(x)-N}>\frac{1}{M-N}$$

图 3—73

🕮任务实施

1. 新建文档

单击任务栏“开始→所有程序→Microsoft Office→Microsoft Office Word 2003”。

2. 文档的编辑操作

(1) 在菜单栏依次选择“插入→对象”菜单命令。在弹出“对象”对话框中，选中“Microsoft 公式 3.0”选项，并单击“确定”按钮。

(2) 按照相应的公式模板输入。

🕮知识链接

公式编辑器，是一种工具软件，与常见的文字处理软件和演示程序配合使用，能够在各种文档中加入复杂的数学公式和符号，可用在编辑试卷、书籍等方面。以 Word 2003 为例介绍 Word 中使用公式编辑器的方法：

(1) 打开 Word 2003 文档窗口，在菜单栏依次选择“插入→对象”菜单命令。

(2) 在打开的“对象”对话框中，切换到“新建”选项卡。在“对象类型”列表中选中“Microsoft 公式 3.0”选项，并单击“确定”按钮。

(3) 打开公式编辑窗口，在“公式”工具栏中选择合适的数学符号（如根号）。

(4) 在公式中输入具体数值，然后选中数值，在菜单栏依次选择“尺寸→其他尺寸”菜单命令。打开“其他尺寸”对话框，在“尺寸”编辑框中输入合适的数值尺寸（可能需要多次尝试才能确定数值尺寸），并单击“确定”按钮。按照此方法分别设置公式中所有数值的尺寸。

(5) 在公式编辑窗口中单击公式以外的空白区域，返回 Word 文档窗口。用户可以看到公式以图形的方式插入到了 Word 文档中。如果需要再次编辑该公式，则需要双击该公式打开公式编辑窗口。

习 题

上机实践

【操作要求】

1. 新建文件：在 Word 中新建一个文档，文件命名为“项目五 . doc”，保存在 E 盘自己名字命名的文件夹中；按照“样文 5”录入文字。
2. 设置艺术字：将标题“母亲”设置为艺术字，艺术字的样式设置为第 3 行第 2 列；将艺术字的字体设置为华文新魏，字号设置为 32 磅；艺术字的形状设置为“左近右远”；艺术字阴影设置为“阴影样式 3”；艺术字环绕方式设置为“四周型”。
3. 设置分栏格式：将正文第 2 段和第 3 段文本设置为两栏格式，第一栏的栏宽设置为“14 字符”，栏间距设置为“2 字符”。
4. 设置边框和底纹：为正文第 1 段文本设置底纹，颜色设置为“茶色”。为正文最后两段文本加上图案样式“浅色横线”底纹，颜色设置为“浅绿”颜色。
5. 首字下沉：为正文第 1 段文本设置“首字下沉”效果，下沉行数设置为“2 行”。
6. 页眉和页脚：添加页眉文字“莫言诺奖”，并将页眉文字的字体设置为宋体，字号设置为小五；插入页码。
7. 插入图片：在第一段的右边插入图片，图片大小缩放为原图的 30%，图片的环绕方式设置为“四周型”。

【样文 5】（范文改自莫言诺奖演说部分内容）

母亲

我是我母亲最小的孩子。

我记忆中最早的一件事，是提着家里唯一的一把热水壶去公共食堂打开水。因为饥饿无力，失手将热水瓶打碎，我吓得要命，钻进草垛，一天没敢出来。傍晚的时候我听到母亲呼唤我的乳名，我从草垛里钻出来，以为会受到打骂，但母亲没有打我也没有骂我，只是抚摸着我的头，口中发出长长的叹息。

我记忆中最痛苦的一件事，就是跟着母亲去集体的地里拣麦穗，看守麦田的人来了，拣麦穗的人纷纷逃跑，我母亲是小脚，跑不快，被捉住，那个身材高大的看守人扇了她一个耳光，她摇晃着身体跌倒在地，看守人没收了我们拣到的麦穗，吹着口哨扬长而去。我母亲嘴角流血，坐在地上，脸上那种绝望的神情我终生难忘。多年之后，当那个看守麦田的人成为一个白发苍苍的老人，在集市上与我相逢，我冲上去想找他报仇，母亲拉住了我，平静的对我说：“儿子，那个打我的人，与这个老人，并不是一个人。”

第四章 Excel 2003 电子表格处理软件应用

Excel 电子表格具有强大的数据处理和简单的数据操作功能，同时具有操作简单、方便、快捷的特点，因此广泛应用于财务、行政、金融、统计和审计等领域。

项目一 录入“学生基本情况登记表”

项目要求

1. 录入图 4—1 所示的表格数据，注意录入数据的方法和技巧。
2. 按图 4—1 所示表格样式进行格式化处理。

	A	B	C	D	E	F	G
1	学生基本情况登记表						
2	学号	专业	姓名	性别	出生年月	政治面貌	入学日期
3	02013001	电子商务	李明	男	1997-2-20	团员	2013-9-1
4	02013002	电子商务	林小燕	女	1998-6-7	团员	2013-9-1
5	02013003	电子商务	杨清风	男	1998-8-24	团员	2013-9-1
6	02013004	电子商务	童玲	女	1997-12-10	团员	2013-9-1
7	02013005	电子商务	李小兵	女	1996-10-25	团员	2013-9-1
8	02013006	电子商务	庄诗华	女	1997-10-23	团员	2013-9-1
9	02013007	电子商务	李海晨	女	1998-12-18	团员	2013-9-1

图 4—1

能力目标

- Excel 2003 的启动；
- 新建、打开、保存工作簿；
- Excel 2003 工作界面；
- 工作簿和工作表的概念；
- Excel 2003 工作表的数据录入。

任务 1　Excel 2003 的启动、新建、保存和打开

🕮任务概述

本任务了解 Excel 电子表格的相关概念以及工作界面组成，掌握 Excel 电子表格的新建、保存和打开等基本操作。

🕮任务实施

1. 启动 Excel 2003

方法一：执行“开始→所有程序→Microsoft Office→Microsoft Office Excel 2003”命令。

方法二：如果桌面上有 Excel 快捷图标，直接双击该图标即可。

方法三：打开任意一个以“. xls”为扩展名的文档。

2. 新建工作簿

(1) 建立一个空的工作簿。

方法一：直接单击工具栏上的“新建”按钮，可建立一个空白的工作簿。

方法二：

①单击“文件→新建”菜单命令。

②在右边的“新建工作簿”窗格中，选择“空白工作簿”。

③按 Ctrl＋N 组合键。

(2) 调用模板建立工作簿。

在 Excel 中，根据用户有不同需要，已建立了多种类型的内置模板工作簿，用户可以直接调用这些模板，也可将所需的模板修改成更适合用户的要求，达到快速建立工作簿的目的。模板的调用方法如下：

①单击“文件→新建”菜单命令。

②在右边的“新建工作簿”窗格中，单击“本机上的模板”。

③在弹出的“模板”对话框中，选择“电子方案表格”标签，并单击右上方“大图标”、“列表”或“详细资料”这三个按钮，它将以不同的形式来显示所选标签的模板。

④若选择其中的一个模板，则弹出如图 4—2 所示的预览图。

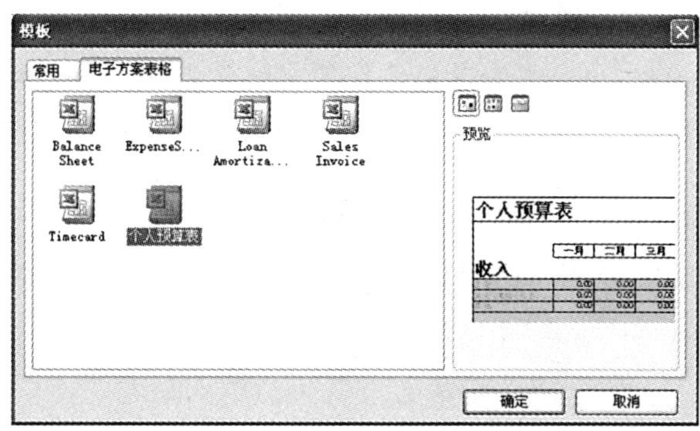

图 4—2

⑤单击“确定”按钮。

3. 保存工作簿

当完成工作簿文件的编辑和修改后，想保存它，其操作步骤如下：

①单击“文件→保存”菜单命令或单击工具栏中的“保存”按钮，或者按“Ctrl+S”快捷键。如果是第一次保存文件，将弹出“另存为”对话框。

②在弹出的“另存为”对话框中，选择保存位置，输入新的文件名，如“学生基本情况登记表”，否则将保留默认的文件名（Book1. xls），文件类型保留默认的 Microsoft Office Excel 工作簿（＊. xls）。

③单击“保存”按钮。

4. Excel 2003 工作簿的关闭

（1）选择“文件”菜单的“关闭”。

（2）单击 Excel 窗口右上角第二行的关闭按钮。

注意：如果被关闭的工作簿已修改未存盘，Excel 2003 将提示用户是否存盘。

5. Excel 2003 工作簿的打开

（1）单击“文件→打开”菜单命令，或单击常用工具栏上的“打开”按钮，或按快捷键“Ctrl+O”，弹出“打开”对话框，在对话框中选择要打开的工作簿文件，如“D：/学生基本情况登记表”。

（2）单击“确定”按钮。

注意：

①Excel 2003 产生的工作簿文件的扩展名为“. xls”。

②可以同时打开几个工作簿文件。

6. Excel 2003 的退出

（1）选择“文件”菜单的“退出”。

（2）单击 Excel 窗口右上角的关闭按钮。

（3）双击 Excel 2003 窗口左上角的图标。

（4）按 Alt+F4 组合键。

注意：退出 Excel 2003 前要保证自己建立的文件保存了。如果没有保存，系统会自动提示用户保存文件。

🕮知识链接：Excel 2003 的工作界面

Excel 窗口的组成与 Word 窗口类似，也是由标题栏、菜单栏、工具栏、窗口工作区、滚动条、状态栏、任务窗格等组成，如图 4—3 所示。

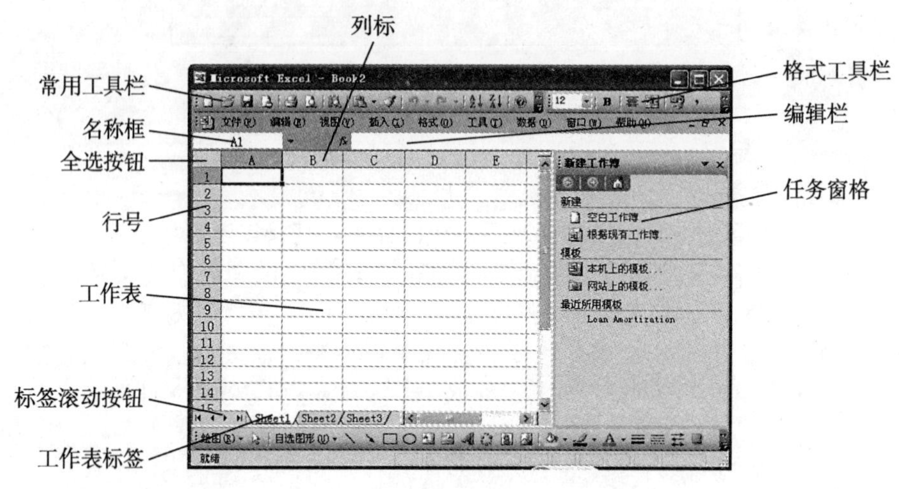

图 4—3

1. 工作簿和工作表

一个 Excel 电子表格文件称为一个 Excel 工作簿，扩展名为 . xls。每个工作簿中可以包含一个或多个工作表，并且最多可容纳 255 个工作表，系统默认由 3 张表格组成一个工作簿。

每个工作表由 65 536 行、256 列构成（横行、竖列）组成，行号为 1～65 536，列号为 A～IV。每张工作表都有一个相应的工作表标签，工作表标签上显示的就是该工作表的名称。

2. 单元格

单元格是行与列的交叉点，它是存储数据的最小单位。每一个单元格都可以用一个地址标志来表示，此标志由列标和行号组成。在单元格中可以输入任何数据，包括字符、数字、日期、时间、公式和函数。

3. 活动单元格

活动单元格也叫当前单元格，指正在使用的单元格，在其外有一个黑色的方框，这时输入的数据会被保存在该单元格中。

4. 填充柄

位于选定区域右下角的小黑方块。当鼠标指向填充柄时，鼠标的指针变为黑十字形时，可用于对数据填充。

任务 2　录入表格数据

任务概述

本任务以“学生基本情况登记表”为例介绍如何将数据输入到工作表的单元格里。

任务实施

1. 制作登记表

(1) 新建一个工作簿，将其保存为“学生基本情况登记表”，按图 4—1 内容输入相关信息。

(2) 选择单元格 A1 不放，一直拖到 G1 单元格后放开鼠标，在“格式”工具栏中，单击“合并单元格”按钮。字号改为 18，字体为黑体加粗。

(3) 选择 A2：G9 单元格区域，在“格式”工具栏中，单击“边框”按钮右边的下拉箭头，展开边框样式，选择“所有框线”，如图 4—4 所示。

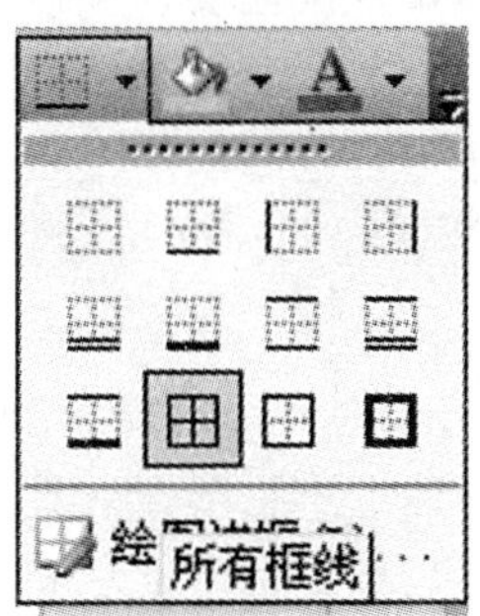

图 4—4

2. 保存登记表

选择“文件”菜单下的“保存”命令。

注意： 已经保存过的文件，再单击“保存”时，不会再弹出“保存”对话框，它将按照原来的文件路径和文件名进行保存。

3. 退出 Excel 软件

选择“文件”菜单下的“退出”命令。

知识链接

1. Excel 2003 数据的输入

Excel 工作表中不仅可以输入数字，还可以输入文字、公式和函数。允许输入的数据类型有：字符型、数值型、日期和时间型等。

（1）字符型数据的输入。

字符型数据是指首字符为字母、汉字或其他符号组成的字符串。字符型数据默认的对齐方式是左对齐。数字串作为字符型数据输入，在输入项前面添加撇号或者是＝“数字串”。例如，62574832＝“100872”。

（2）数值型数据的输入。

数字输入后，默认的对齐方式为右对齐。当输入的数字位数过长时，将在单元格中以科学计数法显示。

（3）日期/时间型数据的输入。

日期型数据的常用格式：年/月/日或年-月-日，可以省略年份。当插入当前系统日期：按 Ctrl＋；组合键。插入当前系统时间：按 Ctrl＋Shift＋；组合键。

2. Excel 2003 数据的填充序列

（1）用拖动“填充柄”填充。在某个单元格中输入常数或公式，横向或纵向拖动填充柄可以填充。

①当单元格是数字格式时，直接拖动，数值不变；如果按住 Ctrl 键拖动，则生成步长为 1 的等差数列。

②当单元格中是日期格式时，直接拖动，按“日”生成步长为 1 的等差序列；按 Ctrl 键拖动，数据不变。

③对于步长不是 1 的等差序列，也可以使用填充柄进行自动填充。方法是：先在两个相邻的单元格中输入等差序列的前两个数据，然后选定这两个单元格并拖动其填充柄进行填充。

（2）用“序列”对话框填充。对于比较复杂的规则填充，直接利用填充柄不能完成时，可以打开“序列”对话框进行填充。具体操作步骤如下：

①先在第一个单元格中输入数据，选定待填充的区域。

②单击“编辑→填充→序列”命令，打开“序列”对话框，如图 4—5 所示。

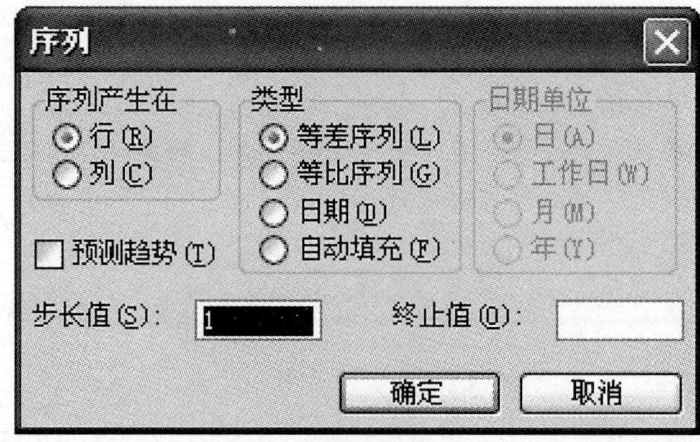

图 4—5

③选择序列所产生在的“行”或“列”，然后选择序列类型，输入步长值，单击“确定”按钮。

注意：

（1）当序列类型选择“日期”时，“日期单位”可以选择“日”、“工作日”、“月”、“年”，然后输入步长值，就会按照该步长进行填充。“日”和“工作日”的区别是：工作日不需要周末的日期。

（2）当序列类型选择“自动填充”时，和利用填充柄填充的效果是一样的。

习　题

一、思考题

1. 如何理解工作簿、工作表？
2. 创建的新工作簿中默认的工作表有多少张？
3. 一个工作簿可以创建多少张工作表？
4. 工作表由哪些项目组成？

二、上机实践

1. 学会创建、打开、保存工作簿。
2. 创建一个新工作簿，录入如下表格数据，并将其保存为“电脑销售情况登记表.xls”。

个人电脑销售情况					
品牌	CPU	内存	硬盘	购买日期	价格
长城	486DX-66Hz	4MB	270MB	95-9-30	9340.00
组装	486DX-66Hz	4MB	120MB	95-1-1	7000.00
联想	Pentium-166	16MB	3GB	97-11-16	11800.00
组装	486DX-66Hz	4MB	120MB	95-4-11	6700.00
同创	486DX-66Hz	4MB	500MB	95-9-19	9720.00
组装	486DX-66Hz	4MB	120MB	95-5-30	6600.00
方正	Pentium-100	8MB	2GB	96-9-4	18050.00
联想	486DX-66Hz	4MB	270MB	95-7-21	9260.00
Compaq	Pentium Pro 200	32MB	6GB	97-5-2	27860.00
组装	486DX-66Hz	4MB	120MB	95-4-21	6650.00
同创	Pentium-70	8MB	1.2GB	96-3-28	15850.00
组装	486DX-66Hz	4MB	120MB	95-1-9	6850.00

项目二　编辑工作表和管理工作表

项目要求

1. 打开在“项目一”中保存的“学生基本情况登记表 . xls”，在“政治面貌”前插入两列，依次填入“家长姓名”、“联系电话”等相关数据，如图 4—6 所示。

	A	B	C	D	E	F	G	H	I
1	学生基本情况登记表								
2	学号	专业	姓名	性别	出生年月	家长姓名	联系电话	政治面貌	入学日期
3	02013001	电子商务	李明	男	1997-2-20	李森	13680545678	团员	2013-9-1
4	02013002	电子商务	林小燕	女	1998-6-7	林家业	15326478697	团员	2013-9-1
5	02013003	电子商务	杨清风	男	1998-8-24	杨明清	13456324576	团员	2013-9-1
6	02013004	电子商务	童玲	女	1997-12-10	童景德	15678432879	团员	2013-9-1
7	02013005	电子商务	谢诗云	女	1996-9-7	谢德明	13123456789	团员	2013-9-1
8	02013006	电子商务	刘庆生	男	1997-8-25	刘明兴	15423678564	团员	2013-9-1
9	02013007	电子商务	李小兵	女	1996-10-25	李尔达	15634286754	团员	2013-9-1
10	02013008	电子商务	庄诗华	女	1997-10-23	庄叶鹏	13278965432	团员	2013-9-1
11	02013009	电子商务	李海晨	女	1998-12-18	李贵生	13178654321	团员	2013-9-1

图 4—6

2. 在“童玲”下插入两行，依次填入“谢诗云”、“刘庆生”等相关数据，并对“学号”列数据进行更新修改，如图 4—6 所示。

3. 完成以上修改后，将工作簿另存为“13 级学生基本情况登记表”。

4. 选择 Sheet1 工作表，将工作表的名称改为“电子商务”。

5. 在“电子商务”工作表之后复制一份“电子商务”工作表，并将复制的工作表名称改为“计算机”，将表格中的数据“专业”为“电子商务”改为“计算机”，如图 4—7 所示。

	A	B	C	D	E	F	G	H	I
1	学生基本情况登记表								
2	学号	专业	姓名	性别	出生年月	家长姓名	联系电话	政治面貌	入学日期
3	02013001	计算机	刘清	男	1997-10-2	刘家兴	13680786543	团员	2013-9-1
4	02013002	计算机	林海	男	1997-12-5	林怡青	15326423497	团员	2013-9-1
5	02013003	计算机	李董欣	女	1996-11-3	李海生	13456307865	团员	2013-9-1
6	02013004	计算机	肖童玲	女	1997-7-20	肖萧	15678478679	团员	2013-9-1
7	02013005	计算机	肖明浪	男	1996-11-17	肖清来	13192546789	团员	2013-9-1

电子商务 计算机 Sheet2 Sheet3

图 4—7

6. 在“计算机”工作表之后复制一份“计算机”工作表，并将复制的工作表名称改为“模具”，将表格中的数据“专业”改为“模具”，如图 4—8 所示。

	A	B	C	D	E	F	G	H	I
1	学生基本情况登记表								
2	学号	专业	姓名	性别	出生年月	家长姓名	联系电话	政治面貌	入学日期
3	02013001	模具	谢敏	男	1997-6-20	谢旺财	13154267587	团员	2013-9-1
4	02013002	模具	严星浪	男	1996-11-15	严远生	13423456743	团员	2013-9-1
5	02013003	模具	周好泽	男	1996-10-5	周兴旺	13459987865	团员	2013-9-1
6	02013004	模具	肖辉	男	1997-4-10	肖飞	15678445469	团员	2013-9-1
7	02013005	模具	林业军	男	1996-3-23	林耀辉	13192588796	团员	2013-9-1

电子商务 / 计算机 / 模具 / Sheet2 / Sheet3

图 4—8

7. 删除“Sheet2”和“Sheet3”工作表。

8. 新建一个名称为“13 级文科学生基本情况登记表”的工作簿，然后将“13 级学生基本情况登记表”中的“电子商务”和“计算机”工作表复制到该工作簿中。

能力目标

■ 掌握编辑工作表和单元格的基本操作；

■ 掌握管理工作表的操作。

任务 1　编辑工作表

任务概述

编辑工作表是在已经建立好的工作表中，插入单元格、行和列，以便在工作表的适当位置填入新的内容，达到更新数据、完善表格的目的。

下面以更新“学生基本情况登记表”数据为例讲述如何插入行和列，进而学习单元格、行和列的移动、复制、插入、删除等编辑工作表的操作方法。

任务实施

打开“项目一＼学生基本情况登记表 . xls”文件。

（1）选择 F 列，连续两次单击“插入”菜单的“列”命令，在 F 列的左边插入两列，然后在 F2 单元格中输入“家长姓名”，在 G2 单元格中输入“联系电话”，依次输入其他单元格的内容，如图 4—6 所示。

（2）选择第 7 行，连续两次单击“插入”菜单的“行”命令，在第 7 行的上边插入两行，在 C7 单元格输入“谢诗云”，在 C8 单元格输入“刘庆生”。依次输入其他单元格的内容，如图 4—6 所示。

（3）选择 A3 单元格，将鼠标移动到右下角的填充柄处，当鼠标变成“十”字形状时，按住鼠标左键拖动至 A11 单元格，重新按顺序调整学号。

（4）单击“文件”菜单下的“另存为”命令，将工作簿另存为“13 级学生基本情况登记表 . xls”。

📖知识链接：编辑工作表

1. 选取工作表中的单元格

（1）选取单个单元格。单击相应的单元格，或用方向键移动到相应的单元格。

（2）选取连续的单元格区域。

方法一：从左上角第一个单元格拖动到右下角最后一个单元格。

方法二：先选择左上角第一个单元格，然后按 Shift 键，再单击右下角最后一个单元格。

（3）选取不连续的单元格区域。先选定第一个单元格或单元格区域，然后按 Ctrl 键，再选定其他的单元格或单元格区域。

（4）选取行和列。单击行号，选定整行；单击列标，选定整列。

（5）选取整张工作表。单击“全选按钮”，选定整张工作表。

（6）取消选取的单元格。要取消所选的单元格，只要单击所选区域外的任一个地方即可。

2. 编辑单元格的内容

方法一：双击待编辑数据所在的单元格，对其中的内容进行更改，按 Enter 键确认。

方法二：选定待编辑数据所在的单元格，在编辑栏中对其中的内容进行更改，按 Enter 键确认。

3. 单元格的移动和复制

（1）单元格的移动。

方法一：选择一个或多个单元格，单击“编辑→剪切”菜单命令，然后选择目标单元格，单击“编辑→粘贴”菜单命令。

方法二：选择一个或多个单元格，将鼠标移动到单元格边框上，当鼠标变成移动状态时，按住鼠标左键拖动到目标位置即可。

（2）单元格的复制。

方法一：选择一个或多个单元格，单击“编辑→复制”菜单命令，然后选择目标单元格，单击“编辑→粘贴”菜单命令。

方法二：选择一个单元格或多个单元格，按住 Ctrl 键不放，将鼠标移动到单元格边框上，鼠标变成复制状态，按住鼠标左键拖动到目标位置即可。

4. 单元格的清除与删除

（1）单元格的清除。

选择单元格或单元格区域，然后按 Delete 键，就可以清除单元格中的内容，或在单元格上单击右键，在弹出的快捷菜单中选择“清除内容”命令。

（2）单元格的删除。

方法一：选择要删除的单元格或单元格区域，单击“编辑→删除”菜单命令，在弹出的快捷菜单中选择“删除”命令，在“删除”对话框中选择一种删除形式，然后单击“确定”按钮。

方法二：选择要删除的单元格或单元格区域，单击右键，在弹出的快捷菜单中选择“删除”命令，在“删除”对话框中选择一种删除形式，然后单击“确定”按钮。

5. 行和列的编辑

（1）行和列的插入。

行的插入：选择一行，单击右键，在弹出的快捷菜单中，选择“插入”命令。或者选择一行，单击“插入→行”菜单命令，则在所选行的上方插入一行。

列的插入：选择一列，单击右键，在弹出的快捷菜单中，选择“插入”命令。或者选择一列，单击“插入→列”菜单命令，则在所选列的左边插入一列。

（2）行高、列宽的调整。

①调整行高。

方法一：将光标移动到行号中间的分隔线上，此时鼠标变成 ╋，按住鼠标左键向上（或向下）拖动，即可调整单元格的行高。

方法二：选择一行，单击“格式→行→行高”菜单命令，在“行高”对话框中，输入数值，然后单击“确定”按钮。

②调整列宽。

方法一：将光标移动到列标中间的分隔线上，此时鼠标变成 ╋，按住鼠标左键向左（或向右）拖动，即可调整单元格的列宽。

方法二：选择一列，单击“格式→列→列宽”菜单命令，在“列宽”对话框中，输入数值，然后单击“确定”按钮。

（3）行、列设置隐藏和取消隐藏。

①选择多列（或多行）单元格，单击鼠标右键，在弹出的快捷菜单中单击选择“隐藏”命令，即可隐藏单元格的列（或行）。

②要恢复单元格的显示，可以通过选择被隐藏单元格的前后两列（或上下两行）单元格，然后单击鼠标右键，在弹出的快捷菜单中选择“取消隐藏”命令，即可重新显示被隐藏的单元格。

任务2　管理工作表

🕮任务概述

管理工作表主要是对工作表进行插入、删除、移动和复制等操作。

下面以编辑“13级学生基本情况登记表.xls”为例，讲述如何进行工作表重命名、复制、插入、删除等操作。

📖任务实施

打开“项目二\任务一\13 级学生基本情况登记表.xls”文件。

（1）右击 Sheet1 工作表标签，在弹出的菜单中选择“重命名”，输入“电子商务”，按 Enter 键确认。

（2）选择“电子商务”工作表标签，按 Ctrl 键不放，拖动鼠标到工作表“电子商务”之后，放开鼠标，双击复制的工作表标签名称，输入“计算机”，按 Enter 键确认，并修改工作表中的数据如图 4—7 所示。

（3）选择“计算机”工作表标签，按 Ctrl 键不放，拖动鼠标到工作表“计算机”之后，放开鼠标，双击复制的工作表标签名称，输入“模具”，按 Enter 键确认，并修改工作表中的数据如图 4—8 所示。

（4）右击“Sheet1”工作表，在弹出的快捷菜单中选择“删除”命令。用同样的方法删除“Sheet2”。

（5）新建一个空白的工作簿，将其保存为“13 级文科学生基本情况登记表.xls”。

（6）打开“13 级学生基本情况登记表”和“13 级文科学生基本情况登记表”，单击选择“13 级学生基本情况登记表”中的“电子商务”工作表标签，单击“编辑”菜单下的“移动或复制工作表”菜单命令，在弹出的“移动或复制工作表”对话框中，单击“工作簿”下拉列表，在弹出的下拉列表中选择“13 级文科学生基本情况登记表”，如图 4—9(a) 所示。在“下列选定工作表之前”中选择“Sheet1”，勾选“建立副本”复选框。如图 4—9(b) 所示，单击“确定”按钮。

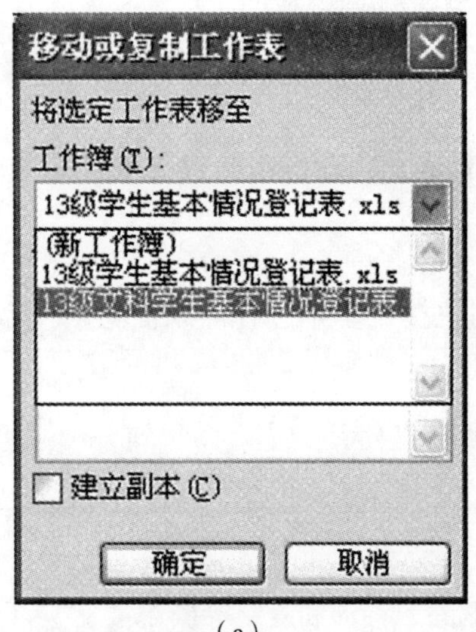

(a)

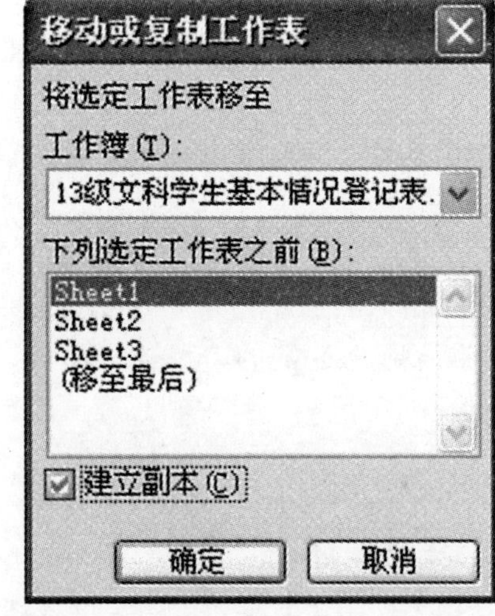

(b)

图 4—9

(7) 用同样的方法将“13 级学生基本情况登记表”中的“计算机”工作表也复制到“13 级文科学生基本情况登记表”工作簿中。完成后保存“13 级文科学生基本情况登记表”工作簿。

📖知识链接：管理工作表

1. 单个工作表的选定

用鼠标左键单击工作表标签，可以选定一张工作表，被选定的工作表标签背景为白色，未被选定的工作表标签背景为灰色。可使用工作表标签滚动按钮进行前后翻页，或翻到第一页或最后一页。

2. 选定多个工作表

选择连续的多个工作表：单击选定第一个工作表标签，然后按住 Shift 键，单击选择最后一个工作表标签。

选择不连续的多个工作表：先按住 Ctrl 键不放，再用鼠标逐个单击要选择的工作表标签，可选定非连续的多个工作表。

取消多个工作表的选定：可以用鼠标左键单击未被选定的工作表标签。

选定多个工作表之后，如果在被选定的工作表中的单元格输入或编辑数据，则会在所有被选定的工作表的相应单元格中产生相同的结果。

3. 插入工作表

方法一：单击“插入→工作表”菜单命令。

方法二：右击工作表标签，在弹出的快捷菜单中选择“插入”命令，在弹出的对话框中选择“工作表”即可，如图 4—10 所示。

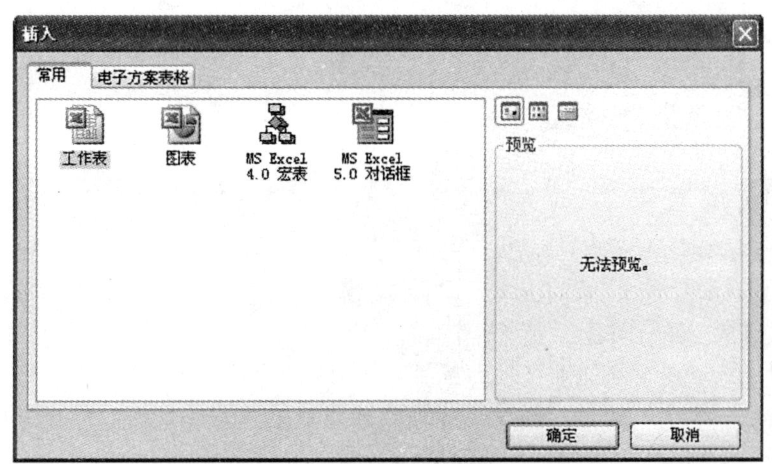

图 4—10

4. 删除工作表

在工作表标签上单击鼠标右键，弹出快捷菜单，然后选择“删除”命令。

5. 复制和移动工作表

(1) 在同一工作簿中移动工作表。

在要移动的工作表的标签上拖动鼠标，当鼠标的箭头上多了一个文档的标记，同时在标签栏中有一个黑色的小三角，它表示工作表拖到的位置，在想要放置的位置放开鼠标，就把工作表的位置改变了，如图 4—11 所示。

图 4—11

(2) 在不同的工作簿间移动工作表。

①右击工作表标签，在弹出的快捷菜单中选择“移动或复制工作表”命令。

②在弹出“移动或复制工作表”对话框中，单击“工作簿”下拉列表，选择要移动到的工作簿。

③在“下列选定工作表之前”选择工作表要移动到的位置。

④单击“确定”按钮，如图 4—12(a) 所示。

(a)

(b)

图 4—12

(3) 在同一工作簿中复制工作表。

用鼠标拖动要复制的工作表的标签，同时按下 Ctrl 键，此时，鼠标上的文档标记会增加一个小的加号，拖动鼠标到要增加新工作表的地方，就把选中的工作表制作了一个副本，如图 4—13 所示。

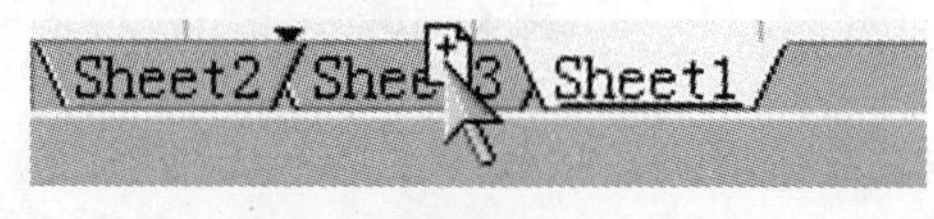

图 4—13

(4) 在不同的工作簿间复制工作表。

①右击工作表标签，在弹出的快捷菜单中选择“移动或复制工作表”命令。

②在弹出“移动或复制工作表”对话框中，单击“工作簿”下拉列表，选择要复制到的工作簿。

③在“下列选定工作表之前”选择工作表要复制到的位置。

④选定“建立副本”复选框。

⑤单击“确定”按钮，如图 4—12(b) 所示。

6. 工作表重命名

方法一：右击要重命名的工作表标签，在弹出的快捷菜单中选择“重命名”命令，输入新的名称按 Enter 键确认即可。

方法二：双击要重命名的工作表标签，输入新的名称，按 Enter 键确认即可。

习 题

一、思考题

1. 如何选取不连续的单元格?
2. 如何移动、复制、删除、命名工作表?

二、上机实践

1. 建立一本包括几张工作表的工作簿，工作表名称分别为：“A 班成绩表”、“B 班成绩表”、“C 班成绩表”、“D 班成绩表”、“E 班成绩表”。完成后将工作簿保存为“各班成绩表 . xls”。
2. 在以上建立的工作簿中删除“E 班成绩表”。
3. 复制“A 班成绩表”，并将复制的工作表重命名为“H 班成绩表”。
4. 将“H 班成绩表”移动到所有工作表之后。
5. 再创建一个名为“各班成绩表备份 . xls”的新工作簿，把“B 班成绩表”移动到新创建的工作簿中。把“C 班成绩表”复制到新创建的工作簿中，并将工作表标签名改为“成绩汇总”。

项目三 工作表格式化

项目要求

新建 Excel 工作簿，录入图 4—14 所示的表格数据，保存为“某公司员工工资表 . xls”，并按下列要求对表格进行格式化设置。

	A	B	C	D	E	F	G	H
1	某公司员工工资表							
2	序号	职员号	姓名	基本工资	补贴	扣除	实发工资	发放日期
3	1	82001	刘同	2700	500	200	3000	2012-2-18
4	2	82002	刘星乐	2900	400	250	3050	2012-2-18
5	3	82003	胡南	1700	1200	150	2750	2012-2-18
6	4	82004	李青梅	1600	1200	150	2650	2012-2-18

图 4—14

(1) 标题文字格式为：楷体 _ GB2312、加粗、14 磅、深青色、合并居中。

(2) 标题行字段格式：仿宋 _ GB2312、加粗、倾斜、12 磅、居中、青色。

(3)“职员号”列设置为“文本”数据格式。

(4)“基本工资”列数据加货币符号“¥”，保留两位小数。

(5)“实发工资”列数据使用“千位分隔符”。

(6)“发放日期”列数据为“××年××月××日”。

(7) 单元格区域 A2：H6 中蓝色外边框和绿色内边框。

(8)“实发工资”列数据加玫瑰红底纹。

(9)“扣除”大于等于 250 的单元格格式为：红色字体，浅黄底纹。“扣除”小于等于 150 的单元格格式为：绿色字体，浅绿底纹。

能力目标

■ 掌握单元格数据格式化设置；

■ 掌握单元格表格格式化设置；

■ 掌握高级格式化设置。

任务 1　单元格数据格式化

📖任务概述

在 Excel 中，“单元格格式”对话框为用户提供了许多格式参数。“数字”和“字体”选项卡分别用于设置数字的分类和字符的字体、字形、字号、颜色等格式。“对齐”选项卡用于设置对齐方式。

下面通过修饰“某公司员工工资表”为例，说明单元格数据格式化的方法。

📖任务实施

录入图 4—14 所示的表格数据，并保存为“某公司员工工资表 . xls”。按项目要求操作如下：

(1) 选择 A1：H1 单元格区域，单击工具栏中的“合并居中”按钮，单击

“格式→单元格”菜单命令后，在弹出的“单元格格式”对话框中选择“字体”标签页，设置字体、字形、字号、字体颜色等，单击“确定”按钮。

（2）选择 A2：H2 单元格区域，在格式工具栏中设置：仿宋_GB2312、青色字体、12 磅、单击“加粗”、“倾斜”、“居中”按钮。

（3）选择 B3：B6 单元格区域，单击“格式→单元格”菜单命令后，在弹出的“单元格格式”对话框中选择“数字”标签页，在“分类”项目中选择“文本”，单击“确定”按钮。

（4）选择 D3：D6 单元格区域，单击“格式→单元格”菜单命令后，在弹出的“单元格格式”对话框中选择“数字”标签页，在“分类”项目中选择“货币”，在“货币符号”项目中选择“￥”，小数位数设置为 2，单击“确定”按钮，如图 4—15(a) 所示。

（5）选择 G3：G6 单元格区域，在“格式”工具栏中单击 **,** 。

（6）选择 H3：H6 单元格区域，单击“格式→单元格”菜单命令后，在弹出的“单元格格式”对话框中选择“数字”标签页，在“分类”项目中选择“日期”，在“类型”项目中选择第 2 行格式，单击“确定”按钮，如图 4—15(b) 所示。

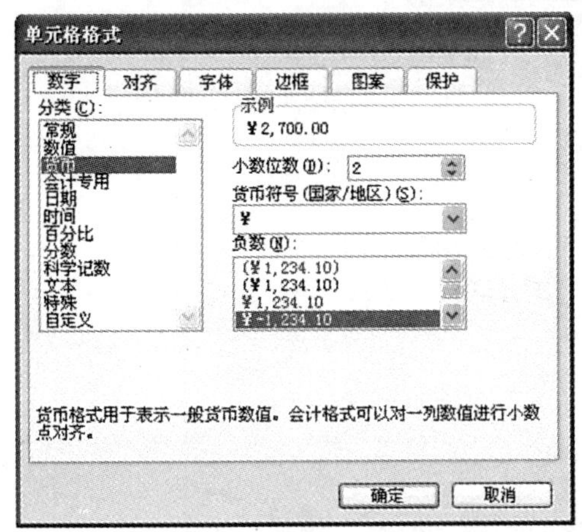

(a)

(b)

图 4—15

（7）完成效果如图 4—16 所示，将其另存为“某公司员工工资表（单元格数据格式化）”。

📖知识链接：单元格数据格式化

1. 设置文字格式

Excel 2003 的格式工具栏中有用于设置文字格式的工具按钮，通过这些工具按

	A	B	C	D	E	F	G	H
1	某公司员工工资表							
2	序号	职员号	姓名	基本工资	补贴	扣除	实发工资	发放日期
3	1	82001	刘同	￥ 2,700.00	500	200	3,000.00	2012年2月18日
4	2	82002	刘星乐	￥ 2,900.00	400	250	3,050.00	2012年2月18日
5	3	82003	胡南	￥ 1,700.00	1200	150	2,750.00	2012年2月18日
6	4	82004	李青梅	￥ 1,600.00	1200	150	2,650.00	2012年2月18日

图 4—16

钮，可以很容易地设置数据的字符格式，其设置方法与 Word 2003 中的操作几乎相同。

除此之外，还可以通过菜单命令进行字符格式设置，选择“格式→单元格”命令，在弹出的“单元格格式”对话框中，打开如图 4—17 所示的“字体”选项卡。

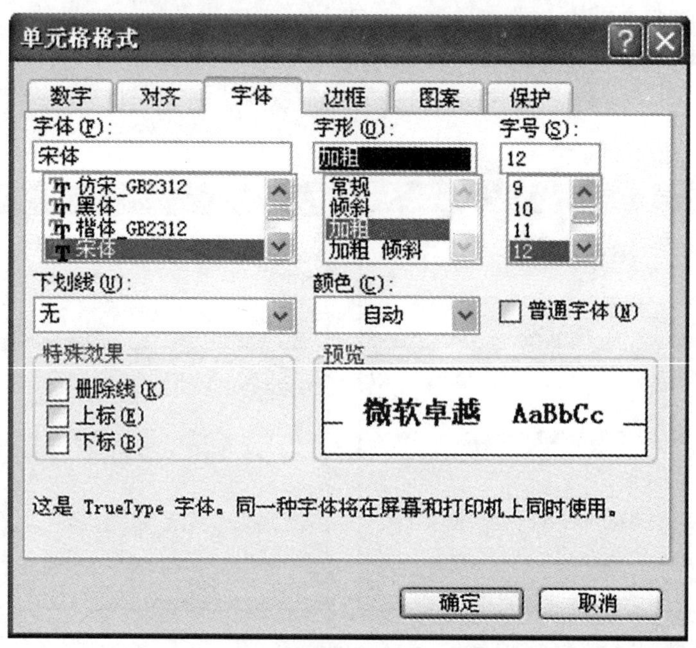

图 4—17

2. 设置数字与日期格式

（1）设置数字格式。

①Excel 2003 中有多种数字显示格式，可通过 Excel“格式”工具栏中的格式工具按钮设置常用的格式。

②通过菜单命令设置数字格式，选择“格式→单元格”命令，在弹出的“单元格格式”对话框中，打开如图 4—18 所示的“数字”选项卡。

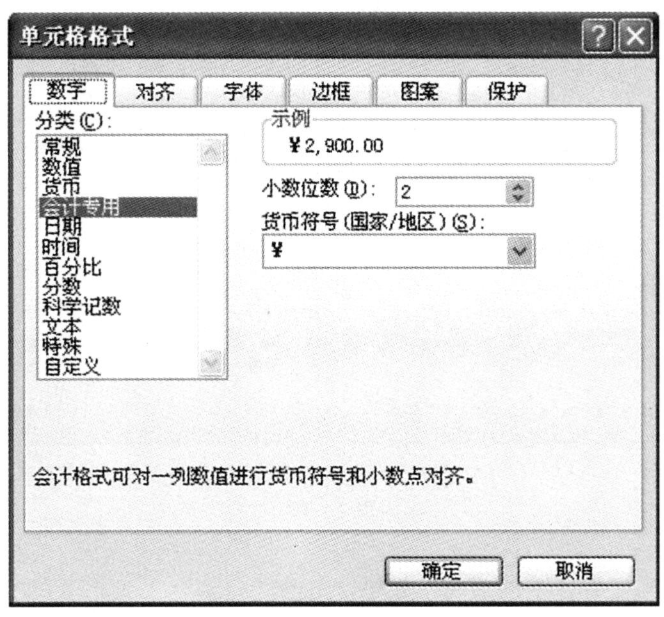

图 4—18

(2) 设置日期格式。

选定需要设置格式的日期型数据所在的单元格或单元格区域。选择“格式→单元格”命令，在弹出的“单元格格式”对话框中打开“数字”选项卡。在“数字”选项卡的“分类”列表中选择“日期”，然后在右侧的“类型”列表中选择一种日期类型。

3. 设置对齐与缩进

(1) 设置对齐方式。

①利用“格式”工具栏上的对齐按钮，设置数据在单元格中水平居左、水平居中和水平居右对齐。

②通过选择“格式→单元格”菜单命令，在弹出的“单元格格式”对话框中，打开“对齐”选项卡，如图 4—19(a) 所示。

(2) 设置缩进。

①单元格内的数据左边可以缩进若干个字符的位置，单击增加缩进（或减小缩进）按钮可增加（或减少）缩进 1 个单位（两个字符）。

②如果要精确缩进，在“对齐”选项卡中的“缩进”数值框内，输入或调整缩进的单位数即可，如图 4—19(b) 所示。

4. 设置合并居中

表格的标题常常需要跨若干列居中，表格中也常常遇到需要跨若干行居中的情况，在 Excel 2003 中很容易实现合并居中。

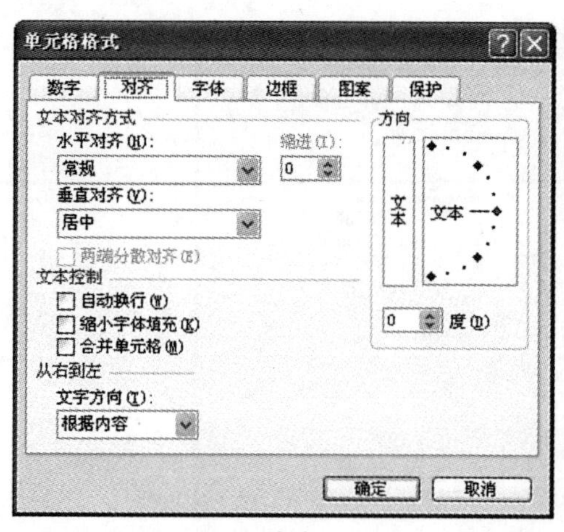

（a）

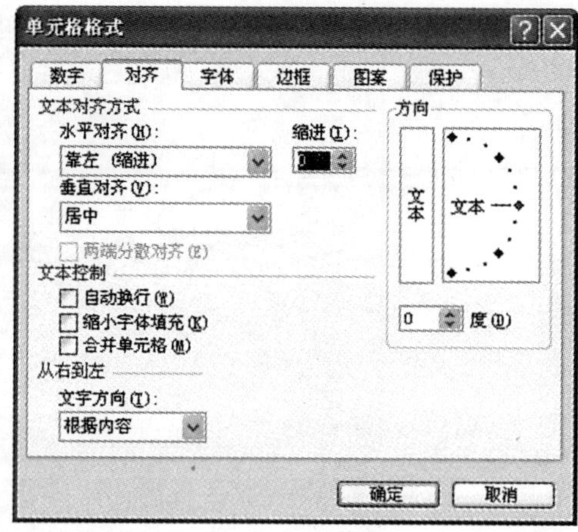

（b）

图 4—19

方法一：选定要合并的横向单元格，单击“格式”工具栏上的“合并及居中”按钮，即可完成水平合并居中。

方法二：选定一个横向相邻的单元格区域，选择“格式→单元格”命令。在弹出的“单元格格式”对话框中，打开“对齐”选项卡，在“对齐”选项卡的“水平对齐”下拉列表中选择“跨列居中”，也会产生居中的效果，但与单元格合并居中的区别在于并没有实现所选定区域的单元格的合并。

方法三：选定要合并的横向单元格，选择“格式→单元格”命令，在弹出的“单元格格式”对话框中，打开“对齐”选项卡，在“水平对齐”和“垂直对齐”下拉列表中选择“居中”，在“文本控制”下选定“合并单元格”复选框，如图 4—20 所示。这与单击工具栏中的“合并居中”按钮的效果完全一样。

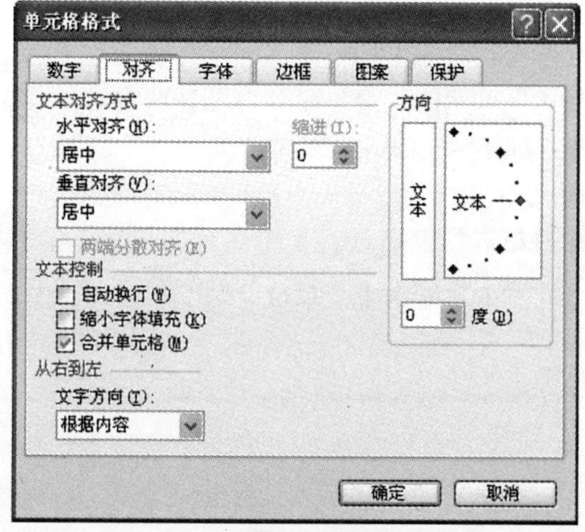

图 4—20

任务 2　表格格式化和高级格式化

📖任务概述

表格格式化操作主要包括设置工作表表格边框、底纹、背景、工作表标签颜色等，使数据显示更加明显，工作表更有条理。高级格式化是根据某种特定的条件，特殊显示部分数据。

📖任务实施

打开“项目三＼任务一＼某公司员工工资表（单元格数据格式化）.xls”文件。

（1）选择 A2：H6 单元格区域，单击“格式→单元格”菜单命令后，在弹出的“单元格格式”对话框，选择“边框”标签页，选择颜色为“蓝色”，单击“外边框”按钮，选择颜色为“绿色”，单击“内边框”按钮，单击“确定”按钮，如图 4—21 所示。

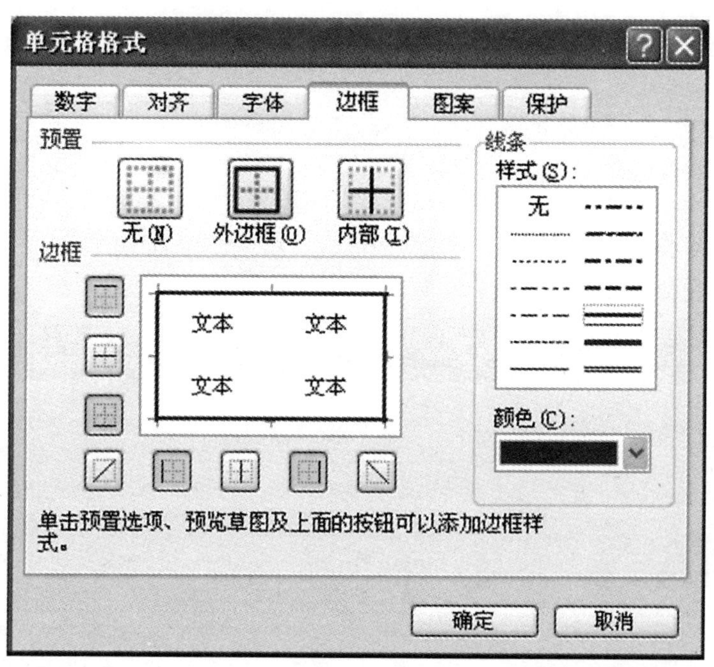

图 4—21

（2）选择 G2：G6 单元格区域，单击“格式→单元格”菜单命令后，在弹出的“单元格格式”对话框中，选择“图案”标签页，选择颜色为“玫瑰红”，单击“确定”按钮，如图 4—22 所示。

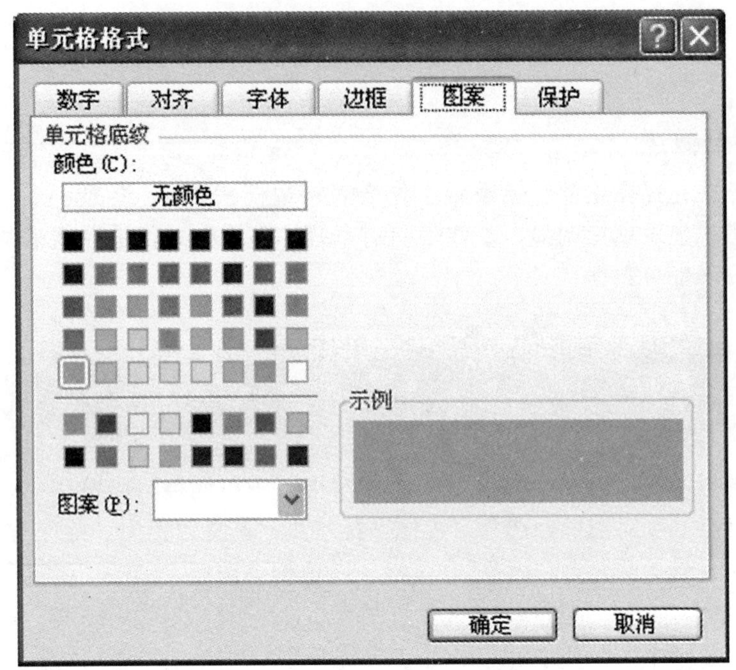

图 4—22

(3) 选择 F3：F6 单元格区域，单击“格式→条件格式”菜单命令后，弹出“条件格式”对话框，选择“大于或等于”，输入数值为 250，单击“格式”按钮，按要求设置字体颜色为红色，浅黄色底纹；单击“添加”按钮，在第二个条件中，选择“小于或等于”，输入数值为 150，单击“格式”按钮，按要求设置字体颜色为绿色，浅绿色底纹，如图 4—23 所示。

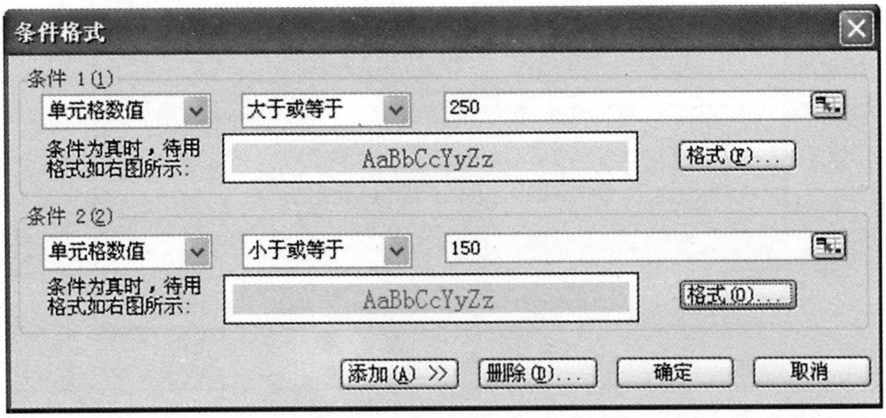

图 4—23

(4) 将该文件另存为“某公司员工工资表（总效果图）. xls”。

📖知识链接

1. 单元格表格格式化

（1）设置边框。

方法一：选定单元格或单元格区域后，单击“格式”工具栏中“边框”按钮右边的按钮，弹出边框列表，如图 4—24 所示，单击选择需要的边框即可。

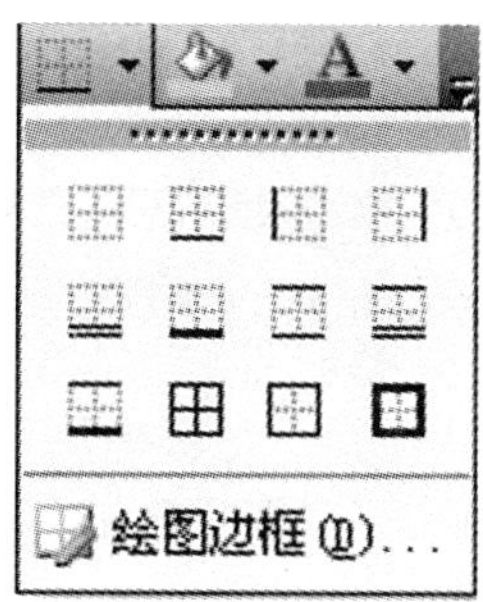

图 4—24

方法二：用菜单命令设置边框。选定单元格区域，再选择“格式→单元格”命令，在弹出的“单元格格式”对话框中选择“边框”选项卡进行设置。

（2）设置底纹。

方法一：选定单元格或单元格区域后，单击“格式”工具栏中“填充颜色”按钮右侧的按钮，弹出颜色列表，如图 4—25 所示，单击选择需要的颜色即可。

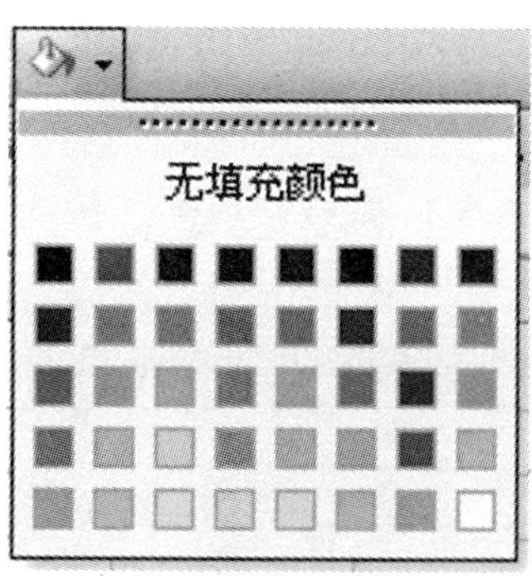

图 4—25

方法二：选定单元格或单元格区域后，选择“格式→单元格”命令，在弹出的“单元格格式”对话框中选择“图案”选项卡进行设置。

2. 高级格式化

（1）自动套用格式。

①选定要格式化的单元格区域。

②单击“格式→自动套用格式”命令，出现“自动套用格式”对话框，如图4—26所示。

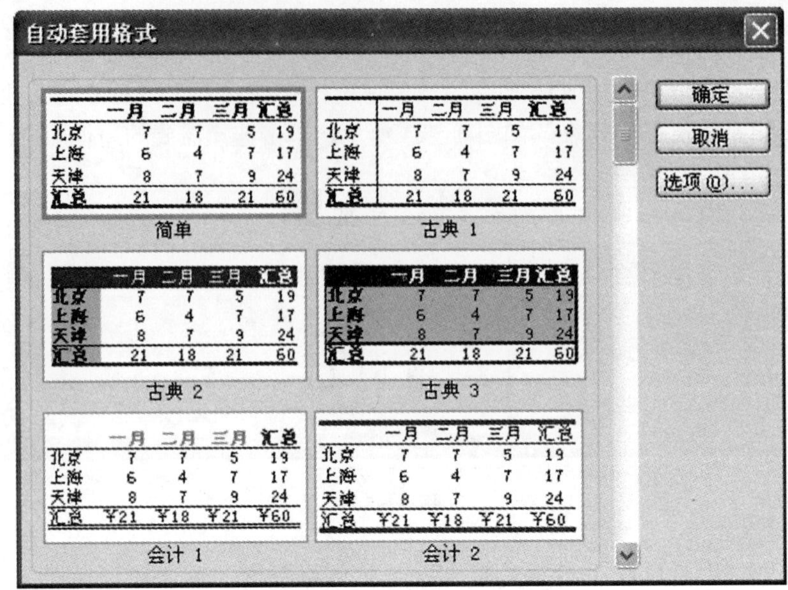

图 4—26

③在“自动套用格式”对话框中，从左侧的“示例”框中选择需要的格式，单击“确定”按钮。

(2) 条件格式化。

为了突出显示公式的结果或监视单元格的值，可应用条件格式标记单元格，操作步骤如下：

①选定要设置格式的单元格区域后，选择“格式→条件格式”命令，弹出如图 4—17 所示的“条件格式”对话框。

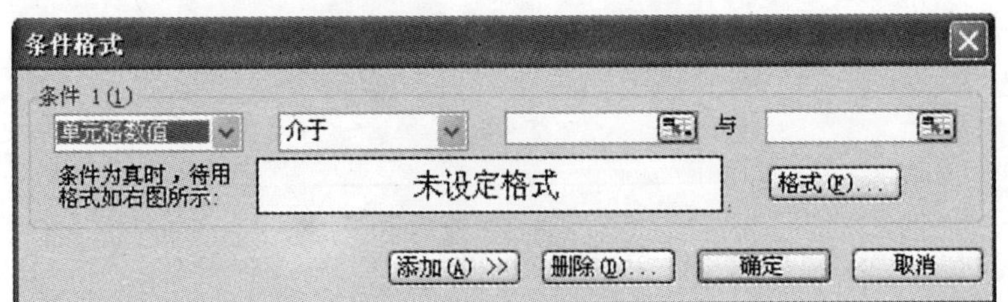

图 4—27

②在对话框中输入格式条件，然后单击“格式”按钮，弹出“单元格格式”对话框。

③在“单元格格式”对话框中选择所需要的字体样式与颜色、边框、背景色

或图案等。另一个条件，单击“添加”按钮，重复步骤②～③。

④完成格式设定后，单击“确定”按钮。

习　题

一、思考题

1. 如何在单元格中输入不同的数据?

2. 如何对表格进行“自动套用格式”的应用?

二、上机实践

录入图 4—28 所示的表格数据，并按要求完成操作。

(1) A1：D1 单元格合并居中，字号“18”，加粗。

(2) A3：D12 加边框线（包括内边框和外边框）。

(3)“应发工资”各项数值前添加货币符号。

(4) 将“应发工资”小于 1 500 的数值单元格背景设置为绿色，大于 3 000 的数值单元格背景设置为红色。

	A	B	C	D
1	工资表			
2	单位:	电脑中心		
3	代码	职工编号	姓名	应发工资
4	1	9982001	陈家辉	1600
5	2	9982002	刘光荣	2500
6	3	9982003	单劲松	1450
7	4	9982004	梁晓燕	1600
8	5	9982005	邓必勇	3400
9	6	9982006	黄志强	1200
10	7	9982007	李玉青	2100
11	8	9982008	卢小宁	1250
12	9	9982009	陈雄志	1900
13				

图 4—28

项目四　数据处理

项目要求

新建 Excel 工作簿，录入图 4—29 所示的表格数据，保存为“学生成绩统

计 . xls”。并按要求完成下列操作。

	A	B	C	D	E	F	G	H	I	J	K	L	M	N	O
1						学生成绩统计									
2	序号	姓名	性别	语文	数学	英语	物理	化学	生物	总分	平均分	英语等级		总分最高分：	
3	1	黄海	男	90	98	92	96	94	97					总分最低分：	
4	2	李春晓	女	86	87	93	92	73	86					平均分>90分人数：	
5	3	李梦娇	女	68	50	62	52	53	62						
6	4	王梅	女	88	92	96	92	86	87					全班总人数：	
7	5	陈梦婷	女	92	92	93	89	93	84					男生人数：	
8	6	伍楠	男	78	82	54	78	86	82					男生人数比例：	

图 4—29

（1）用函数计算出每位同学的总分和平均分。

（2）用函数计算出总分的最低分和最高分。

（3）计算出平均分在 90 分以上的人数。

（4）计算出全班总人数、男生人数以及男生人数在全班人数中所占的比例。

（5）在“英语等级”列，用 IF 函数计算出每位同学的英语等级：如果英语成绩大于或等于 85 分则为“优”；如果英语成绩大于或等于 60 分则为“合格”；否则为“不合格”。

（6）完成以上操作后，将本工作表标签名改为“计算数据”，将工作簿另存为“学生成绩统计（数据处理）. xls”。

（7）将“计算数据”工作表复制 4 张工作表，并分别将工作表标签名改为“数据排序”、“自动筛选”、“高级筛选”、“分类汇总”。

（8）选择“数据排序”工作表，以“数学”为主关键字（递减），“英语”为次关键字（递增），对工作表数据进行排序。

（9）选择“自动筛选”工作表，用“自动筛选”筛选出“英语等级”为“优”的所有记录。

（10）选择“高级筛选”工作表，用“高级筛选”筛选出“语文”成绩大于等于 90，“数学”成绩大于等于 95 的记录，复制到以 A11 单元格左上角的输出区域，条件区是以 N11 单元格为左上角区域。

（11）选择“分类汇总”工作表，汇总出男生和女生的物理平均分。

（12）保存文件。

能力目标

■ Excel 2003 数据公式和函数计算；

■ Excel 2003 单元格引用；

■ Excel 2003 数据排序；

■ 掌握筛选的操作方法；

■ 掌握分类汇总的操作方法。

任务 1　计算数据

任务概述

在 Excel 电子表格中往往会有许多数据，本任务以“学生成绩统计”为例，通过对学生成绩的各种运算，学会使用公式和函数对数据进行复杂运算方法。

任务实施

录入如图 4—29 所示的表格数据，并保存为“学生成绩统计 . xls”。按项目要求操作如下：

（1）选择 J3 单元格，单击编辑栏中的 fx 按钮，选择“SUM（求和）”函数，如图 4—30 所示，单击“确定”按钮，在弹出的对话框中，选择 D3：I3 单元格区域，如图 4—31 所示，单击“确定”按钮。把鼠标移到 J3 单元格右下角，当鼠标变成“+”时，按住左键不放拖动至 J8 单元格放开，就可以计算出每位学生的总分。

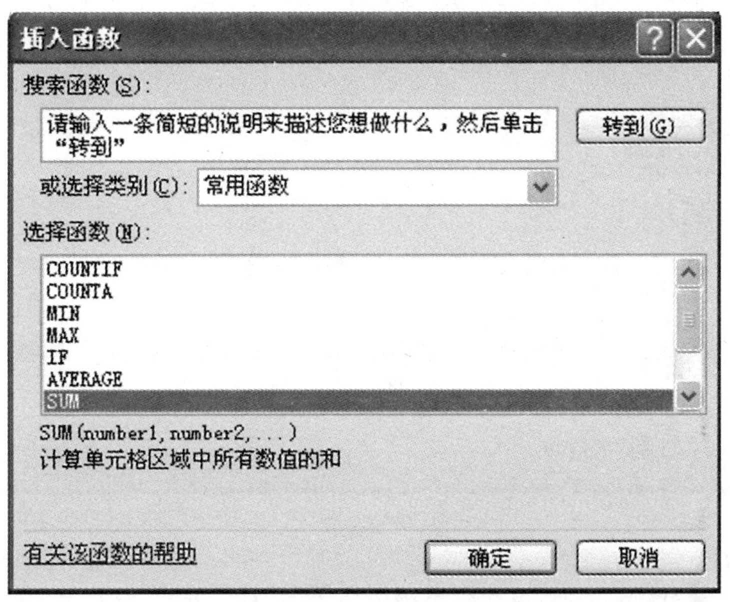

图 4—30

（2）选择 K3 单元格，单击编辑栏中的 fx 按钮，选择“AVERAGE（求平均数）”函数，如图 4—32 所示，单击“确定”按钮，在弹出的对话框中，选择 D3：I3 单元格区域，如图 4—33 所示，单击“确定”按钮。把鼠标移到 K3 单元格右下角，当鼠标变成“+”时，按住左键不放拖动至 K8 单元格放开，就可以计算出其他每位学生的平均分。

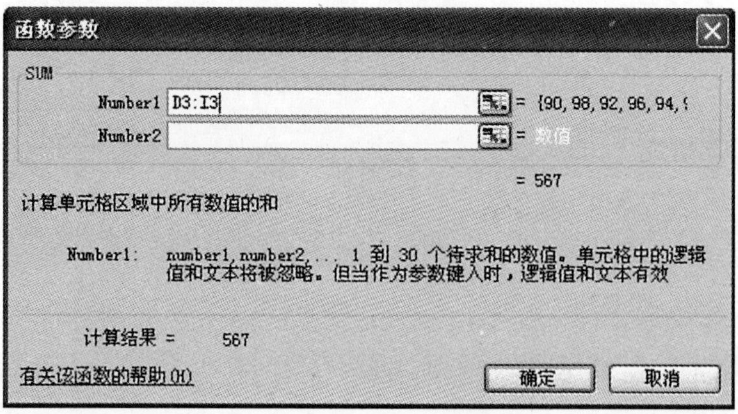

函数参数
SUM
Number1 D3:I3 = {90,98,92,96,94,9
Number2 = 数值
= 567
计算单元格区域中所有数值的和
Number1: number1,number2,... 1 到 30 个待求和的数值。单元格中的逻辑值和文本将被忽略。但当作为参数键入时，逻辑值和文本有效
计算结果 = 567
有关该函数的帮助(H)
确定
取消

图 4—31

插入函数
搜索函数(S):
请输入一条简短的说明来描述您想做什么，然后单击“转到”
转到(G)
或选择类别(C): 常用函数
选择函数(N):
COUNTIF
COUNTA
MIN
MAX
IF
AVERAGE
HYPERLINK
AVERAGE(number1,number2,...)
返回其参数的算术平均值；参数可以是数值或包含数值的名称、数组或引用
有关该函数的帮助
确定
取消

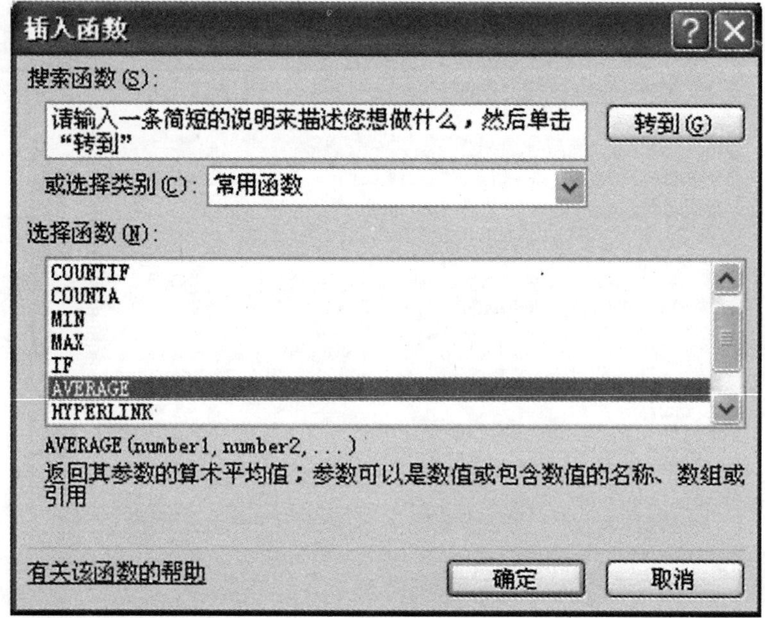

图 4—32

（3）选择 O2 单元格，单击编辑栏中的 *fx* 按钮，选择“MAX（求最大值）”函数，单击“确定”按钮，在弹出的对话框中，选择 J3：J8 单元格区域，单击“确定”按钮。

（4）选择 O3 单元格，单击编辑栏中的 *fx* 按钮，选择“MIN（求最小值）”函数，单击“确定”按钮，在弹出的对话框中，选择 J3：J8 单元格区域，单击“确定”按钮。

（5）选择 O4 单元格，单击编辑栏中的 *fx* 按钮，选择“COUNTIF”函数，

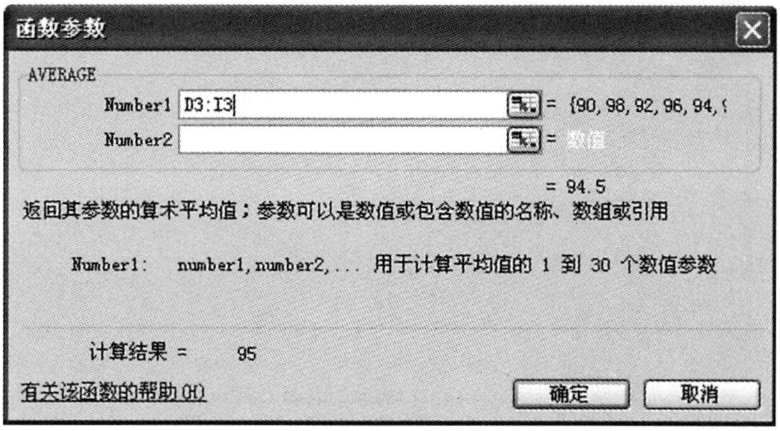

函数参数		
AVERAGE		
Number1	D3:I3	= {90,98,92,96,94,9
Number2		= 数值
		= 94.5

返回其参数的算术平均值；参数可以是数值或包含数值的名称、数组或引用

Number1: number1,number2,... 用于计算平均值的 1 到 30 个数值参数

计算结果 = 95

有关该函数的帮助(H) 确定 取消

图 4—33

单击“确定”按钮，在弹出的对话框中，在“Range”选项中选择 K3：K8 单元格区域，在“Criteria”选项中输入“＞90”，如图 4—34 所示，单击“确定”按钮。

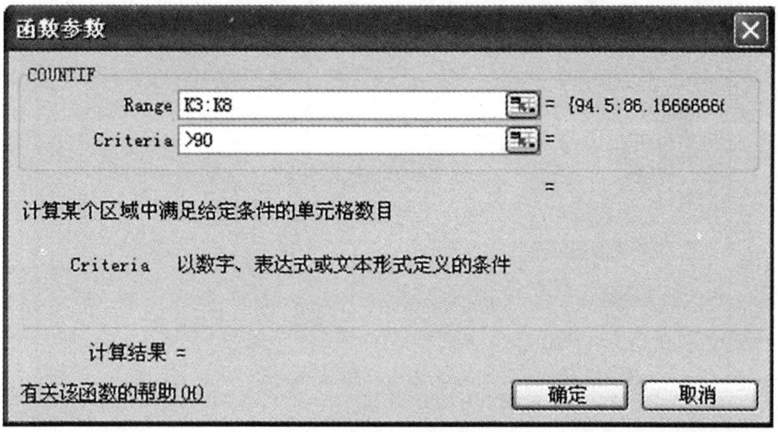

函数参数		
COUNTIF		
Range	K3:K8	= {94.5;86.1666666
Criteria	>90	=
		=

计算某个区域中满足给定条件的单元格数目

Criteria 以数字、表达式或文本形式定义的条件

计算结果 =

有关该函数的帮助(H) 确定 取消

图 4—34

(6) 选择 O6 单元格，单击编辑栏中的 *fx* 按钮，选择“COUNTA”函数，单击“确定”按钮，在弹出的对话框中，在“Value1”选项中选择 B3：B8 单元格区域，单击“确定”按钮。

(7) 选择 O7 单元格，单击编辑栏中的 *fx* 按钮，选择“COUNTIF”函数，单击“确定”按钮，在弹出的对话框中，在“Range”选项中选择 C3：C8 单元格区域，在“Criteria”选项中输入“男”，如图 4—35 所示，单击“确定”按钮。

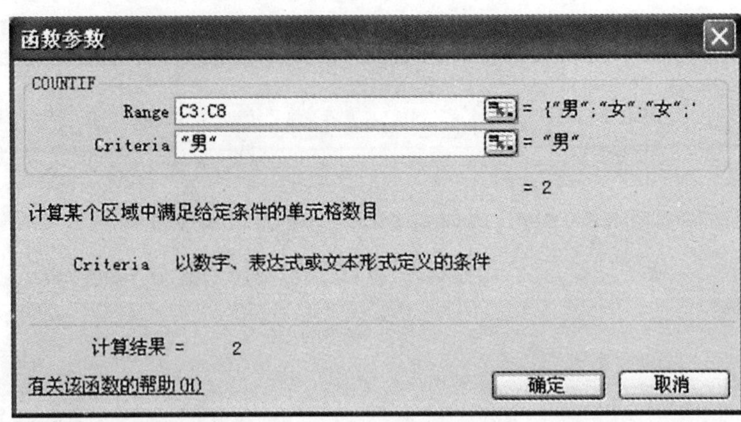

图 4—35

(8) 选择 O8 单元格，输入“＝O7/O6”，按 Enter 键确认。选择 O8 单元格，单击“格式”菜单下的“单元格”命令，在弹出的“单元格格式”对话框中选择“数字”标签页，在“分类”下选择“百分比”，如图 4—36 所示。

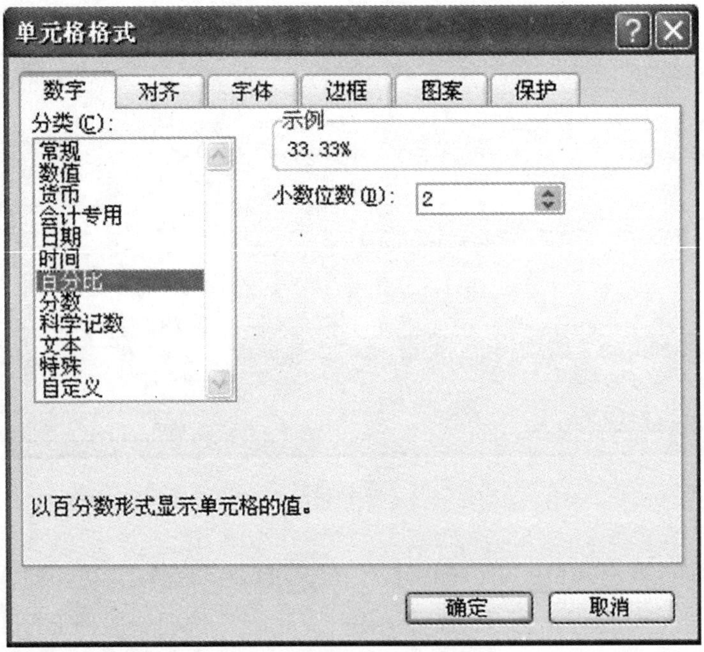

单元格格式
数字 对齐 字体 边框 图案 保护
分类(C):
常规
数值
货币
会计专用
日期
时间
百分比
分数
科学记数
文本
特殊
自定义
示例
33.33%
小数位数(D): 2
以百分数形式显示单元格的值。
确定 取消

图 4—36

(9) 选择 L3 单元格，单击编辑栏中的 *fx* 按钮，选择“IF”函数，单击“确定”按钮，在弹出的对话框中设置条件和返回值，如图 4—37 所示，单击“确定”按钮。把鼠标放置在 L3 单元格右下角，光标变成“＋”后，拖动至 L8 单元格放开。

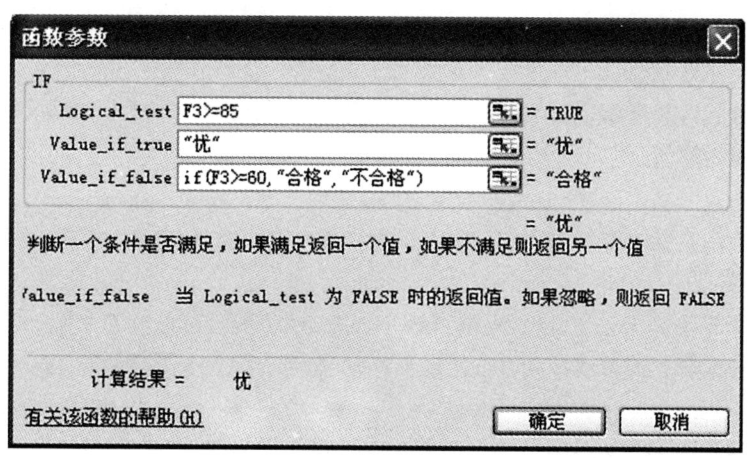

图 4—37

（10）双击“Sheet1”工作表标签名，将工作表标签名改为“计算数据”，单击“文件”菜单的“另存为”命令，将工作簿另存为“学生成绩统计（数据处理）. xls”。

🕮知识链接

1. 公式

公式可以对工作表数值进行加、减、乘、除运算。

（1）运算符及其优先等级。

运算符对公式中的元素进行特定类型的运算。Excel 2003 包含四种类型的运算符：算术运算符、比较运算符、字符串运算符、引用运算符。

①算术运算符。

算术运算符包括：加、减、乘（*）、除（/）、乘幂（∧）、百分比（%），可以连接数字，并产生数字结果。

②比较运算符。

可以比较两个数值并产生逻辑值 TRUE（成立）或 FALSE（不成立）。比较运算符包括：＜（小于）、＜＝（小于等于）、＝（等于）、＞＝（大于等于）、＞（大于）、＜＞（不等于）。

③字符串运算符“&”。

字符串运算符也称字符串连接符，用 & 表示。它用于将 2 个或 2 个以上的字符型数据按顺序连接在一起组成一个字符串数据。如 A1 单元格输入的是“中国”，A2 单元格是“人民”，若在 A3 单元格输入“＝A1&A2”，A3 单元格中的结果就是“中国人民”，其结果仍是字符型数据。

④引用运算符。

引用运算符也称区域运算符，用冒号表示。它实际是两个地址之间的分隔符，表示地址的引用范围。如 A3：B5，它表示以 A3 为左上角，B5 为右下角所围成的矩形的单元格区域。

运算符的优先等级为："："、"，"、空格、负号、%、"∧"、乘和除、加和减、"&"、比较运算符。

（2）输入公式。

方法一：直接在单元格中或在编辑栏中输入，注意要以"="号开头。

方法二：

①选定需要输入公式的单元格，在单元格或编辑栏中输入"="。

②单击编辑栏左端框旁的向下箭头，从弹出的常用函数列表中选定所需要的函数。

③如果常用函数列表中没有所需要的函数，可单击"其他函数"选项，屏幕弹出"插入函数"对话框，再从中选择所需要的函数。

2. 函数

Excel 2003 包含许多预定义的内置的公式，它们被叫做函数，分为常用函数、财务函数、数据库函数等。

（1）函数的一般格式：函数名（参数 1，参数 2，参数 3……）。例如，SUM（N1，N2，N3……）。

（2）函数的调用方法。

①单击"插入函数"按钮 *fx* 或单击"插入→函数"菜单命令，弹出"插入函数"对话框，如图 4—38 所示。

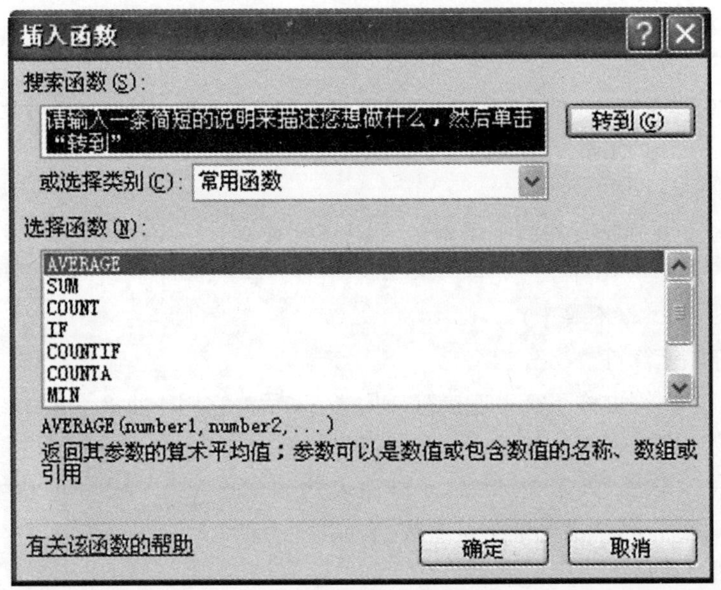

图 4—38

②在“插入函数”对话框中，选择函数类别，如常用函数、全部、财务、日期与时间等。若不知道函数的分类，可选择“全部”类别，然后在“选择函数”中选择相关的函数，单击“确定”按钮。弹出“函数参数”对话框，如图 4—39 所示。

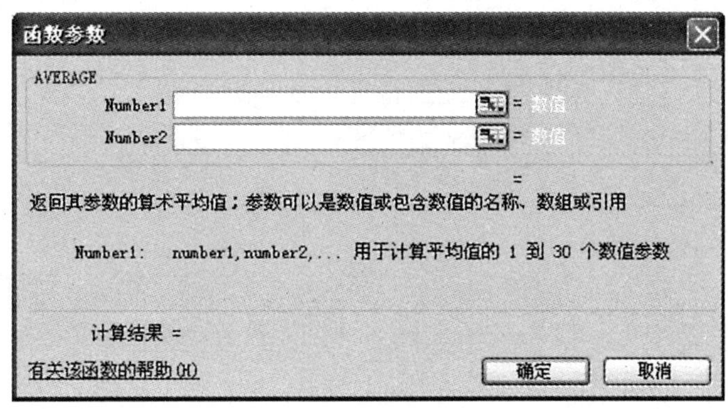

图 4—39

③在“函数参数”对话框中，输入 Number1、Number2……中的参数，单击“确定”按钮完成调用函数操作。

3. 常用函数

(1) 求和函数 SUM( )

(2) 平均值函数 AVERAGE( )

(3) 最大值函数 MAX( )、最小值函数 MIN( )

(4) 条件函数 IF( )

(5) 逻辑与函数 AND( )

(6) 逻辑或函数 OR( )

(7) 计算包含数字的单元格个数函数 COUNT( )

(8) 计算非空单元格数目函数 COUNTA( )

(9) 计算满足给定条件的单元格数目函数 COUNTIF( )

在 Excel 中有 300 多个函数，这些函数的使用大家可以参阅 Excel 的帮助信息。利用帮助信息了解函数的详细用法。

公式插入时的出错提示，如表 4—1 所示。

表 4—1

错误值	含义
＃＃＃＃＃!	输入或计算结果的数值太长，单元格容纳不下
＃ VALUE!	使用了错误的参数，或运算对象的类型不正确
＃ DIV/0!	公式中除数为 0，或引用了空单元格，或引用了包含 0 值的单元格

续前表

错误值	含义
# NAME?	公式中使用了不能识别的单元格名称
# N/A	公式或函数中没有可用的数值
# REF!	单元格引用无效
# NUM!	公式或函数中某一数字有问题
# NULL!	对两个不相交的单元格区域使用了交叉引用运算符（空格）

习　题

一、思考题

1. 如何输入公式？
2. 什么是相对引用、绝对引用、混合引用？

二、上机实践

录入数据，如图 4—40 所示，并按要求完成操作。

	A	B	C	D	E	F	G	H	I
1	学号	姓名	性别	操作成绩	笔试成绩	总评成绩			
2	98101	孙一	男	67	80				
3	98112	张三	男	58	90			总评成绩最高分：	
4	98211	李四	男	66	69			总评成绩最低分：	
5	98202	王五	男	57	78			总评成绩大于等于80分的人数：	
6	98243	赵前	男	79	55				
7	98135	曾筱筱	女	68	78				
8	98303	陈佳	女	89	94				
9	98113	吴天添	男	87	70				
10	98125	石磊	男	77	44				
11	98312	金鑫	男	67	89				
12	98320	水淼	男	78	88				
13	98205	焱火	男	89	77				
14	98126	大大小小	男	60	66				
15	98206	区阳	男	88	34				
16	98328	杨阳	女	76	78				
17	98140	王岫	女	56	78				
18	98130	李删	女	66	97				
19	98316	陈丽丽	女	56	45				
20	98210	刘文	女	78	90				
21	98330	雷天谊	男	58	76				
22									

图 4—40

（1）按操作成绩占 30%，笔试成绩占 70%的比例计算出总评成绩。

（2）计算出总评成绩的最高分和最低分。

（3）计算出总评成绩大于或等于 80 分的人数。

任务 2　处理数据

🕮任务概述

Excel 提供了强大的数据分析处理功能，利用它们可以实现对数据的排序、分类汇总、筛选及数据透视等操作。

下面以“学生成绩统计（数据处理）.xls”为例，来体验一下 Excel 强大的数据分析处理功能。

🕮任务实施

打开“项目四\任务一\学生成绩统计（数据处理）.xls”工作簿。

（1）选择“计算数据”工作表，按住 Ctrl 键，按住鼠标左键拖动复制工作表，连续复制 4 张工作表，并将工作表标签分别命名为“数据排序”、“自动筛选”、“高级筛选”、“分类汇总”。

（2）选择“数据排序”工作表，选择工作表中任一单元格数据，单击“数据→排序”菜单命令，在弹出的“排序”对话框中，在“主要关键字”选项中选择“数学”、“降序”，在“次要关键字”选项中选择“英语”、“升序”，单击“确定”按钮，如图 4—41 所示。

图 4—41

（3）选择“自动筛选”工作表，选择工作表中的单元格数据，单击“数据→筛选→自动筛选”菜单命令后，单击 L2 下拉框▼，选择“优”，则筛选出所有“英语等级”为“优”的记录。

（4）选择“高级筛选”工作表，选择 N11 单元格，输入条件“语文＞＝90，数学>=95”。选择工作表中任一单元格数据，单击“数据→筛选→高级筛选”菜单命令后，在弹出的“高级筛选”对话框中，选择第二种方式，分别在“列表区域”、“条件区域”和“复制到”中输入相应的选择区域，单击“确定”按钮，如图 4—42 所示。

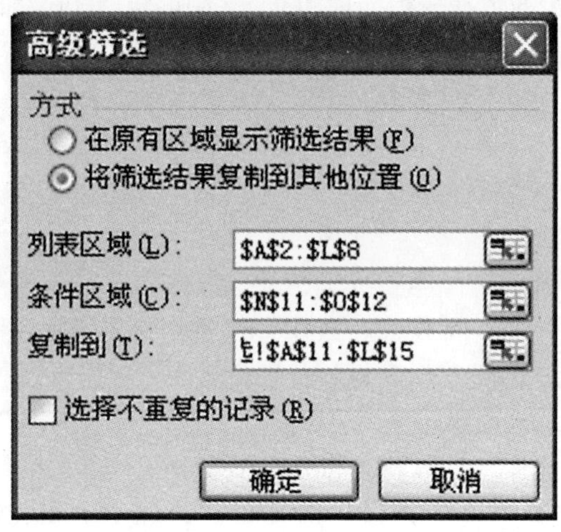

图 4—42

（5）选择“分类汇总”工作表，选择“C 列”，在“常用工具栏”中选择“降序”或“升序”按钮。选择工作表中任一单元格数据，单击“数据→分类汇总”菜单命令，打开“分类汇总”对话框，将“分类字段”设置为“性别”，“汇总方式”为“平均值”，勾选“选定汇总项”项目为“物理”，单击“确定”按钮，如图 4—43 所示。

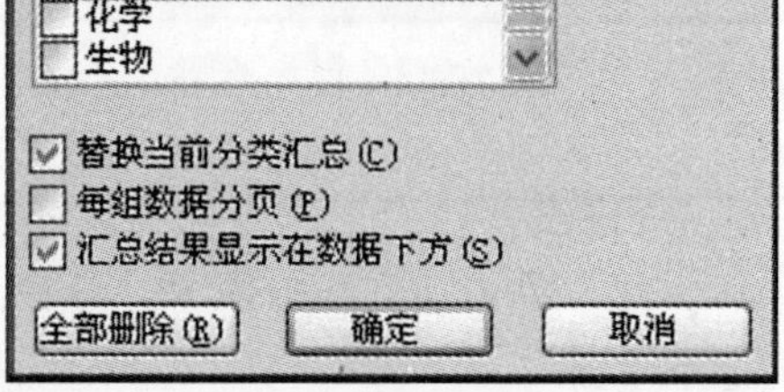

图 4—43

知识链接

1. 数据排序

排序可以让表格中的数据按某种规则排列，数据间的顺序只有两种：升序与降序。对于数值，Excel 按数值大小排序；对于文本，Excel 将根据字母顺序、首字母的拼音顺序或笔画顺序来排序，空格将始终被排在最后。

(1) 简单排序：选中要排序的内容，单击工具栏中的升序排序 A↓Z 或降序排序 Z↓A 按钮，可以完成简单的排序。

(2) 复杂排序：通过单击“数据→排序”菜单命令，弹出“排序”对话框，设置排序字段和排序方式。排序对话框中，最多可以设置 3 个关键字。

2. 数据筛选

筛选数据只是将数据清单中满足条件的记录显示出来，而将不满足条件的记录暂时隐藏。使用筛选功能可从一个很大的数据库中检索到所需的信息，实现的方法是使用筛选命令的自动筛选或高级筛选功能。

(1) 自动筛选。

自动筛选一般用于简单的条件筛选，筛选是将不满足的条件数据暂时隐藏起来，只显示符合条件的数据。选择将要进行筛选的内容，单击“数据→筛选→自动筛选”菜单命令。

(2) 高级筛选。

①高级筛选一般用于条件较复杂的筛选操作，其筛选的结果可显示在原数据表格中，不符合条件的记录被隐藏起来。也可以在新的位置显示筛选结果，不符合条件的记录同时保留在数据表中而不会被隐藏起来，这样就更加便于进行数据的对比了。

②单击“数据→筛选→高级筛选”菜单命令后。在弹出的对话框中，选择筛选方式，选择列表区域、条件区域和复制到的位置区域，单击“确定”按钮。

3. 分类汇总

分类汇总是指在数据清单中快速汇总各项数据的方法。在数据清单中执行分类汇总功能之前，首先要对数据清单中要分类汇总的项（字段）进行排序。操作步骤如下：

(1) 单击需进行分类汇总的项（字段），按一下“常用”工具栏上的“升序排序”或“降序排序”按钮，对数据进行排序。

(2) 单击“数据→分类汇总”菜单命令后，打开“分类汇总”对话框。

(3) 在“分类汇总”对话框中，将“分类字段”设置相关字段，选择“汇总方式”，勾选“选定汇总项”，最后单击“确定”按钮完成分类汇总。

习　题

上机实践

1. 录入数据，如图 4—44 所示，并按要求完成以下操作：
   以“操行分”为主要关键字，从高到低排序，“学业分”为次要关键字，从高到低排序，以“综合分”为第三关键字，从高到低排序。

	A	B	C	D	E
1	编号	姓名	操行分	学业分	综合分
2	1	陈家佳	75	97	88
3	2	陈一一	90	73	80
4	3	程舍	85	81	83
5	4	程思思	93	82	86
6	5	何利	78	45	58
7	6	何其	88	65	74
8	7	和火	83	60	69
9	8	胡小亮	91	99	96
10	9	胡子	97	94	95
11					

图 4—44

2. 录入数据，如图 4—45 所示，并按要求完成以下操作：

	A	B	C	D	E
1	学号	姓名	**出生年月**	性别	成绩
2	1	柳培军	77/07/02	男	85
3	2	艾 添	78/02/12	女	78
4	3	毕四雯	77/07/15	女	97
5	4	沈菊菊	77/05/15	男	79
6	5	佟力何	77/12/02	男	74
7	6	祁宪珑	77/11/07	女	76
8	7	谈映城	77/08/21	女	89
9	8	常承朋	77/04/05	男	77
10	9	蒋保佳	77/01/25	女	87
11	10	高展翔	77/01/31	男	92
12	11	古琴	77/06/30	男	85
13	12	关瑜	78/02/02	女	59
14	13	郭彪	77/10/03	男	90
15	14	郭鹏	77/11/02	女	85
16					

图 4—45

(1) 将工作表标签名改为“数据筛选”。

(2) 复制工作表“数据筛选”，并将复制出的工作表标签名改为“分类汇总”。

(3) 打开“数据筛选”工作表，以 G1 为条件区域左上角单元格，A17 为复制区域的左上角单元格，筛选出性别为男，成绩大于等于 85 分的所有记录。

(4) 打开“分类汇总”工作表，统计出男同学的平均分和女同学的平均分。

项目五 数据库管理和数据分析

项目要求

新建 Excel 工作簿，录入图 4—46 所示的表格数据，保存为“商品销售汇总.xls”，并按要求完成下列操作。

	A	B	C	D
1	商品销售汇总			
2	季度	商品名	单价	数量
3	第一季度	商品A	255	200
4	第一季度	商品B	360	120
5	第一季度	商品C	130	150
6	第一季度	商品D	230	180
7	第二季度	商品A	265	100
8	第二季度	商品B	350	175
9	第二季度	商品C	125	200
10	第二季度	商品D	225	180
11	第三季度	商品A	350	230
12	第三季度	商品B	285	250
13	第三季度	商品C	130	280
14	第三季度	商品D	240	260
15	第四季度	商品A	340	300
16	第四季度	商品B	380	420

图 4—46

(1) 用记录单功能在“商品销售汇总”表格中新建两条记录：第四季度，商品 C，280，250；第四季度，商品 D，320，280。完成后将工作表标签名改为“记录单”。将“记录单”工作表复制两份，分别将工作表标签名改为“数据透视表”、“图表”。

(2) 在“记录单”工作表中，用记录单功能删除“商品名”为“商品 B”的所有记录。将“单价”为“130”的值改为“250”。

（3）在“数据透视表”工作表中，选择 E2 单元格，输入“总价”。根据“总价＝单价＊数量”的公式，计算出各种商品的总价，如图 4—47 所示，创建数据透视表，如图 4—48 所示。完成后将工作簿另存为“商品销售汇总（数据库管理和数据分析）．xls”。

	A	B	C	D	E
1	商品销售汇总				
2	季度	商品名	单价	数量	总价
3	第一季度	商品A	255	200	51000
4	第一季度	商品B	360	120	43200
5	第一季度	商品C	130	150	19500
6	第一季度	商品D	230	180	41400
7	第二季度	商品A	265	100	26500
8	第二季度	商品B	350	175	61250
9	第二季度	商品C	125	200	25000
10	第二季度	商品D	225	180	40500
11	第三季度	商品A	350	230	80500
12	第三季度	商品B	285	250	71250
13	第三季度	商品C	130	280	36400
14	第三季度	商品D	240	260	62400
15	第四季度	商品A	340	300	102000
16	第四季度	商品B	380	420	159600
17	第四季度	商品C	280	250	70000
18	第四季度	商品D	320	280	89600

图 4—47

	A	B	C	D	E	F	G
1	请将页字段拖至此处						
2							
3			季度				
4	商品名	数据	第一季度	第二季度	第三季度	第四季度	总计
5	商品A	求和项:单价	255	265	350	340	1210
6		求和项:数量	200	100	230	300	830
7		求和项:总价	51000	26500	80500	102000	260000
8	商品B	求和项:单价	360	350	285	380	1375
9		求和项:数量	120	175	250	420	965
10		求和项:总价	43200	61250	71250	159600	335300
11	商品C	求和项:单价	130	125	130	280	665
12		求和项:数量	150	200	280	250	880
13		求和项:总价	19500	25000	36400	70000	150900
14	商品D	求和项:单价	230	225	240	320	1015
15		求和项:数量	180	180	260	280	900
16		求和项:总价	41400	40500	62400	89600	233900
17	求和项:单价汇总		975	965	1005	1320	4265
18	求和项:数量汇总		650	655	1020	1250	3575
19	求和项:总价汇总		155100	153250	250550	421200	980100

图 4—48

(4) 在“图表”工作表中，删除第二、第三、第四季度的所有数据以及季度所在的列，修改数据后如图 4—49 所示。

	A	B	C
1	商品销售汇总		
2	商品名	单价	数量
3	商品A	255	200
4	商品B	360	120
5	商品C	130	150
6	商品D	230	180
7			

图 4—49

(5) 根据“图表”工作表中的数据创建三维簇状柱形图图表，横坐标为商品名，纵坐标为数值，图例位置在图表区域靠右，图表标题为“商品销售汇总”，把生成的图表作为新工作表插入到名为“销售汇总图表”的工作表中。

(6) 保存文件。

能力目标

- 记录单的使用；
- 数据透视表的数据分析；
- Excel 2003 图表。

任务 1　数据库管理和透视表

🕮任务概述

Excel 2003 除了具有较强的数据处理外，还具有很强的数据管理能力和数据分析能力。本任务以“商品销售汇总”为例，通过记录单的使用、数据透视表的制作、图表的创建等，使学生体验 Excel 强大的数据库管理和数据分析功能。

🕮任务实施

录入图 4—46 所示的表格数据，并保存为“商品销售汇总 . xls”。按项目要求做如下操作：

(1) 选择工作表内的单元格数据，单击“数据→记录单”菜单命令后，弹出“记录单”对话框，如图 4—50 所示。单击“新建”按钮，输入相关内容（第四季度，商品 C，280，250），再单击“新建”按钮，输入（第四季度，商品 D，320，280）。完成后单击“关闭”按钮。双击工作表标签，将工作表标签名改为“记录单”。

复制“记录单”工作表两份，分别将工作表标签名改为“数据透视表”、“图表”。

（2）选择工作表内的单元格数据，单击“数据→记录单”菜单命令后，弹出“记录单”对话框，单击“条件”按钮，输入查找条件如图 4—51 所示，单击“下一条”按钮，符合条件的记录便会显示出来，如图 4—52 所示。单击“删除”按钮，删除显示的记录。再单击“下一条”按钮，显示下一条符合条件的记录，单击“删除”按钮，删除显示的记录。重复操作，直到符合条件的记录全部被删除。

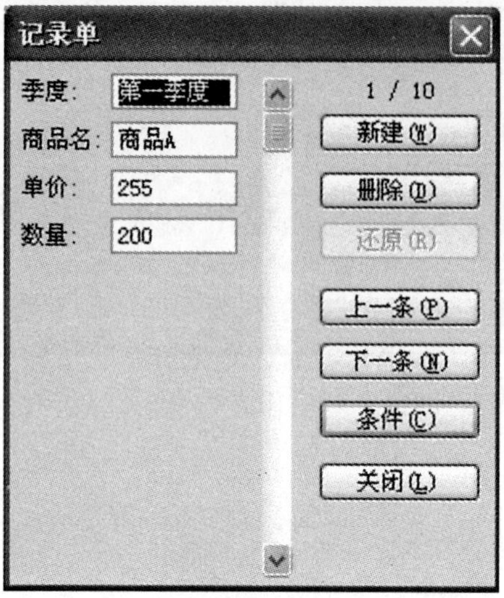

图 4—50

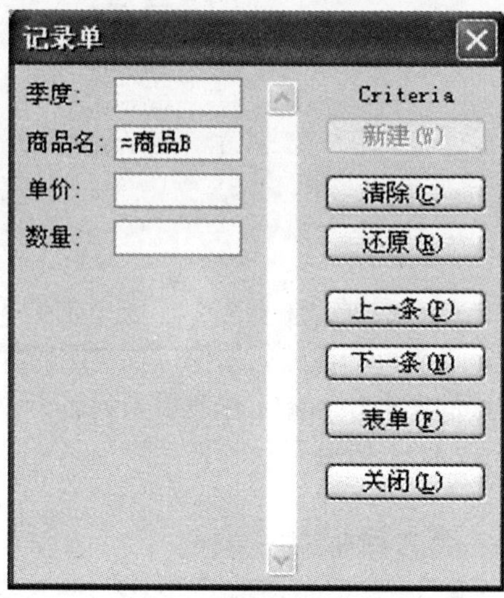

图 4—51

（3）用同样的方法输入查找条件，如图 4—53 所示，单击“下一条”、“上一条”按钮，查找到符合条件的记录，将单价的值改为“250”。

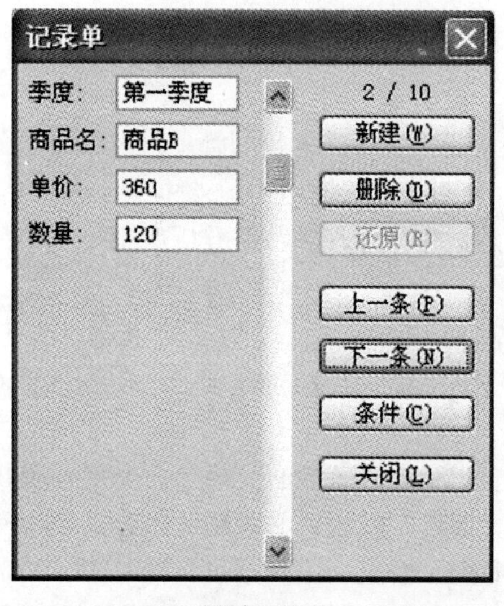

图 4—52

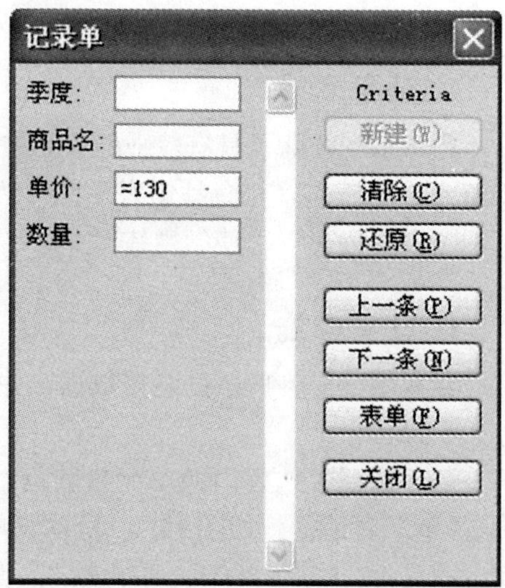

图 4—53

（4）单击选择“数据透视表”工作表，选择 E2 单元格，输入“总价”，选择 E3 单元格，输入“=C3 * D3”，按 Enter 键确认。选择 E3 单元格，将鼠标移动到单元格右下角的填充柄处，当鼠标变成“十”字形状时，按住鼠标左键拖动至 E18 单元格。

（5）选择“数据透视表”中任一单元格数据，单击菜单“数据→数据透视表和数据透视图”命令。在弹出的“数据透视表和数据透视图向导”中选择数据源类型和报表类型，如图 4—54 所示。

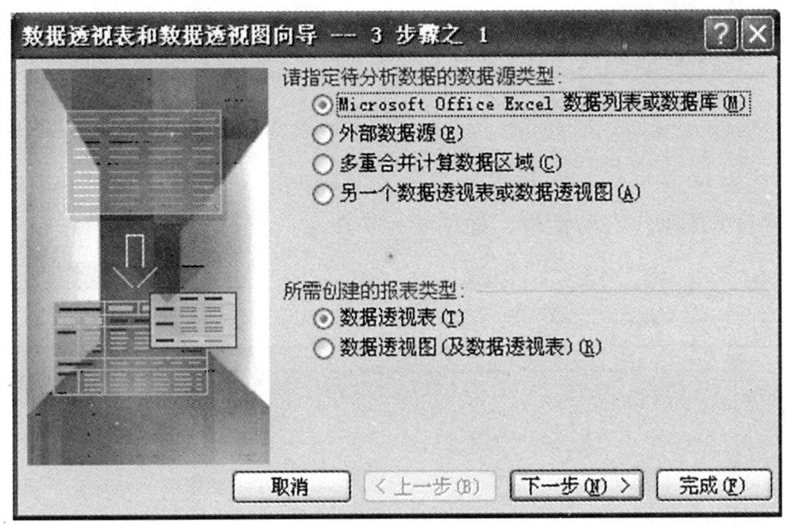

图 4—54

（6）单击“下一步”按钮，在“选定区域”输入全部数据所在的单元格区域，或者单击输入框右侧的“压缩对话”按钮，在工作表中用鼠标选定数据区域，如图 4—55 所示。

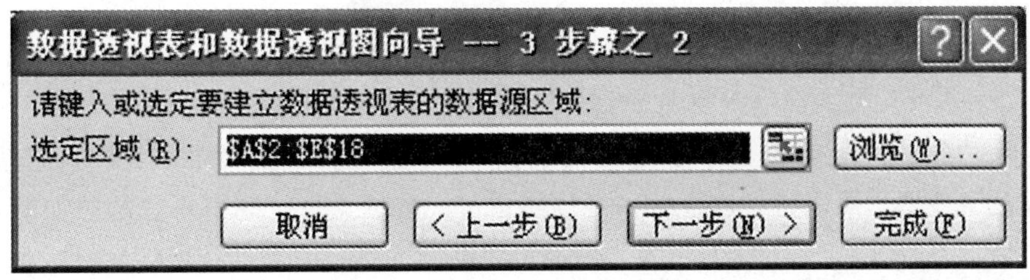

图 4—55

（7）单击“下一步”按钮，在对话框中选定“新建工作表”单选项，以便将创建的数据透视表放到另一个新的工作表中，单击“完成”按钮，如图 4—56 所示。

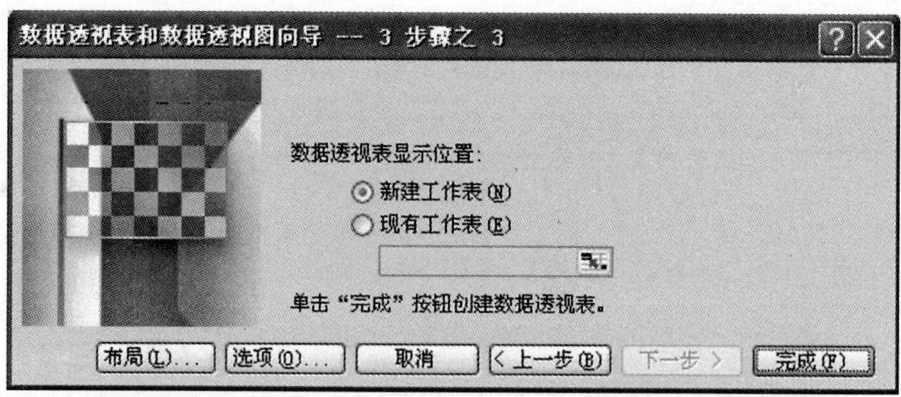

图 4—56

这样就创建了一个空的数据透视表，并同时显示“数据透视表”工具栏和“数据透视表字段列表”对话框，如图 4—57 所示。

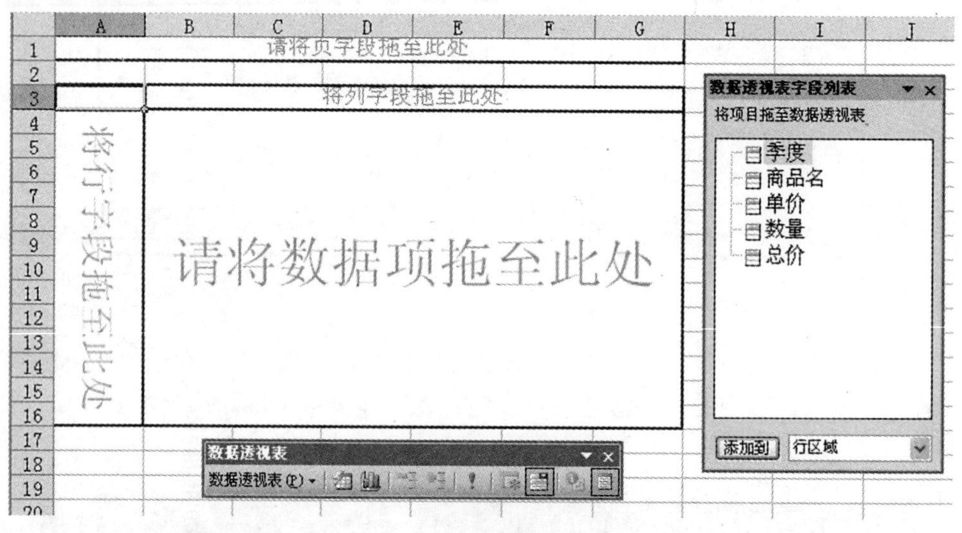

图 4—57

从“数据透视表字段列表”中依次将字段拖至数据透视表中“请将数据项拖至此处”位置，可以得到各季度、各商品单价、数量、总价的销售总和，如图 4—57 所示。完成后将工作簿另存为“商品销售汇总（数据库管理和数据分析）. xls”。

🕮知识链接

1. 记录单的使用

(1) 数据库的建立。

建立数据库，只需在工作表中输入数据库具体的字段名和相应的数据即可。

（2）增加记录。

①光标指向数据清单中的单元格。

②单击“数据→记录单”菜单命令，弹出图 4—50 所示的对话框。

③在对话框中单击“新建”按钮，对话框中出现一个空的记录单，然后在相应的位置输入新的数据记录，输入完成后，按 Enter 键或“新建”按钮，以便增加第二条记录。如此继续下去，最后单击“关闭”按钮。

（3）修改记录。

修改现有记录，移动图 4—50 所示对话框中的滚动条或单击“上一条”、“下一条”按钮选取具体的记录进行修改，修改结束后单击“关闭”按钮。

（4）删除记录。

删除记录与修改记录一样，移动如图 4—50 所示的对话框中的滚动条或单击“上一条”、“下一条”按钮，定位到要删除的记录，然后单击“删除”按钮，弹出删除确认对话框，单击“确定”按钮。

（5）根据条件查找记录。

①在图 4—50 所示的对话框中，单击“条件”按钮。

②输入查找条件，然后单击“下一条”按钮，符合条件的记录便会显示出来。

③条件设立后，不会自动撤除，需手动删除条件或单击“关闭”按钮。

2. 数据透视表

数据透视表是汇总表，它提供了一种自动的功能使得创建和汇总数据变得方便简单。用户可随时按照不同的需要，依不同的关系来提取和组织数据。

（1）创建数据透视表。

①选择工作表中的单元格数据，单击菜单“数据→数据透视表和数据透视图”命令。

②在弹出的“数据透视表和数据透视图向导—3 步骤之 1”对话框中，在“请指定待分析数据的数据源类型”中选择“Microsoft Office Excel 数据列表或数据库”，在“所需创建的报表类型”中选择“数据透视表”，然后单击“下一步”按钮。

③在弹出的“数据透视表和数据透视图向导—3 步骤之 2”对话框中，在“选定区域”文本框中输入或选定要建立数据透视表的数据源区域，然后单击“下一步”按钮。

④在弹出的“数据透视表和数据透视图向导—3 步骤之 3”对话框中，选择数据透视表的显示位置，单击“完成”按钮。向导将提供报表的工作表区域和可用字段的列表。

⑤当将字段从列表窗口拖到分级显示区域时，Microsoft Excel 自动汇总并计算报表。

（2）编辑数据透视表。

在“数据透视表”工具栏中单击“隐藏字段列表”按钮，隐藏数据透视表字段列表，单击“图表向导”按钮。切换到数据透视表的“图表区”中。选择某个字段，拖动到数据透视表区域外，这样可以删除相关字段的内容。

(3) 删除数据透视表。

选择建立好的数据透视表工作表，按右键，选择“删除”即可。

任务 2　创建图表

🕮任务概述

在 Excel 中，可以将工作表制作成各种类型的图表，以便使数据显示更加直观和生动，帮助分析数据。

下面以销售汇总图表为例，使学生学会如何建立和编辑图表的操作，从而了解图表的作用。

🕮任务实施

打开“项目五＼任务一＼商品销售汇总（数据库管理和数据分析）.xls”文件，操作步骤如下：

(1) 单击“图表”工作表，选择 A 列，右击选定的列，单击“删除”按钮；选择第 7～18 行，右击选定的行，单击“删除”按钮；选择 A1 单元格，输入标题“商品销售汇总”，如图 4—58 所示。

(2) 单击工具栏中的“图表向导”按钮或单击“插入→图表”菜单命令，弹出图表向导，选择图表类型为“三维簇状柱形图”，如图 4—59 所示，单击“下一步”按钮；接着选择“数据区域”为 A2：C6，单击“下一步”按钮；第三步是输入相关的图表选项，如图 4—60 所示，单击“下一步”按钮；选择图表位置，如图 4—61 所示，单击“完成”按钮。

图 4—58

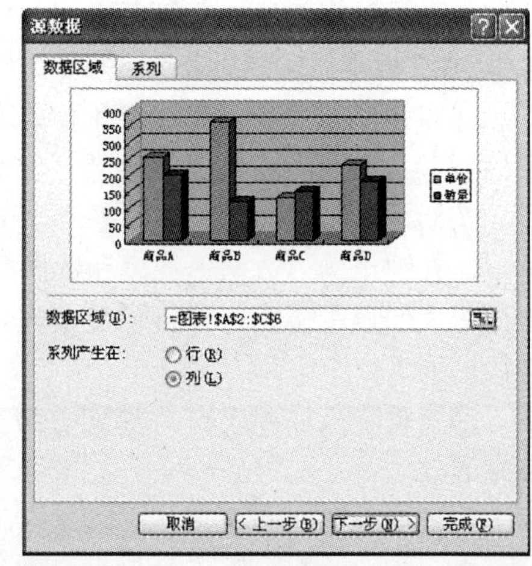

图 4—59

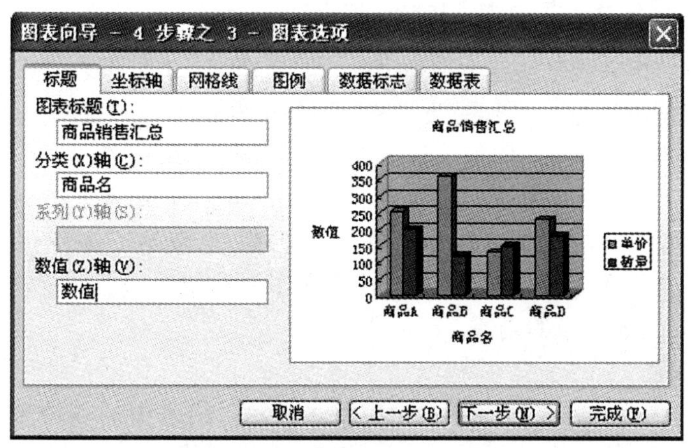

图 4—60

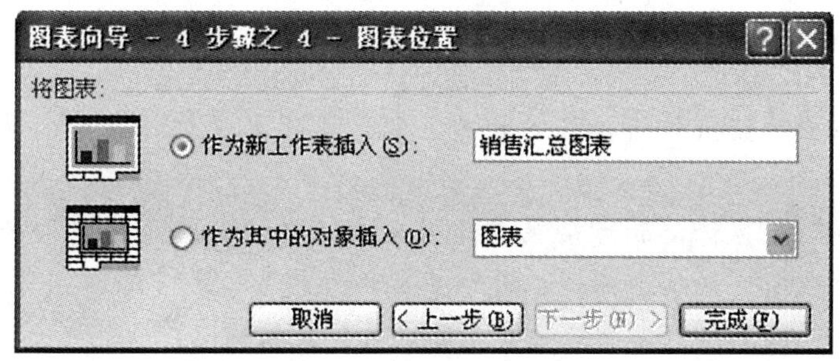

图 4—61

📖知识链接

图表是 Excel 2003 为用户提供的强大功能，通过创建各种不同类型的图表，为分析工作表中的各种数据提供更直观的表示结果。

1. 创建图表

在“图表向导”中共列出了 14 种不同的图表类型，用户可从中选择最适合的图表类型，根据工作表中的数据，创建不同类型的图表。操作步骤如下：

(1) 先选定工作表中包含所需数据的所有单元格，单击常用工具栏中的“图表向导”工具按钮，或单击“插入→图表”菜单命令。

(2) 在弹出的“图表向导—4 步骤之 1—图表类型”对话框中，选择“标准类型”选项卡，在“图表类型”下拉列表中选择一种图表类型，在“子图表类型”中选择一种图表样式，按下“按下不放可查看示例”按钮不放，可以预览所选类型的示例。

(3) 单击“下一步”按钮，在弹出的“图表向导—4 步骤之 2—图表源数据”对话框中，选择“数据区域”及“系列”选项卡，更改有关选项的内容，直至预览效果满意为止。

(4) 单击“下一步”按钮，在弹出的“图表向导—4 步骤之 3—图表选项”对话框中，逐一修改选项卡“标题”、“坐标轴”、“网格线”、“图例”、“数据标志”、“数据表”中的内容。

(5) 单击“下一步”按钮，在弹出的“图表向导—4 步骤之 4—图表位置”对话框中，选择图表存放位置。若要将图表放到另一个新的工作表上，请选择“作为新工作表插入”单选框，然后在其后的文本框中键入新工作表的名字。单击“完成”按钮，完成图表的创建。

2. 编辑图表

制作图表，同一组数据用不同类型图表表示，图表中的各种对象（如标题、坐标轴、网格线、图例、数据标志、背景等）能进行编辑，在图表中可添加文字、图形、图像等。编辑的方法是选择要编辑的图表，按右键选择对应的项目，按操作提示完成。

注意：

(1) 图表中的数值是链接在工作表上的，因此更改工作表中的数据，图表将会随之更新。

(2) 用拖动数据标记的方法来更改图表中的数值时，与之对应的工作表数据也会随之发生改变。拖动数据标记的方法如下：

方法一：两次单击（不是双击）所要修改的数据标记。

方法二：移动鼠标到数据标记的顶端，待指针变成向上向下箭头形状时，拖动鼠标可更改图表中的数值。

习　题

上机实践

用记录单的方式录入数据，如图 4—62 所示，并按要求完成操作。

	A	B	C	D
1	高等数学成绩表			
2	姓名	操作成绩	笔试成绩	总评成绩
3	李玲	76	90	86
4	王力	55	92	81
5	谢玲玲	70	86	81
6	张洪	50	78	70
7	李芳芳	85	70	75
8	陈志刚	66	96	87
9				

图 4—62

根据录入的数据，以横坐标为姓名，纵坐标为分数，图例位置在图表靠上区域，图表标题为“高等数学成绩表”，创建三维簇状柱形图图表，把生成的图表作为新工作表插入到名为“高数成绩表”的工作表中。

项目六　打印工作表

项目要求

新建 Excel 工作簿，录入图 4—63 所示的表格数据，保存为“学生成绩表 . xls”。并按要求完成下列操作。

	A	B	C	D	E	F	G	H	I	J	K
1	学生成绩表										
2	学号	姓名	性别	语文	数学	英语	物理	化学	生物	总分	平均分
3	1	黄海	男	90	98	92	96	94	97	567	95
4	2	李春晓	女	86	87	93	92	73	86	517	86
5	3	李梦娇	女	68	50	62	52	53	62	347	58
6	4	王梅	女	88	92	96	92	86	87	541	90
7	5	陈梦婷	女	92	92	93	89	93	84	543	91
8	6	伍楠	男	78	82	54	78	86	82	460	77

图 4—63

（1）表格数据添加边框。

（2）将纸张大小设置成“A4”，“横向”，上下边距为 3，左右边距为 2，页眉页脚 1.6，水平居中打印。

（3）页眉中间设置“2012 - 2013 年第一学期期末成绩”，在页脚设置“第几页，共几页”。

（4）将表格第 2 行设置成每一页的表头。

（5）完成后预览打印效果，保存文件。

（6）设置打印份数为 3 份。

能力目标

- ■ 页面设置；
- ■ 打印预览与打印输出。

任务 1　页面设置

📖任务概述

对于需要打印输出的工作表，页面设置直接影响打印的效果。在 Excel 中通过页面设置可更改页面方向，添加或更改页眉和页脚，设置打印边距以及隐藏或显示行标题与列标题。

下面以学生成绩表为例，讲述如何进行纸张、页边距、页眉页脚等的设置，从而学习 Excel 表格打印输出前页面设置的方法。

任务实施

录入图 4—63 所示的表格数据，并保存为“学生成绩表.xls”。按项目要求操作如下：

（1）选择 A2：K8 单元格区域，单击工具栏中“边框”按钮右边的下拉箭头，在弹出的边框样式中选择“所有边框”。

（2）单击“文件→页面设置”菜单命令，弹出“页面设置”对话框，如图 4—64 所示，在“页面”标签页中选择纸张大小为 A4，方向为横向。

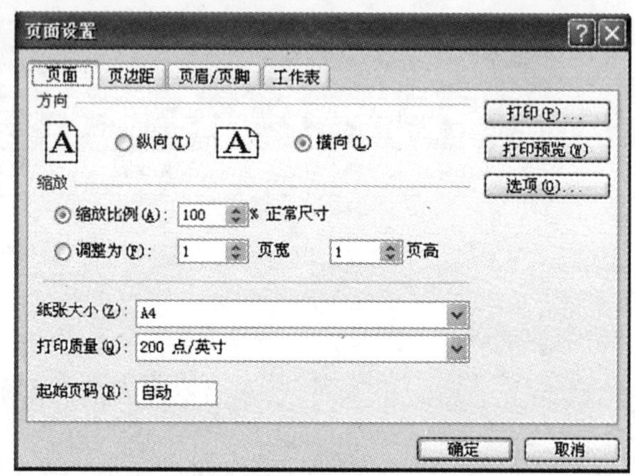

图 4—64

（3）选择“页边距”标签页，设置上下边距为 3，左右边距为 2，页眉页脚 1.6，勾选“居中方式”下的“水平”，如图 4—65 所示。

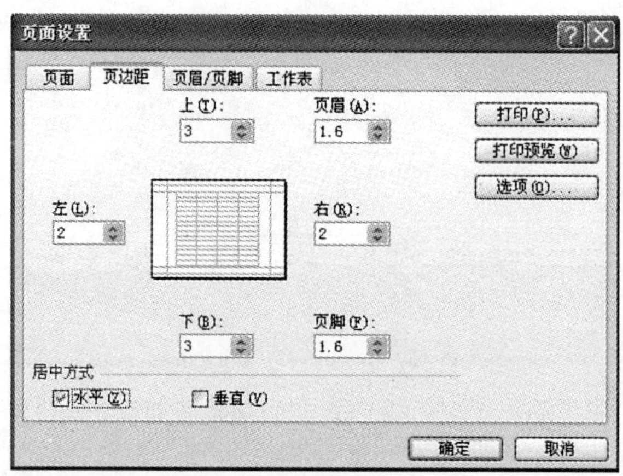

图 4—65

（4）选择“页眉/页脚”标签页，单击“自定义页眉”，在中间位置输入文字“2012－2013 年第一学期期末成绩”，单击“确定”。在页脚的下拉列表当中选择“第 1 页，共？页”选项，如图 4—66 所示。

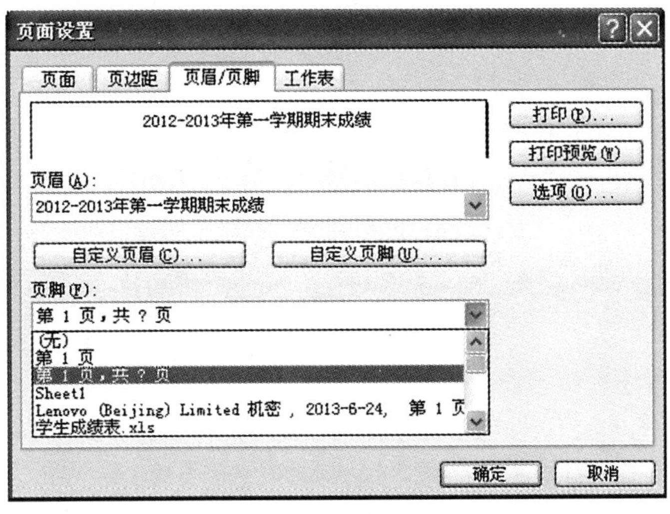

图 4—66

（5）选择“工作表”标签页，在“顶端标题行”中选择第 2 行，如图 4—67 所示，单击“确定”按钮。

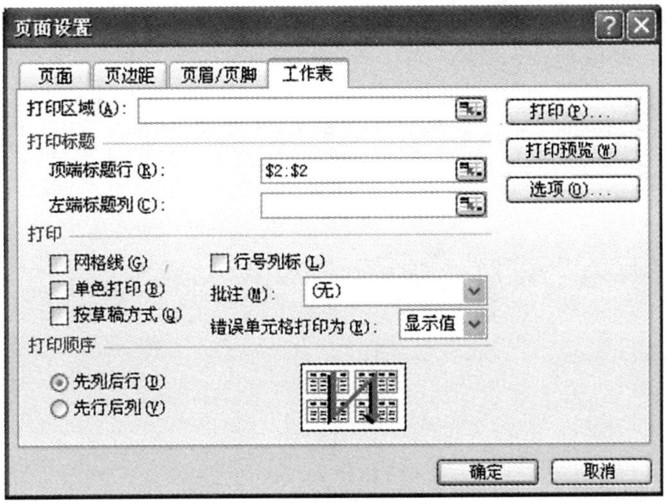

图 4—67

📖知识链接：页面设置

打印工作表之前，需要对工作表的页面进行设置，其方法是单击菜单“文件”

下的“页面设置”。

（1）纸张的设置：可以进行方向、缩放、纸张大小的设定。

（2）页边距选项卡：可以对打印表格页边距进行设置。

（3）添加页眉与页脚：单击“视图→页眉和页脚”菜单命令，或者选择“文件→页面设置”菜单命令，在“页面设置”对话框中选择“页眉/页脚”选项卡。

（4）设置重复打印标题。

工作表选项卡：可以设置要打印的区域，默认是全部区域。如果是多页打印，可以将表头部分设置为“打印标题”，这样就可以在每页出现标题内容。

任务 2　打印预览与打印输出

🕮任务概述

在打印输出之前，可通过“打印预览”来预览打印的效果，如果觉得不美观还可进行修改，直到满意再进行打印。这样可以避免浪费纸张。

🕮任务实施

（1）单击“文件”菜单命令或单击工具栏中的“打印预览”按钮，预览打印效果。单击“关闭”按钮，关闭预览。保存文件。

（2）单击“文件→打印”菜单命令，在弹出的“打印内容”对话框中，设置打印份数为 3，如图 4—68 所示。

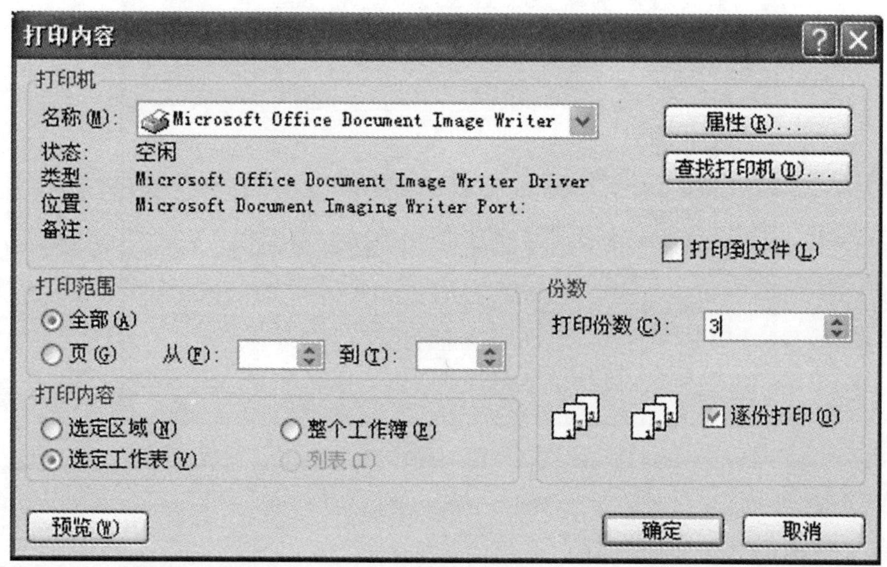

图 4—68

📖知识链接

1. 打印预览

对文档进行“页面设置”后可以通过“打印预览”来预览打印效果。方法是：单击“文件→打印预览”菜单命令，或者单击常用工具栏上的“打印预览”按钮。

2. 打印输出

打印工作表的方法有两种：

(1) 单击“文件→打印”菜单命令。

(2) 单击常用工具栏上的“打印”按钮。

注意：单击“文件→打印”菜单命令，将打开“打印内容”对话框对打印的参数进行设置。如果单击工具栏中“打印”按钮，则不会弹出“打印内容”对话框，而是直接打印 1 份。

第五章　演示文稿软件的应用

"PowerPoint"简称 PPT，是微软公司设计的演示文稿软件，主要用于制作各种演示文稿，如产品介绍、学术演讲、项目论证、会议议程等。这种演示文稿集文字、表格、图形、图像及声音于一体，将要表达的内容以图文并茂、形象生动的形式在计算机或大屏幕上展示出来，为人们进行信息传播与交流提供了强有力的手段。

演示文稿的制作，一般要经历下面几个步骤：

（1）准备素材：主要是准备演示文稿中所需要的一些图片、声音、动画等文件。

（2）确定方案：对演示文稿的整个构架做一个设计。

（3）初步制作：将文本、图片等对象输入或插入到相应的幻灯片中。

（4）装饰处理：设置幻灯片中的相关对象的要素（包括字体、大小、动画等），对幻灯片进行装饰处理。

（5）预演播放：设置播放过程中的一些要素，然后播放查看效果，满意后正式输出播放。

项目一　PowerPoint 2003 简介

PowerPoint 是我们所熟悉的演示幻灯片的制作工具，它提供了各种功能，为我们做出精美的演示文稿。

能力目标

■ 了解 PowerPoint 2003 的基本功能；

■ 掌握 PowerPoint 2003 的工作界面；

■ 掌握如何启动、关闭 PowerPoint 2003。

任务 1　PowerPoint 2003 的功能

📖任务概述

打开“阳春八景 . ppt”文件，体验 PowerPoint 2003，了解 PowerPoint 2003 的工作界面。

📖任务概述

通过“阳春八景 . ppt”文件的打开，使大家喜欢演示文稿的制作和认识 PowerPoint 2003 的工作界面。

📖任务实施

在“我的电脑”里找到“阳春八景 . ppt”文件，双击该文件，该文件就可在演示文稿中被打开，演示文稿的工作界面如图 5—1 所示。

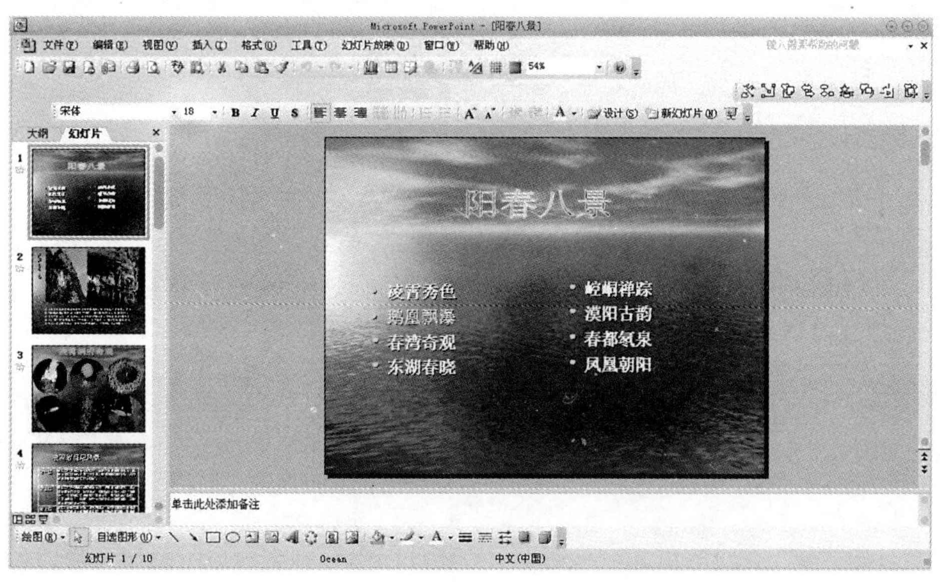

图 5—1

📖知识链接

1. PowerPoint 2003 的功能

PowerPoint 2003 主要用于制作各种演示文稿（俗称幻灯片），用于各种会议、学术交流、课件制作、产品演示、工作汇报等一系列活动。通过嵌入对象，包括文本框、表格、公式、艺术字、图形、图片、音频、视频等多媒体信息，设置动画，使演示文稿具有生动的画面、悦耳的声音和强烈的感染力。演示文稿可以以联机播放、投影胶片、打印讲义、网页发布等形式输出。

2. PowerPoint 2003 启动与退出

（1）启动 PowerPoint 2003 的常用方法有以下三种：

方法一：单击“开始”按钮，指向“程序”子菜单，然后单击“Microsoft PowerPoint 2003”命令。

方法二：双击 PowerPoint 2003 桌面快捷方式图标。

方法三：双击已存在的演示文稿文件。

（2）退出 PowerPoint 2003 的常用方法有以下三种：

方法一：单击窗口右上角的“关闭”按钮。

方法二：单击“文件”菜单中的“退出”命令。

方法三：按 Alt+F4 键。

3. PowerPoint 2003 的工作界面

启动 PowerPoint 2003，如图 5—2 所示。

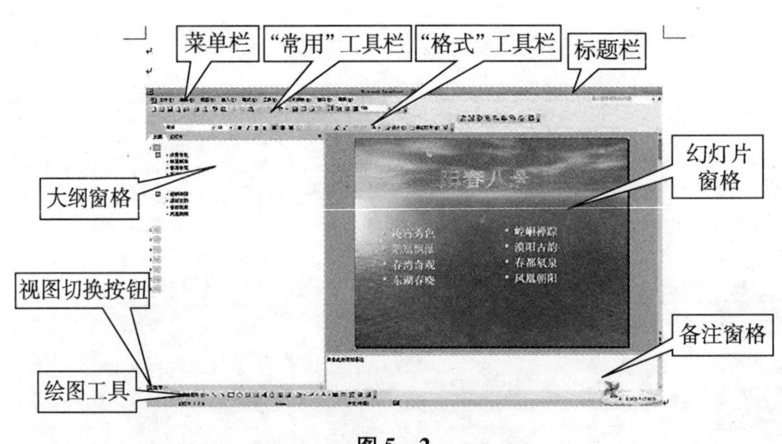

图 5—2

（1）标题栏。

标题栏位于窗口的顶部，左侧显示出软件的图标和中间显示当前文档的名称（如演示文稿 1）；右侧是常见的“最小化、最大化/还原、关闭”按钮。

（2）菜单栏。

菜单栏位于标题栏的下方，共有 9 项主菜单，各菜单的主要功能如下所述。

①文件菜单：主要用于对幻灯片文件的管理。可以对文件进行打开、关闭、保存、另存、导入、导出、打印及新建文件和退出 PowerPoint 2003 等操作。

②编辑菜单：主要用来进行幻灯片的编辑操作。它不但具有一些标准的菜单

命令，如撤销、恢复、剪切、复制、粘贴、清除、全选、查找和替换等菜单命令，还包含有 PowerPoint 2003 独有的一些菜单命令，如定位至属性、删除幻灯片和对象等菜单命令。

③视图菜单：主要用来对显示方式、工具栏和绘图辅助工具的设置，如设置标尺、参考线等。

④插入菜单：主要用来插入日期和时间、图片、影片和声音以及图表等对象。

⑤格式菜单：主要用来对文本进行处理，如文本格式的设置、文本的对齐方式、行距、字距以及设置文字背景等。

⑥工具菜单：主要用来对系统应用环境进行设置，如拼写检查等。

⑦幻灯片放映菜单：主要用来设置放映幻灯片的不同形式，如设置放映方式、设置放映动画方案等。

⑧窗口菜单：主要用来进行各种窗口的管理。

⑨帮助菜单：主要用来提供各种帮助。

(3)“常用”工具栏。

“常用”工具栏通常在菜单栏的下边，如图 5—3 所示。将鼠标移到它左侧的双竖线处，用鼠标拖曳，可以将它拖到屏幕上的任意位置，使其成为浮动工具栏。“常用”工具栏提供了一些按钮和列表框，用来完成一些常用的操作。

图 5—3

(4)“格式”工具栏。

用来设置演示文稿中相应对象格式的常用命令按钮集中于此，方便调用。“格式”工具栏一般在“常用”工具栏的下方（不过可以移动位置），如图 5—4 所示。

图 5—4

(5) 工具栏的显示和隐藏。

①用菜单命令显示工具栏：单击“工具”菜单下的“自定义”命令，弹出“自定义”对话框，选择其中的“工具栏”选项卡，如图 5—5 所示，从中选取所需要的工具选项，使其名称前出现√，单击“关闭”按钮，即可在屏幕上看到相应的工具栏。

②用快捷菜单命令显示工具栏：将鼠标移到工具栏上并右击鼠标，弹出快捷菜单，然后单击要显示的工具栏，使其名称前出现√。

③隐藏工具栏：工具栏使用起来很方便，但如果太多的工具栏留在屏幕上，会减小工作空间，因此要将暂时不用的工具栏隐藏起来。单击浮动工具栏右上角

的“关闭”按钮，可以隐藏工具栏。

再次调出在前面显示工具栏时所调出的对话框或快捷菜单，单击已经有“√”的工具栏名称，使“√”消失，则这个工具栏也会被隐藏。

④在工具栏中添加按钮：工具栏中的按钮可以改变。在“自定义”对话框中，单击“命令”选项卡，如图 5—6 所示，在“类别”列表框中选择类别，在“命令”列表框中选择需要的命令，拖向命令栏，就可以向工具栏中添加新的工具图标按钮。

图 5—5

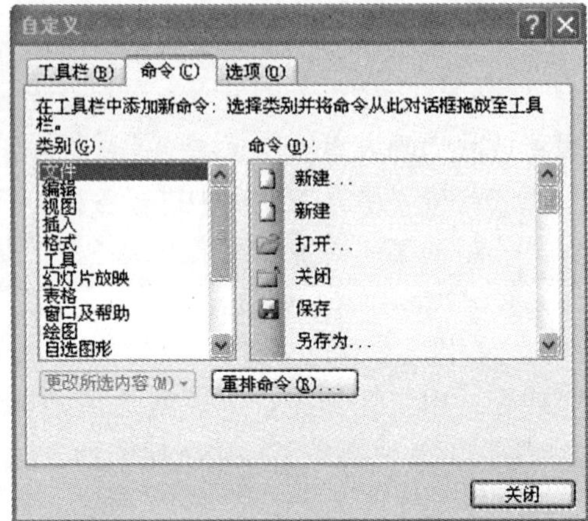

图 5—6

（6）任务窗格。

这是 PowerPoint 2003 新增的一个功能，利用这个窗口，可以完成编辑“演示文稿”一些主要工作任务。

PowerPoint 2003 的任务窗格，将 PowerPoint 2003 主要的常用命令都集成在同一个窗格中，使用户操作起来更方便，包括“新建演示文稿”任务窗格、“剪贴板”任务窗格、“基本搜索”任务窗格、“插入剪贴画”任务窗格、“幻灯片版式”任务窗格、“幻灯片设计”任务窗格、“自定义动画”任务窗格、“幻灯片版式”任务窗格和备注窗格等。

单击“视图”菜单下的“任务窗格”命令（如果此项菜单命令带有选中标记，则单击该菜单命令将关闭显示的任务窗格），即可显示任务窗格。此外还可以单击“格式”工具栏中的“幻灯片设计”按钮和“幻灯片版式”按钮来打开任务窗格。

（7）幻灯片编辑区：幻灯片编辑区是编辑幻灯片内容的场所，为幻灯片添加并编辑文本，添加图形、动画或声音等操作都在这里进行，它是演示文稿的核心部分。

（8）备注区：用来编辑幻灯片的一些“备注”文本。备注窗格位于幻灯片编辑区的下方，单击备注窗格，可以编辑备注窗格的内容，如提供幻灯片展示内容的背景和细节等，使放映者能够更好地讲解幻灯片中展示的内容。

(9) 大纲区：通过“大纲视图”或“幻灯片视图”可以快速查看整个演示文稿中的任意一张幻灯片。

(10) “绘图”工具栏：可以利用上面相应按钮，在幻灯片中快速绘制出相应的图形。

(11) 状态栏：在此处显示出当前文档相应的某些状态要素。

注意：展开“视图→工具栏”下面的级联菜单，如图5—7所示，选定相应选项，即可在相应的选项前面添加或清除“√”号，从而让相应的工具条显示在PowerPoint 2003窗口中，方便随机调用其中的命令按钮。

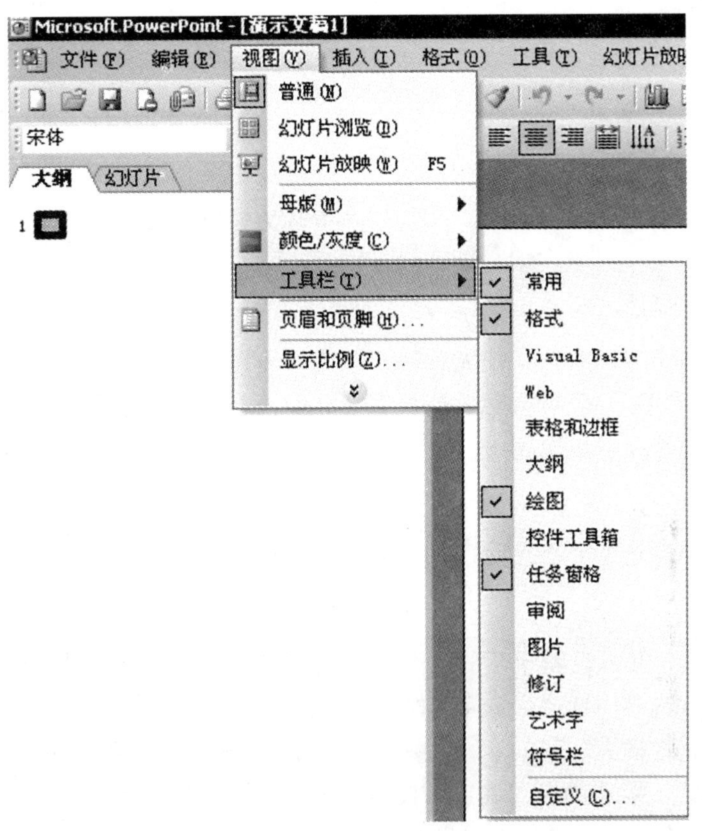

图5—7

4. 演示文稿视图的模式

通过“视图”菜单选择不同模式观察文稿，或者通过窗口左下角的视图切换按钮选择。从左到右依次为“普通视图”、“幻灯片浏览视图”及“幻灯片放映视图”，如图5—8所示。

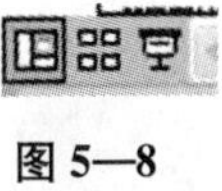

图5—8

项目二　阳春八景的制作

利用 PowerPoint 2003 制出来的文件叫演示文稿，其格式是 . ppt 格式。演示文稿中的每一页叫幻灯片，每张幻灯片都是演示文稿中既相互独立又相互联系的内容。

本项目是制作介绍阳春八景的幻灯片，通过本案例的制作，体验演示文稿创建的过程，并进行相应的编辑操作，熟悉 PowerPoint 2003 的工作环境。

能力目标

■ 演示文稿的基本操作；

■ 演示文稿的编辑与修饰；

■ 掌握演示文稿外观的设置。

任务 1　演示文稿的基本操作

🕮任务概述

通过阳春八景的制作，使大家认识阳春，知道阳春风景优美，是旅游的好地方，阳春八景包括：凌霄秀色、鹅凰飘瀑、春湾奇观、东湖春晓、崆峒禅踪、漠阳古韵、春都氡泉、凤凰朝阳。

🕮任务实施

(1) 单击“开始→所有程序→Microsoft Office→Microsoft Office PowerPoint 2003”，如图 5—9 所示。

(2) 单击“格式”菜单下的“幻灯片版式”命令，右边出现如图 5—10 所示的面版，在版式内容中选“标题和两栏文本”选项。

(3) 单击“插入”菜单下的“图片”下的“艺术字”命令，选择字库中的第 3 行第 4 列样式，接着单击“确定”按钮，出现编辑“艺术字字库”对话框，如图 5—11 所示，在对话框中输入“阳春八景”，再单击“确定”按钮。在幻灯片窗格中用鼠标拖曳艺术字到幻灯片上部适当位置。

(4) 单击左边的文本框输入“凌霄秀色、鹅凰飘瀑、春湾奇观、东湖春晓”，在右边的文本框输入“崆峒禅踪、漠阳古韵、春都氡泉、凤凰朝阳”。

(5) 分别选中左、右边的文本框，单击“格式”菜单的“项目符号和编号”命令对文本内容进行设置，如图 5—12 所示。

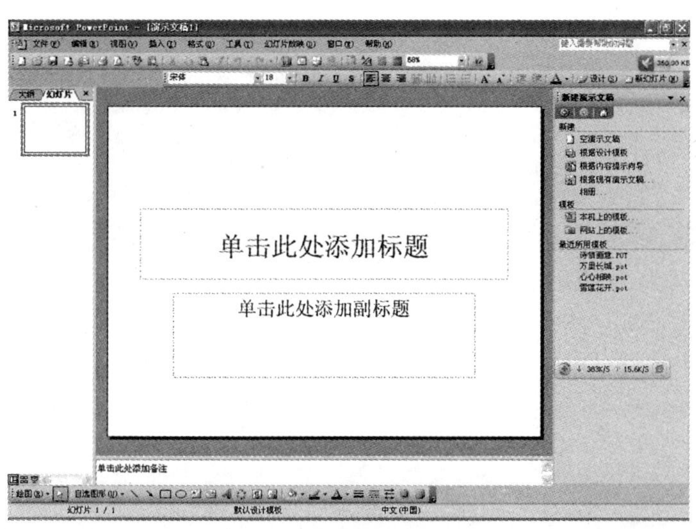

图 5—9

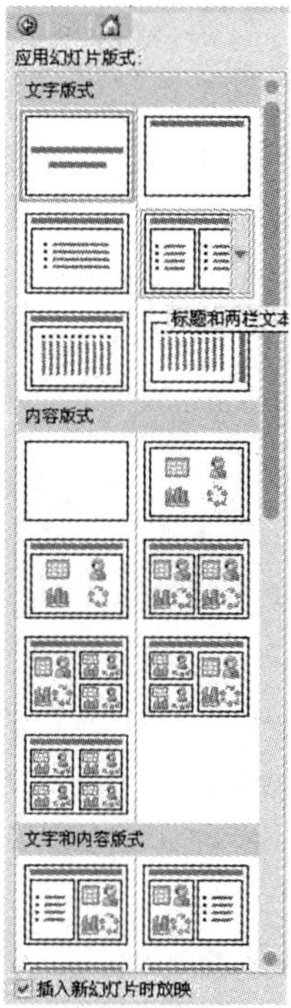

图 5—10

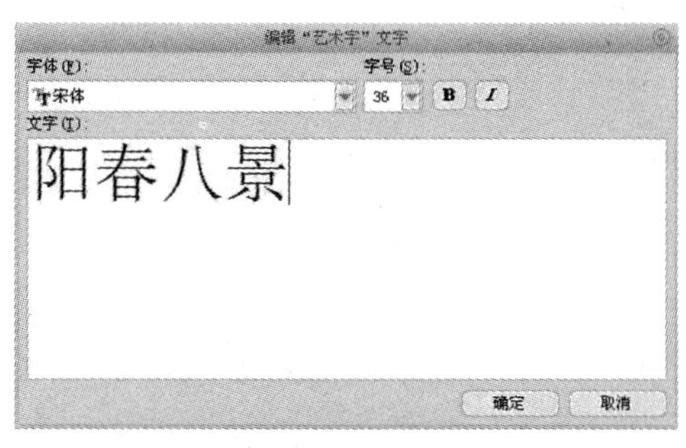

图 5—11

图 5—12

(6) 在第一张幻灯片后，单击“插入”菜单后的“幻灯片”命令，插入一张新的幻灯片，在幻灯片中插入四张图片和一个文本框，如图 5—13 所示。

(7) 第二张幻灯片后，与上相同，插入一张新的幻灯片，在幻灯片中插入二张图片和一个文本框，效果如图 5—14 所示。

(8) 第三张幻灯片后，与上相同，插入一张新的幻灯片，单击“格式”菜单下的“背景”命令，在下拉按钮中选择“填充效果”，如图 5—15 所示。

(9) 在填充效果对话框中选择“图片”标签，并单击“选择图片”按钮，找到“东湖 .jpg”图片，再单击“插入”按钮，接着单击“确定→应用”命令，该图片就是该张幻灯片的背景图片了。

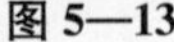
图 5—13

图 5—14

（10）在幻灯片中单击“插入”菜单下的“图片”下的“艺术字”命令，在字库中选择第三行第四列艺术字样式，并在“编辑‘艺术字’字库”对话框中输入“东湖春晓”，接着单击“确定”即可，如图 5—16 所示。

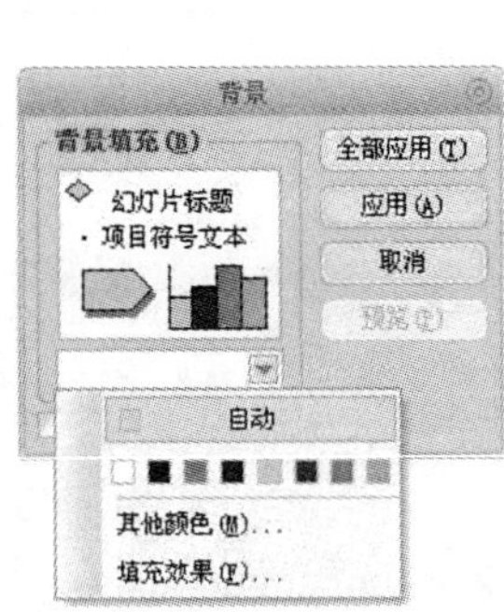

图 5—15

图 5—16

（11）与上相同，分别制作第五、六、七、八张幻灯片，效果如图 5—17、图 5—18、图 5—19 所示。

图 5—17

图 5—18

图 5—19

(12) 在第七章幻灯片后插入一张新的空白幻灯片，版式为“空白”，在幻灯片中插入艺术字“谢谢观赏!”字库样式为第三行第四列，字号为 60，字体为宋体，如图 5—20 所示。

图 5—20

(13) 完成后，单击“文件”菜单下的“保存”命令，将演示文稿以“阳春八景 . ppt”为文件名保存。

📖知识链接

1. 新建演示文稿

方法一：在应用程序窗口，单击“文件”菜单中的“新建”命令，单击任务窗格中的“空演示文稿”命令，然后选定幻灯片的文字版式，默认的是“标题幻灯片”版式，再在“内容版式”中选择内容版式的类型。

方法二：单击常用工具上的“新建”按钮，然后在任务窗格中选择幻灯片的文字版式，默认的是“标题幻灯片”版式，再在“内容版式”中选择内容版式的类型。

2. 内容提示向导

内容提示向导主要通过 3 个对话框（演示文稿类型、演示文稿样式和演示文稿选项）来新建演示文稿。

(1) 单击“文件”菜单中的“新建”命令，单击任务窗格中的“根据内容提示向导”命令，出现“内容提示向导”对话框，如图 5—21 所示，单击对框话中的“下一步”按钮，出现演示文稿类型对话框，可通过单击“全部”按钮查看所有的文稿类型，也可通过某一类选择其中某一类型，图 5—22 是查看所有的文稿类型。

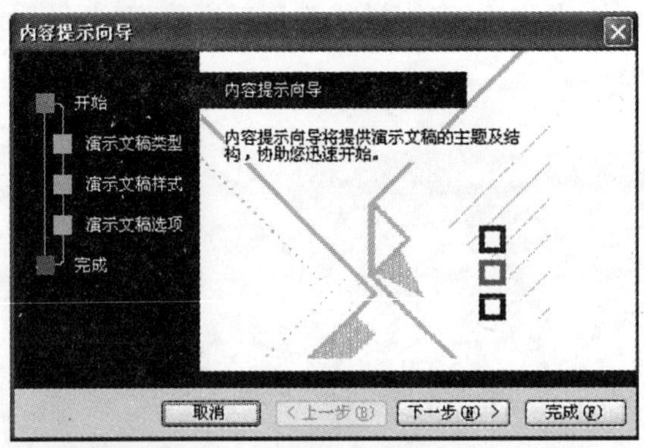

图 5—21

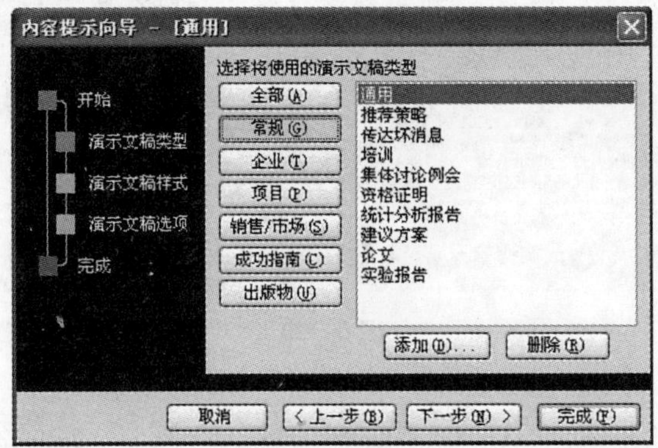

图 5—22

（2）单击“下一步”按钮，出现“文稿的输出类型”对话框，如图 5—23 所示，再单击“下一步”按钮，出现“内容提示向导标题”对话框，如图 5—24 所示。

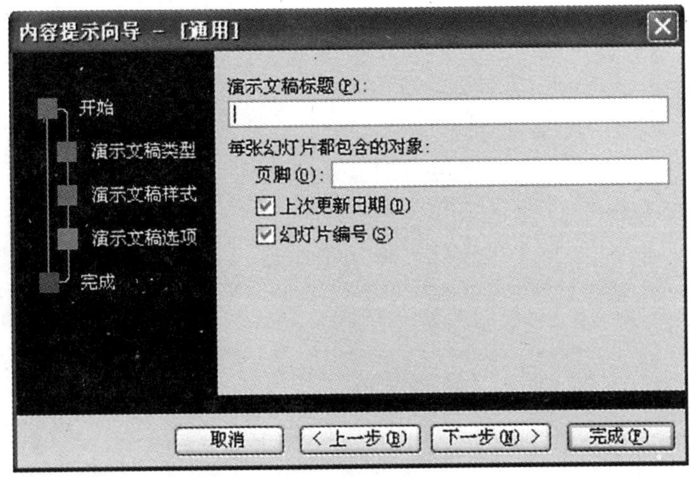

图 5—23

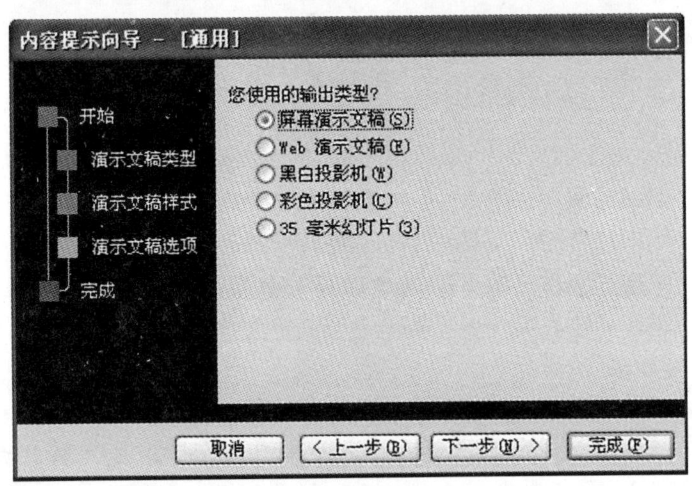

图 5—24

3. 根据设置模板创建演示文稿

利用模板创建演示文稿就是先确定幻灯片的结构方案，如对象的搭配、色彩的配置、文本的格式及其布局等内容，然后在这种结构方案之上创建幻灯片。

单击“文件”菜单中的“新建”命令，单击任务窗格中的“根据设计模板”命令，出现如图 5—25 所示的任务窗格，在应用模板中选择自己喜欢的模板即可。

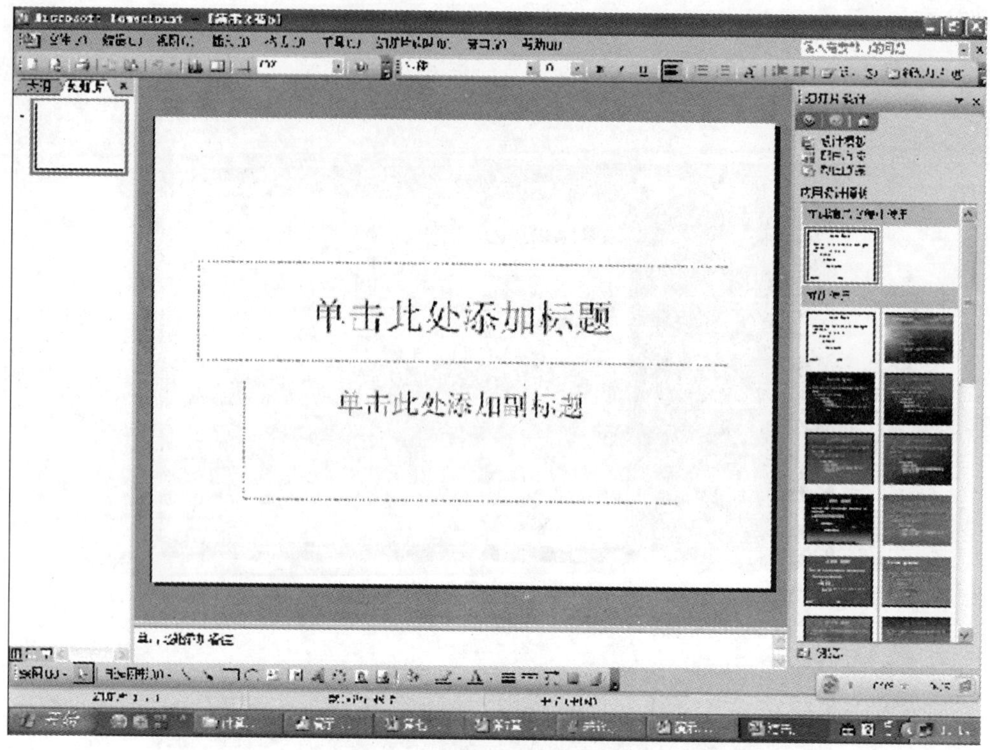

图 5—25

4. 保存演示文稿

(1) 保存新建的演示文稿。

方法一：单击“常用”工具栏上的“保存”按钮。

方法二：单击“文件”菜单下的“保存”命令，出现“另存为”对话框，选择一个保存的路径和输入文件名，再单击“确定”按钮。

(2) 保存已有的幻灯片。

方法一：单击“常用工具栏”上的“保存”按钮。

方法二：单击“文件”菜单下的“另存为”命令，出现“另存为”对话框，选择存储文件的路径和输入文件名，接着单击“保存”按钮。

习　题

上机实践

1. 创建“我们的学校”演示文稿，完成后以“我们的学校 . ppt”为文件名保存。

演示文稿效果图如图 5—26 所示。

图 5—26

2. 使用“根据内容提示向导”，选择类型为“常规”中的“推荐策略”，输出类型为“屏幕演示文稿”，演示文稿标题为：“推荐策略”，其他为默认设置，创建该演示文稿，完成后以“推荐策略.ppt”为文件名保存。

任务 2 演示文稿的编辑与修饰

🕮任务概述

制作阳春八景中的凌霄秀色部分，分别在演示文稿插入艺术字、形状图形、图片和表格，完成后把该文件以“凌霄秀色.ppt”为名保存，并插入到阳春八景文件中。

🕮任务概述

幻灯片中适当插入媒体素材能增添幻灯片的修饰效果，与 Word 一样可以插入艺术字、形状、剪切画、图表等。

🕮任务实施

(1) 单击“开始→所有程序→Microsoft Office→Microsoft Office PowerPoint 2003”，打开软件窗口。

(2) 单击“文件”菜单下的“新建”命令，在新建演示文稿窗格中选择“空演示文稿”选项或单击工具栏上的“新建”按钮，出现新幻灯片窗口。

(3) 单击“格式”菜单下“幻灯片版式”命令，在右边的内容版式中选择

“空白”样式即可。

（4）单击“格式”菜单下“幻灯片设计”命令，在右边的幻灯片设计面板中选择“Ocean”，如图 5—27 所示。

（5）单击“插入”菜单中的“图片”下的“来自文件”命令，分别选择“凌霄.jpg”、“凌霄岩 1.jpg”和“凌霄奇观.jpg”三张图片，把它们插入到幻灯片中，如图 5—28 所示。

图 5—27

图 5—28

（6）单击“插入”菜单中的“文本框”下的“水平”命令，在文本框中输入以下文字：

凌霄岩是阳春国家地质公园的重要组成部分，位于阳春市河朗镇，它以雄伟壮观著称，被誉为“南国第一洞府”。洞内高 120 多米，宽 20～60 米，从上至下分三层：凌霄大厅、凌霄宝殿和观景台。游览面积达 3 万多平方米。洞内的“吉星高照”、“一线天”、“水中印月”、“滴水明珠”四大自然奇景为世间罕见，400 多米长的岩底河，可供游人坐船游览。

效果如图 5—29 所示。

（7）单击“插入”菜单中的“新幻灯片”命令，插入一张新的幻灯片。同样选择内容版式为空白。

（8）单击“插入”菜单中的“图片”下的“艺术字”命令，选择版式为第 2 行第 5 列，然后单击“确定”按钮，出现对话框，在对话框中输入“凌霄洞府奇观”，字体为“宋体”，字号为“36”。

（9）单击“插入→图片→自选图形”命令，在工具栏中选择“椭圆”，在幻灯片中画一个直径为 8 厘米的圆。

（10）双击该圆，出现设置自选图形格式对话框，单击颜色和线条标签，在颜色的下拉按钮下选择“填充效果”，出现填充效果对话框，接着单击“图片”标签，单击“选择图片”按钮，在对话框中选择“凌霄 1.jpg”，再单击“插入”按钮。

（11）双击该圆，出现设置自选图形格式对话框，单击颜色和线条标签，在线条颜色下拉按钮中选择“无线条颜色”。

（12）和第 8 步一样，再画 5 个圆，分别用“凌霄 2.jpg”、“凌霄 3.jpg”、“凌霄 4.jpg”、“凌霄 5.jpg”、“凌霄 6.jpg”作为填充效果，效果如图 5—30 所示。

图 5—29

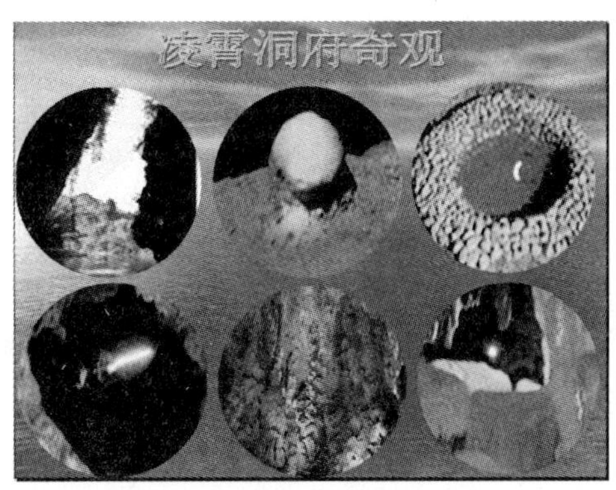

图 5—30

（13）单击“插入”菜单中的“新幻灯片”命令，插入一张新的幻灯片。选择幻灯片版式为“只有标题”。

（14）在幻灯片标题栏输入“凌霄岩每层风景”，字体为宋体，字号为 44。

（15）单击“插入”菜单下的“表格”命令，出现插入表格对话框，输入列数为 2 和行数为 3，单击“确定”按钮。

（16）在表中输入如图 5—31 所示的内容。

（17）单击“文件”菜单下的“保存”命令，将文件以“凌霄秀色 . ppt”为文件名进行保存。

（18）单击“文件”菜单下的“打开”命令，找到“阳春八景 . ppt”文件，并且单击“打开”命令。

（19）在第一张幻灯片和第二张幻灯片之间单击鼠标，再单击“插入”菜单下的“幻灯片（从文件）”命令，在弹出的“幻灯片搜索器”对话框中选择“搜索演示文稿”选项卡，如图 5—32 所示，并单击“全部插入”按钮。

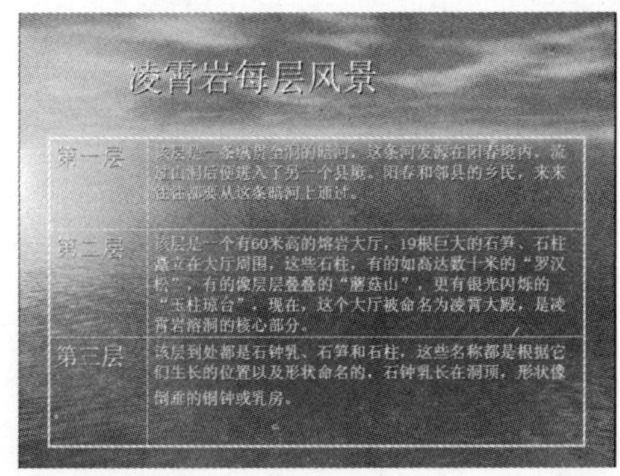

图 5—31

图 5—32

（20）单击“文件”菜单下的“保存”命令，将文件以原名“阳春八景 .ppt”进行保存。

知识链接

1. 插入艺术字

（1）在幻灯片窗格中，单击要添加特殊效果的幻灯片。

（2）单击“插入”菜单下的“图片”下的“艺术字”命令，在“艺术字库”中选择所需字体样式，再单击“确定”按钮。

（3）在“编辑‘艺术字’文字”对话框中，输入文本，设好其他选项，再单击“确定”按钮。

（4）如果要添加或更改文本的效果，可使用“艺术字”和“绘图”工具栏上相应按钮进行添加或修改。

注意：艺术字的编辑方式与 Word 软件的操作类似。

2. 插入图片

（1）插入图片的操作与在 Word 操作一样，单击“插入”菜单中“图片”命令。

（2）旋转图形和文本。

对象能够右旋或左旋 90°或其他任意角度，也可以水平或垂直翻转。可以翻转或旋转的一个对象、一组对象或一个组合对象。如果旋转或翻转的自选图形含有文本，该文本也会随着旋转或翻转。

①以任意角度旋转对象：选择要旋转的对象；在“绘图”工具栏单击“绘图”，选择“旋转或翻转”中的“自由旋转”；鼠标按住对象的四角处绿色小圆的地方，向所需旋转方向移动就可以了。

②除了自由旋转，还可以向左（向右）旋转 90°，水平（垂直）旋转，如图 5—33 所示。

3. 插入表格

可在文本中插入表格，也可使用表格版式来插入表格，具体操作如下：

（1）选择插入点，执行“插入”菜单中的“表格”命令，如图 5—34 所示的对话框，在“插入表格”对话框中，输入所需的行数和列数（如 2 行 2 列），单击“确定”按钮，即可插入一个 2 行 2 列的表格。

（2）在文稿中添加一张版式为“表格”的新幻灯片，双击表格占位符，弹出“插入表格”对话框，在对话框中输入表格的列数和行数后，单击“确定”按钮，所需的表格便创建了。

4. 插入图表

为了更生动更形象地表示数据，可在 Microsoft PowerPoint 的草稿中创建一个图表，或导入一个 Microsoft Excel 工作表或图表。PowerPoint 2003 的默认图表程序是 Microsoft Graph，它是与 PowerPoint 2003 一起自动安装的。

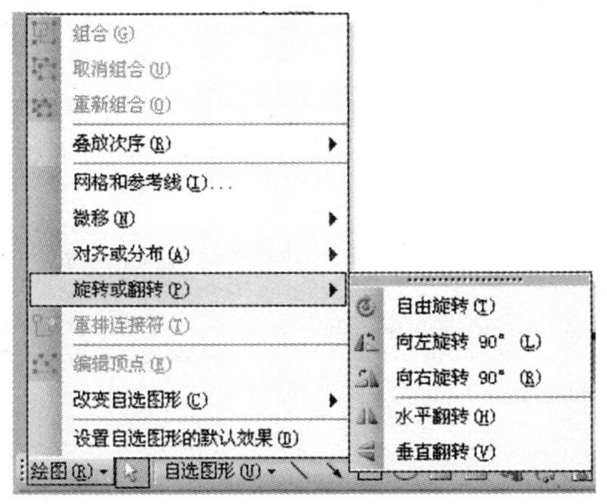

图 5—33

图 5—34

在 PowerPoint 中创建一个新图表时，双击 Microsoft Graph 图表，图表和其相关数据一起显示在数据表中（数据表：包含在图表中提供简单信息的表格）。

具体操作如下：

（1）选择要插入图表的幻灯片，单击“插入”菜单，选择“图表”命令，弹出如图 5—35 所示的数据表和图表图形，将数据表里的示范数据清空，输入自己的数据，此时图表中的数据就是自己的数据了。

（2）双击图表，进入图表编辑状态，在图表空白处单击鼠标右键，弹出如图 5—36 所示的快捷菜单，可以进行“设置图表区格式”、“图表类型”、“图表选项”、“设置三维视图格式”、“数据工作表”和“清除”等操作。

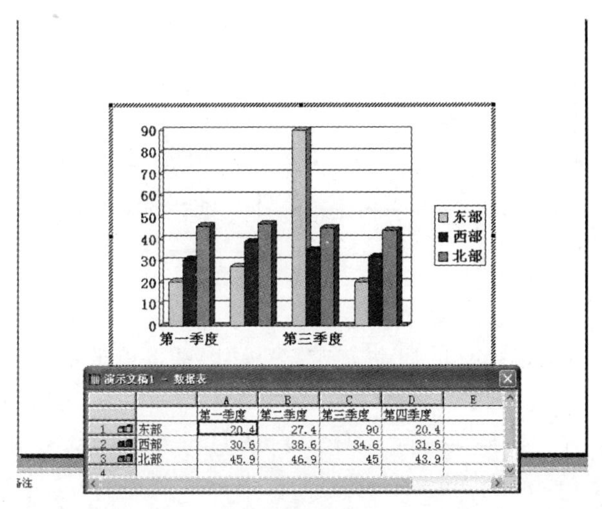

图 5—35

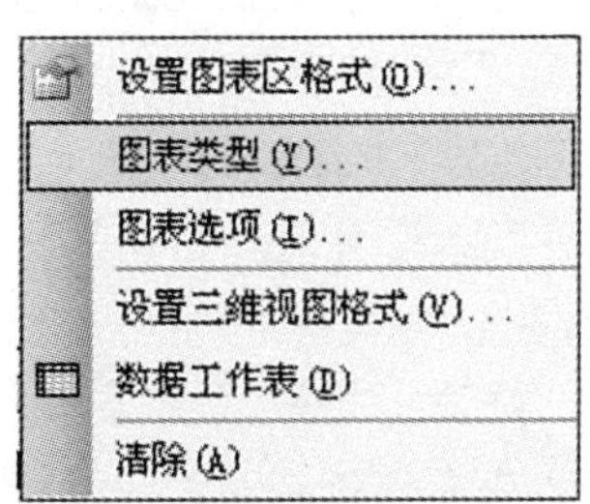

图 5—36

5. 插入组织结构图

组织结构图是一组具有层次关系的框图，常用于企事业单位和各级组织中人员结构等的图形化表示。具体操作如下：

单击“插入”菜单下的“图片”下的“组织结构图”命令，即可插入组织结构图，同时出现图 5—37 所示的“组织结构图”工具。单击组织结构图，可以利用组织结构图工具栏完成所需的组织结构图。

图 5—37

注意： 如要改变图示的类型，可单击“插入”菜单中的“图示”命令，如图 5—38 所示，选择图示的类型。

6. 添加多媒体

每个人都喜欢看电影。在 PowerPoint 2003 中，可以播放一段影片帮助观众理解创作者的观点，也可以播放一段演讲录像，还可以播放一段轻松愉快的节目来吸引观众。具体步骤如下：

选择要插入多媒体的幻灯片，单击“插入”菜单下的“影片和声音”下的命令，如图 5—39 所示，在级联菜单中根据需要，选择相应的命令。

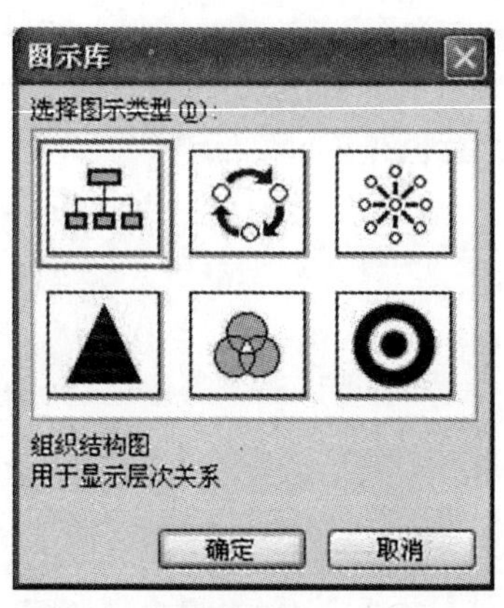

图 5—38

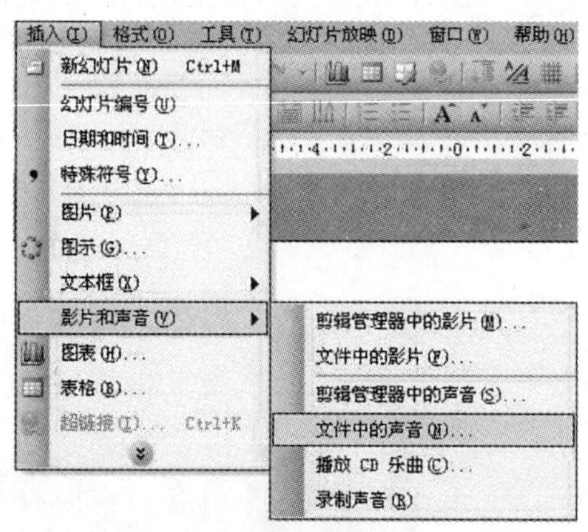

图 5—39

插入影片时，可以从下列选项中选择它的启动方式：自动启动、单击鼠标时启动。

注意：“影片”是桌面视频文件，其格式包括 AVI、QuickTime 和 MPEG，文件扩展名包括 .avi、.mov、.qt、.mpg 和 .mpeg。

插入声音时，与插入影片一样，可以从剪辑库中、文件中插入所需的材料。

插入后，幻灯片会出现一个声音图标。此时将显示一条消息对话框，如图 5—40 所示，如果希望声音在放映到该幻灯片时自动播放，可单击“自动”按钮，否则要单击鼠标才能播放声音。

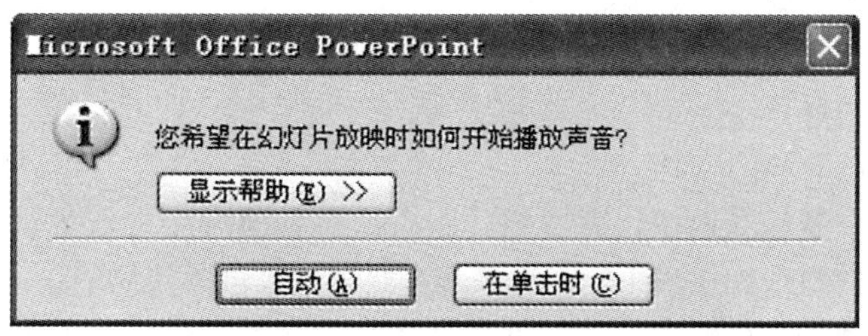

图 5—40

录制声音旁白：在录制旁白之前，须准备一个话筒。然后做以下操作：

(1) 单击“幻灯片放映”菜单中的“录制旁白”命令。

屏幕上会出现对话框，显示可用磁盘空间以及可录制的分钟数，如图 5—41 所示。

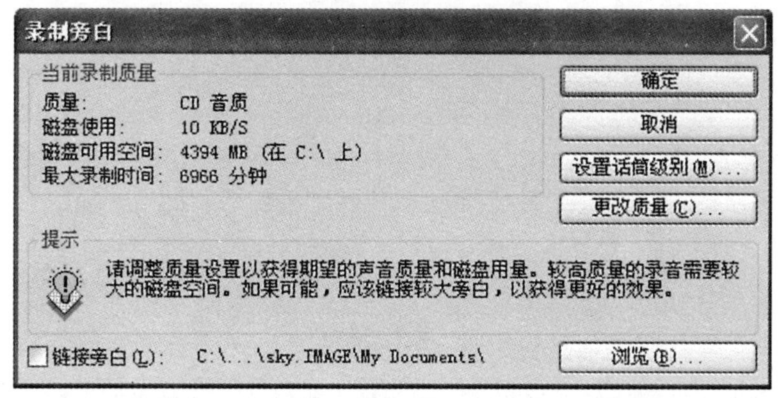

图 5—41

(2) 如果是首次录音，则单击“设置话筒级别”，并按照说明来设置话筒的级别。

如果要作为嵌入对象在幻灯片上插入旁白并开始录制，则单击“确定”按钮。

如果要作为链接对象插入旁白，则选中“链接旁白”复选框，再单击“确定”开始录制。

(3) 运行此幻灯片放映，并添加旁白。在幻灯片放映结束时，会出现一条信息。

7. 幻灯片的插入

(1) 插入新幻灯片。

当制作一个演示文稿时，有可能需要在已存在的两个幻灯片之间插入一个新的幻灯片，执行下列操作之一，均可插入新幻灯片：

①单击“插入”菜单中的“新幻灯片”命令，会在当前幻灯片下新建一个空白的“标题和文本”版式幻灯片。

②单击格式工具栏上的“新幻灯片”按钮，会在当前幻灯片下新建一个空白的“标题和文本”版式幻灯片。

③按 Ctrl+M 组合键或按 Enter 键，会在当前幻灯片下新建一个空白的“标题和文本”版式幻灯片

（2）插入已有的幻灯片。

如果在一个演示文稿中，需要用到一个已在其他演示文稿中讲过的内容，那么只需把所需的幻灯片从当中插入进来就可以了，具体操作如下：

①单击“插入”菜单中的“幻灯片（从文件）”命令，在弹出的“幻灯片搜索器”对话框中选择“搜索演示文稿”选项卡，如图 5—42 所示。

图 5—42

②单击“浏览”按钮选择要插入的文件，然后单击“显示”按钮，用来显示每张幻灯片的缩略图，这样不用在“幻灯片视图”或“幻灯片浏览视图”中把该文件打开，只是浏览该演示文稿的缩略图。

③选择其中的一张或多张幻灯片，单击“插入”按钮，幻灯片就插入到当前的演示文稿中了。

8. 幻灯片的移动

在操作中可以用剪切、复制和粘贴的方法来移动幻灯片，也可以用拖动的方法来实现。

（1）用剪切（复制）、粘贴的方法来移动幻灯片。

切换到“幻灯片浏览视图”，单击选择所要移动的幻灯片（按 Shift 键可以同时选择连续多个幻灯片），单击“编辑”菜单下的“剪切”命令，在“幻灯片浏览

视图”中，选择要移动幻灯片的目标位置，单击“编辑”菜单中的“粘贴”命令。

(2) 用拖动的方法来移动幻灯片。

切换到“幻灯片浏览视图”，单击选择所要移动的幻灯片（一张或多张），移动鼠标使其指针指向所选中的任一张幻灯片，按下鼠标左键不放，拖动鼠标，把幻灯片拖到所需的位置。

习　题

上机实践

制作一张母亲节贺卡，如图 5—43 所示。

图 5—43

任务 3　演示文稿外观的设置

为了使演示文稿的风格一致，可以设置它们的外观。PowerPoint 2003 提供的配色方案、设置模板和母版功能，可方便地对演示文稿的外观进行调整和设置。

幻灯片的母版类型包括幻灯片母版、标题母版、讲义母版和备注母版。幻灯片母版用来控制幻灯片上输入的标题和文本的格式与类型。标题母版用来控制标题幻灯片的格式和位置。对母版所做的任何改动，都应用于使用此母版的幻灯片，若想只改变单个幻灯片的版面，只要对该幻灯片做修改就可以了。

🕮任务概述

通过对“阳春八景 . ppt”演示文稿的编辑，让大家懂得如何设置配色方案。

🕮任务概述

通过对“阳春八景.ppt”演示文稿的编辑，向学生介绍编辑配色方案的方法。

🕮任务实施

1. 在幻灯片母版中为演示文稿编辑配色方案

（1）单击“文件”菜单中的“打开”命令，出现打开文件对话框，在对话框中找到“阳春八景.ppt”文件，并单击“打开”按钮，如图 5—44 所示。

图 5—44

（2）单击“视图”菜单下的“母版”下的“幻灯片母版”命令，出现母版视图，如图 5—45 所示。

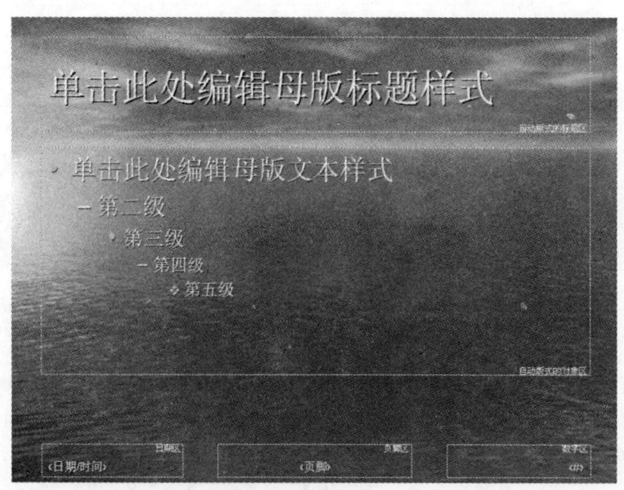

图 5—45

(3) 单击“格式”菜单下的“幻灯片设计”命令，右边出现如图 5—46 所示面板。

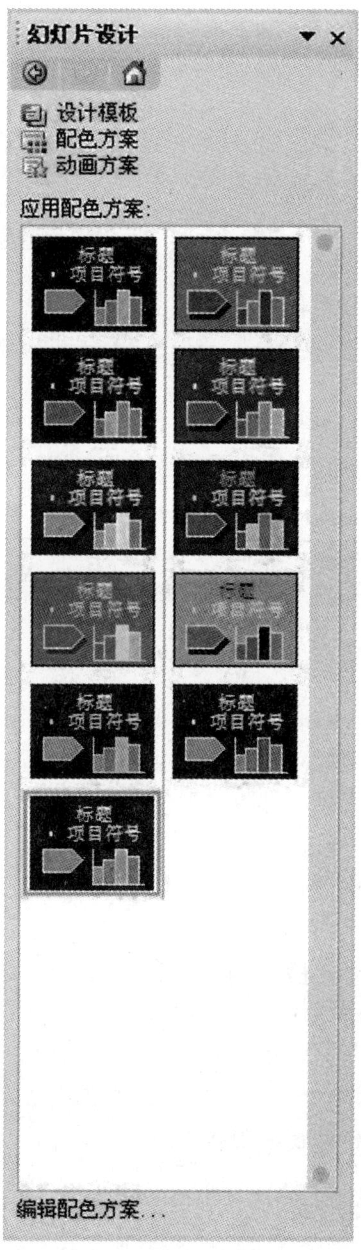

图 5—46

(4) 单击面板中的“配色方案”按钮，单击“应用配色方案”下的第一种方案，再单击下面的“编辑配色方案”按钮，出现如图 5—47 所示对话框。

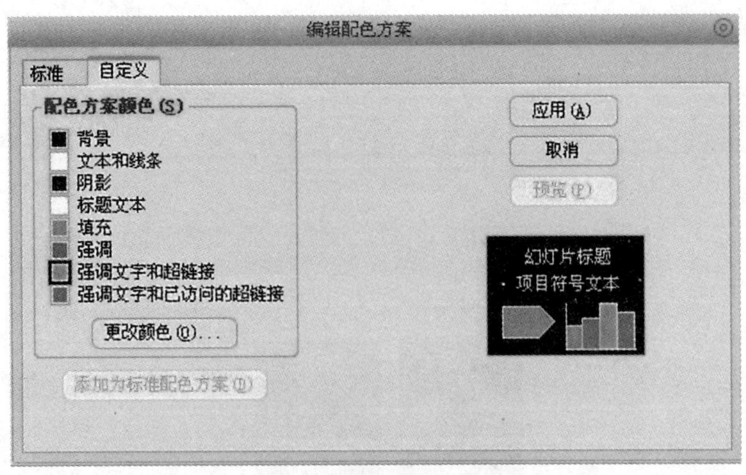

图 5—47

（5）单击“强调文字和超链接→更改颜色”按钮，将颜色改为“淡绿色”，接着单击“应用”按钮。

（6）单击“关闭母版视图”按钮，回到“普通视图”。

（7）单击“文件”菜单下的“保存”命令，将文件以原文件名保存。

🕮知识链接

为了使演示文稿在现场放映时能够较好地表达出设计者的意图，针对不同的演示内容选择不同风格的幻灯片外观是十分必要的。PowerPoint 2003 提供了 3 种可以控制演示文稿外观的途径：母版、配色方案和设计模板。

1. 母版的类型

幻灯片母版：在幻灯片母版中所添加的对象（如添加的图片，页眉和页脚等）都会作用到每张基于该母版的非标题版式的幻灯片上。

标题母版：可以控制标题版式幻灯片的格式和位置，对标题母版的修改不会影响到其他非标题版式的幻灯片。

讲义母版：用于控制所打印的讲义外观，对讲义母版的修改只能在打印的讲义中得到体现。

备注母版：可以控制备注页的版式。

2. 幻灯片母版

打开演示文稿：在“视图”菜单下，选择“母版”，此时可以选择“幻灯片母版”、“讲义母版”和“备注母版”。

我们以“幻灯片母版”为例。单击“幻灯片母版”或者按住“Shift”键不放，单击视图模式按钮的第一个按钮，则显示如图 5—48 所示的“幻灯片母版”工具。其中在“幻灯片母版视图”工具栏的第二个按钮就是“插入新标题母版”，可以设置“标题母版”。

图 5—48

幻灯片母版分为 5 个区域：标题区、对象区、日期区、页脚区和数字区，如图 5—49 所示。

3. 讲义母版

讲义母版的作用是使用户可以按讲义的格式打印演示文稿（每个页面可以包含一、二、三、四、六或九张幻灯片），该讲义可供听众在以后的会议中使用。讲义母版视图如图 5—50 所示。

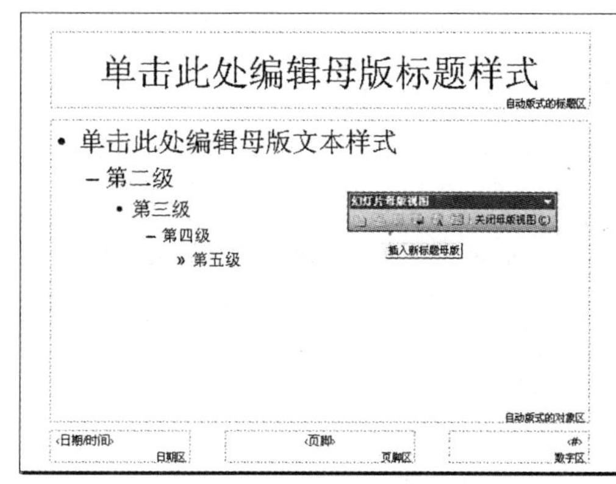

图 5—49

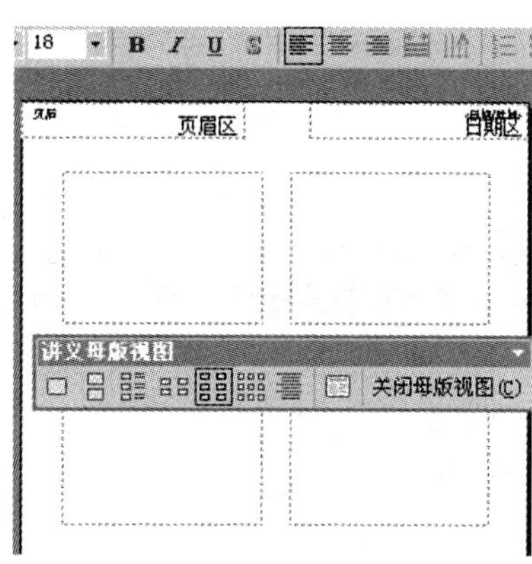

图 5—50

4. 设置默认的各级项目符号

为了在演示文稿中取得一致的风格，每个层次标题都有一致的各级项目符号，可以在幻灯片母版中设置默认的各级项目符号。具体操作如下：

（1）单击“视图”菜单下的“母版”下的“幻灯片母版”命令，将光标定位到目标行。

（2）单击“格式”菜单下的“项目符号和编号”命令，显示“项目符号和编号”对话框；或者将鼠标定位到目标行，单击鼠标右键，在快捷菜单中选择“项目符号和编号”命令，显示“项目符号和编号”对话框，如图 5—51 所示。

（3）在对话框中选择所需要的项目符号，如果没有看到所需要的项目符号，单击“自定义”按钮，选择所需的项目符号，接着单击“确定”就可以了。

5. 页眉和页脚的设置

编号、日期/时间和页脚文本是幻灯片的重要内容，通过幻灯片母版可以设置页眉页脚，具体操作如下：

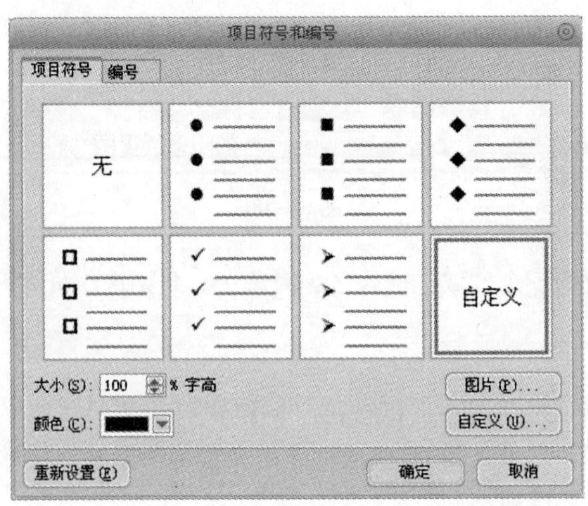

图 5—51

（1）单击“视图”菜单下的“母版”下的“幻灯片母版”命令，出现母板视图，在母版视图中，当鼠标指针变为可移动的四箭头时，可以将选定的区域拖动到所需的位置。

（2）单击编辑区，使其成为可编辑状态，此时就可以对内容进行修改了。

注意：如果在“页眉和页脚”对话框中输入了日期内容和页脚内容，在幻灯片母版的“日期区”和“页脚区”中输入文字内容，则在放映幻灯片时，两者都会同时显示出来。

6. 添加图片

具体操作如下：

（1）打开母版视图，在“插入”菜单下，选择“图片”子菜单，单击“来自文件”命令，显示“插入图片”对话框，如图 5—52 所示。

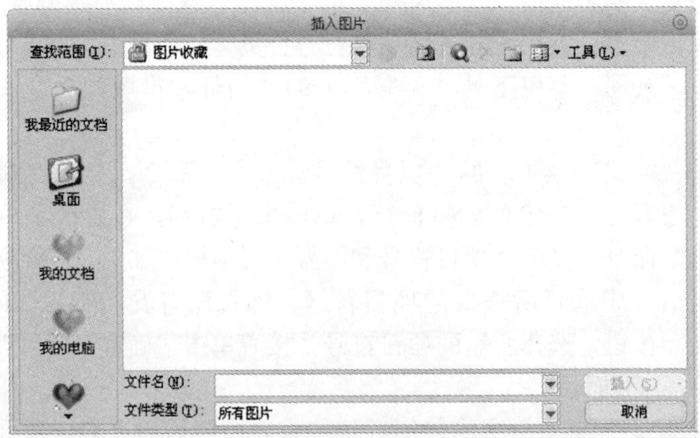

图 5—52

(2) 选择所要的图片，单击“插入”按钮。

(3) 调整图片大小并将图片拖到所需位置。

(4) 单击关闭母版视图即可。

7. 选择和自建设计模板

PowerPoint 2003 的模板文件在“Microsoft Office \ Templates \ Presentation Designs”下，其扩展名为 . pot。一般情况下，在创建一个新的演示文稿时，应先根据演示文稿的内容选择一种模板，在演示文稿建立之后，还可根据需要更换设计模板。也可以自己设计所需的模板并保存，以便在其他演示文稿中使用。

(1) 选择设计模板。

在“格式”工具栏上，单击“设计”。如果已打开“幻灯片设计”任务窗格并显示有配色方案或动画方案，则单击顶部的“设计模板”。

◆ 若要对所有幻灯片（和幻灯片母版）应用设计模板，则单击所需模板。

◆ 若要将模板应用于单个幻灯片，则选择“幻灯片”选项卡上的缩略图；在任务窗格中，指向并右击模板，再单击“应用于选定幻灯片”。

◆ 若要将模板应用于多个选中的幻灯片，则在“幻灯片”选项卡上选择缩略图，并在任务窗格中单击模板。

(2) 自建设计模板。

①打开一个最接近所需样式的演示文稿，删除演示文稿中的所有不需要的对象，以免这些不要的内容出现在新的模板中。

②为当前演示文稿中的幻灯片调整配色方案和填充效果。

③进入母版编辑状态，对母版中各占位符进行必要的调整，添加演示文稿各幻灯片中公共的文字和其他对象，调整项目符号和字体外观等。

④退出母版编辑状态后，利用“文件”菜单中的“另存为”命令，在“保存类型”中选择“演示文稿设计模板（*. pot）”保存该模板。

8. 设置配色方案

所谓配色方案就是指用于预设背景、文本、阴影、填充等颜色的色彩组合，由 8 种颜色组成，它能够应用于演示文稿中指定的幻灯片、备注页或听众讲义。

(1) 应用标准配色方案。

打开演示文稿，单击“格式”菜单下的“幻灯片设计”命令，再单击面板中的“配色方案”按钮，出现图 5—53 所示的幻灯片设计面板，在“幻灯片设计”任务窗格中的“应用配色方案”里有九种标准方案供选择，选择一个所需的方案，使其应用到幻灯片中，观看整体效果。

注意：在幻灯片浏览视图模式下，可利用“格式刷”按钮可以将一张幻灯片的配色方案复制到另一张幻灯片上。

（2）添加自定义配色方案。

如果当前配色方案不能满足需要，可以添加自定义的配色方案。

①打开演示文稿，在“幻灯片设计”任务窗格的最下方，单击“编辑配色方案”，弹出“编辑配色方案”对话框，选择“自定义”选项卡，出现图 5—54 所示的对话框。

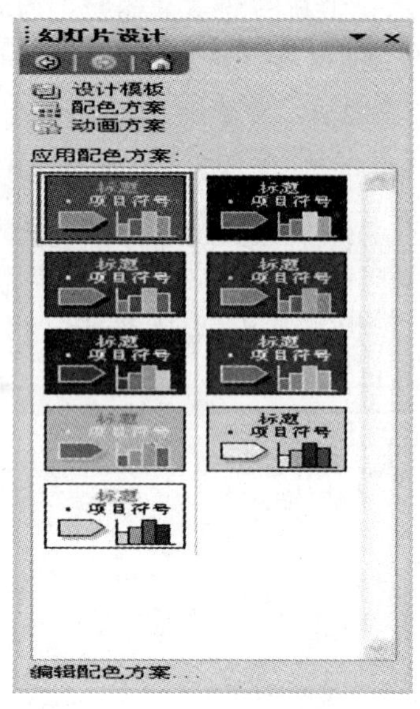

图 5—53

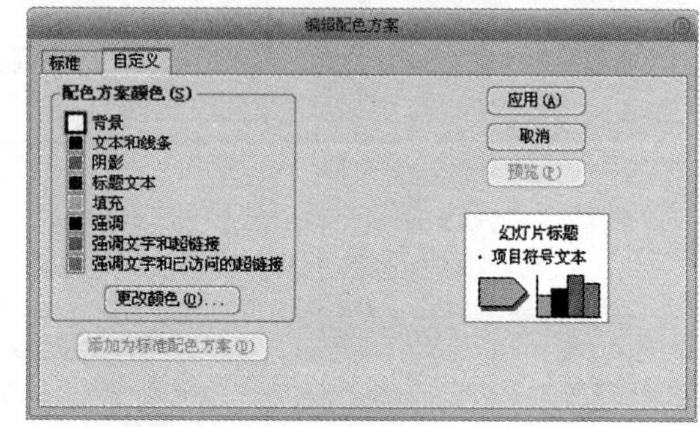

图 5—54

②单击所需要更改颜色的组件，如“背景”、“文本和线条”等，再单击“更改颜色”按钮，在弹出的“颜色”调色板对话框中选择所需的颜色就可以了。

注意：背景颜色方案应用于幻灯片的背景颜色中。

（3）删除配色方案。如果当前配色方案已不再使用，可以删除它。

打开演示文稿，打开“编辑配色方案”对话框，在“标准”选项卡中，右击要删除的配色方案，单击“删除配色方案”就可以了。

9. 设置幻灯片背景

同 Word 一样，PowerPoint 2003 可以自由选择单一颜色、渐变颜色、纹理、图案作为幻灯片的背景，也可以使用计算机中的图片作为幻灯片的背景。更改背景时，可以只应用于当前幻灯片，也可以应用于整个演示文稿。

（1）设置幻灯片的背景颜色。

进入幻灯片视图模式，选中所需要调整背景颜色的幻灯片，在“格式”菜单下选择“背景”命令，或将鼠标定位到幻灯片的背景上，单击鼠标右键，在弹出的快捷菜单中选择“背景”命令，显示“背景”对话框，如图 5—55 所示。

在“背景”对话框中单击“背景填充”的选项，从给定的颜色中选择所需要的颜色，单击“应用”按钮或“全部应用”按钮。“应用”按钮是指只应用该幻灯片，“全部应用”按钮是指应用于所有幻灯片。

（2）设置背景填充效果。

在“背景”对话框中，单击“背景填充”的下拉菜单后，在弹出的下拉列表框中选择“填充效果”选项，则显示“填充效果”对话框，如图 5—56 所示。在“填充效果”对话框中，通过“渐变”、“纹理”、“图案”和“图片”选项卡可以任意选择所需的背景填充效果。选择后单击“确定”按钮，可返回“背景”对话框。最后单击“应用”或“全部应用”按钮就可以了。

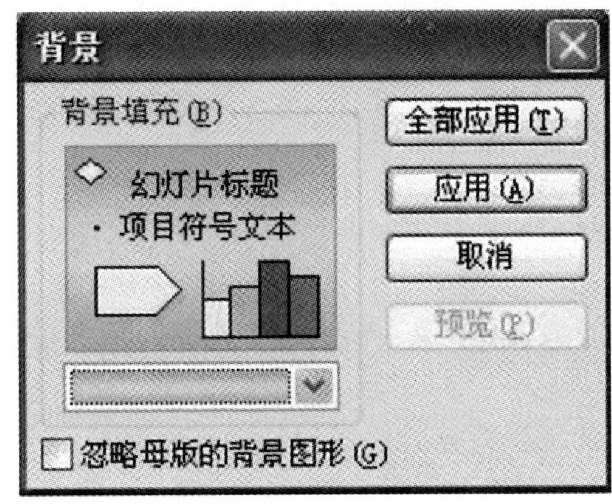

图 5—55

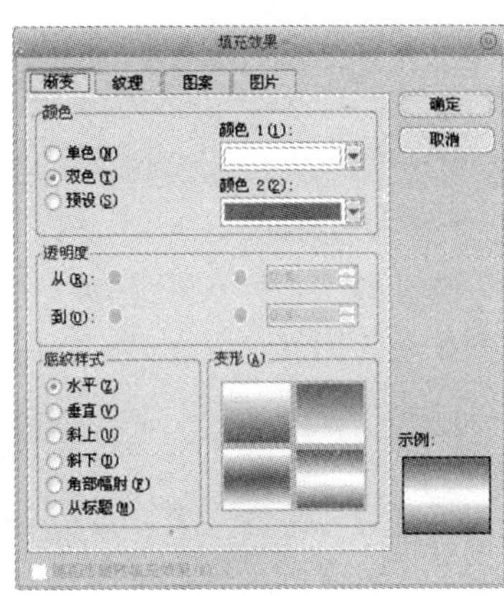

图 5—56

习　题

上机实践

按如下要求新建演示文稿：

1. 使用“根据内容提示向导”，选择类型为“常规”中的“推荐策略”，输出类型为“屏幕演示文稿”，演示文稿标题为“推荐策略”，其他为默认设置，创建该演示文稿。
2. 设置幻灯片母版的第 2 级项目符号为“项目编号和符号”中的第 2 行第 2 个，项目符号的颜色和大小不变。
3. 要求标题幻灯片的背景填充效果为“渐变”，颜色为“单色”，底纹样式为“从标题”。
4. 设置备注页的页眉为“推荐策略”。
5. 完成后以“推荐策略 . ppt”为文件名进行保存。

项目三　演示文稿的设置

演示文稿创建后，用户可以在投影仪或者计算机上进行演示，在演示的过程中，达到完美的展示效果。

能力目标

- 特殊效果和放映方式的设置；
- 演示文稿的打印、输出和打包。

任务 1　特殊效果和放映方式的设置

任务概述

通过对“阳春八景 . ppt”演示文稿的编辑，使大家看到一个有声音、超链接、动态效果的幻灯片。

任务概述

通过对“阳春八景 . ppt”演示文稿的编辑，让大家懂得如何在母版中创建动作按钮、对文本进行超链接和动画及放映方式的设置。

任务实施

1. 在幻灯片母版中为演示文稿创建动作按钮

（1）单击“文件”菜单中的“打开”命令，出现打开文件对话框，在对话框中找到“阳春八景 . ppt”文件，并单击“打开”按钮，如图 5—57 所示。

（2）单击“视图”菜单下的“母版”下的“幻灯片母版”命令，出现母版视图，如图 5—58 所示。

图 5—57

图 5—58

（3）单击“幻灯片放映”菜单下的“动作按钮”下的“开始”命令，菜单命令如图 5—59 所示。

（4）在母版中拖动鼠标，拖出一个开始“按钮”，并出现“动作设置”对话框，如图 5—60 所示，接着单击“确定”按钮。

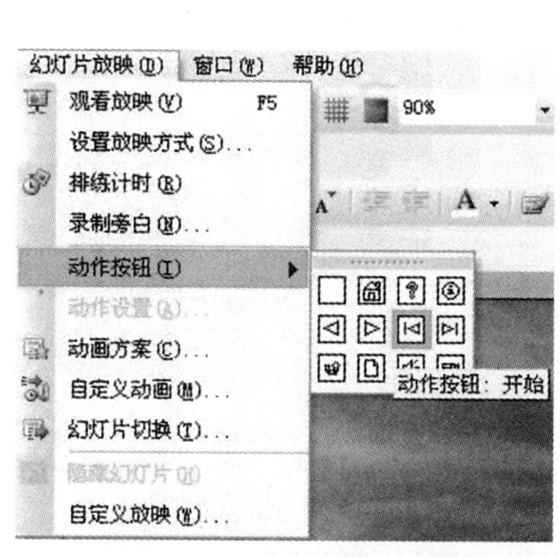

图 5—59

图 5—60

（5）双击按钮，打开“设置自选图形格式”对话框，在“颜色和线条”标签中，单击填充“颜色”下拉按钮中的“填充效果”，出现填充效果对话框，依次单击“图片”标签、“选择图片”按钮，在选择图片对话框中选择“凤凰朝阳 .jpg”图片，如图 5—61 所示，再单击两次“确定”按钮即可。

（6）与创建开始按钮一样，再创建“前进”、“后退”和“结束”三个按钮，并把它们移到左边，如图 5—62 所示。

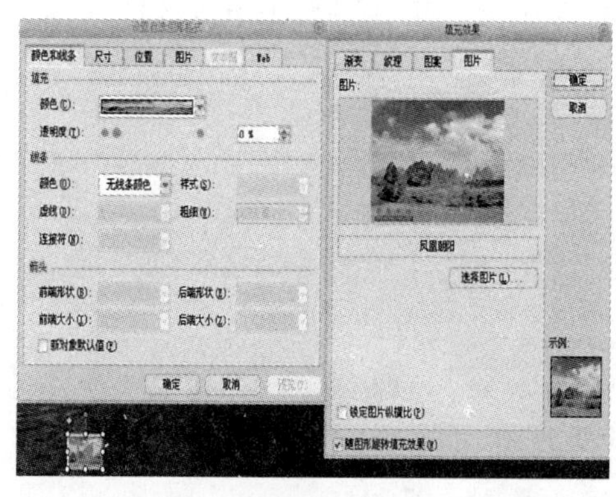
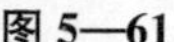

图 5—61

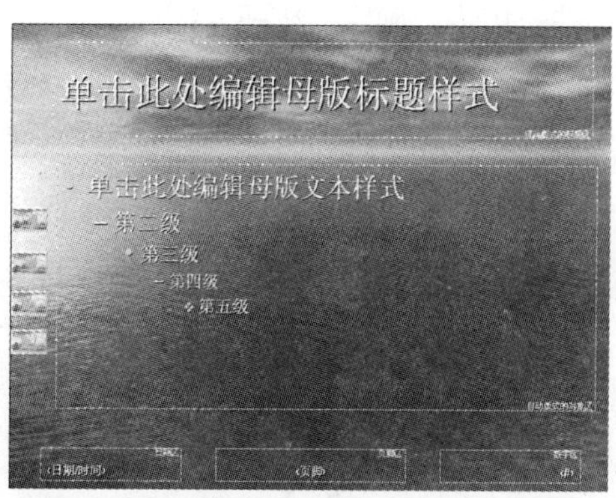

图 5—62

（7）单击“关闭母版视图”按钮，回到“普通视图”。

2. 创建超链接

(1) 单击第一张幻灯片，选定“凌霄秀色”几个字，单击“插入”菜单下的“超链接”命令，出现“插入超链接”对话框，单击对话框中的“本文档中的位置”，出现如图 5—63 所示的对话框。

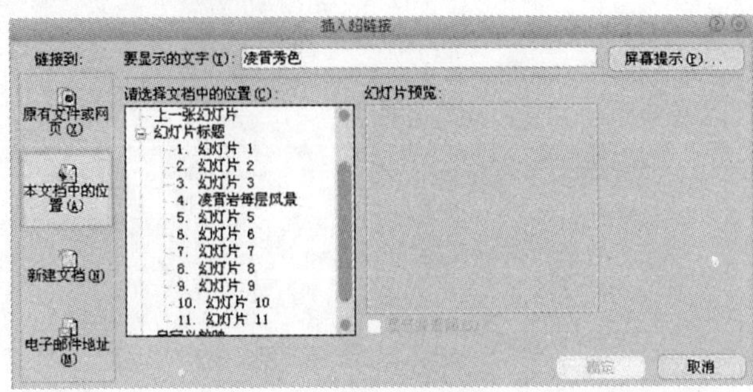

图 5—63

(2) 在“请选择文档中的位置”下面单击“2. 幻灯片 2”，接着单击“确定”按钮。

(3) 选定“鹅凰飘瀑”几个字，插入超链接到“5. 幻灯片 5”。

(4) 选定“春湾奇观”几个字，插入超链接到“6. 幻灯片 6”。

(5) 选定“东湖春晓”几个字，插入超链接到“7. 幻灯片 7”。

(6) 选定“崆峒禅踪”几个字，插入超链接到“8. 幻灯片 8”。

(7) 选定“漠阳古韵”几个字，插入超链接到“9. 幻灯片 9”。

(8) 选定“春都氡泉”几个字，插入超链接到“10. 幻灯片 10”。

(9) 选定“凤凰朝阳”几个字，插入超链接到“11. 幻灯片 11”。

(10) 单击第一张幻灯片，单击“插入”菜单下的“影片和声音”下的“文件中的声音”命令，出现如图 5—64 所示的对话框，单击“群星—阳春迎宾曲 .mp3”文件，单击“确定”按钮。插入声音对话框，如图 5—65 所示，再单击“自动”按钮。插入图标，把图标拖到右下角，如图 5—66 所示的位置。

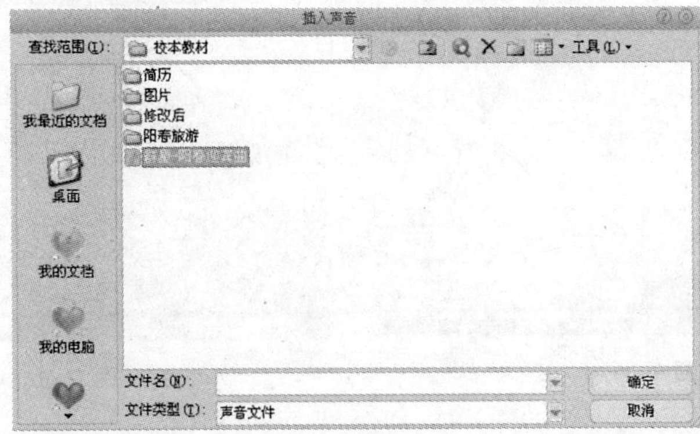

图 5—64

图 5—65

图 5—66

3. 设置动画效果

(1) 回到第一张幻灯片，单击“幻灯片放映”下的“自定义动画”命令，出现如图 5—67 所示的面板。

(2) 单击第一张幻灯片的声音图标，再单击自定义动画面板下的“添加效果”按钮，出现如下菜单命令，单击“进入”下的“飞入”命令，出现如图 5—68 所示面板。

(3) 单击“开始”下拉按钮，选择“之后”，如图 5—69 所示，再双击面板上的“群星—阳春迎宾曲”，出现播放声音对话框，设置如图 5—70 所示。

(4) 单击“计时”标签，设置如图 5—71 所示对话框。

(5) 单击“声音设置”标签，如图 5—72 所示。

图 5—67

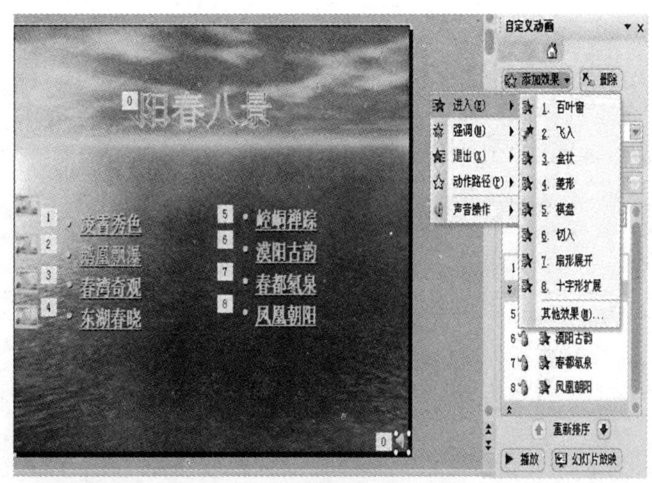

图 5—68

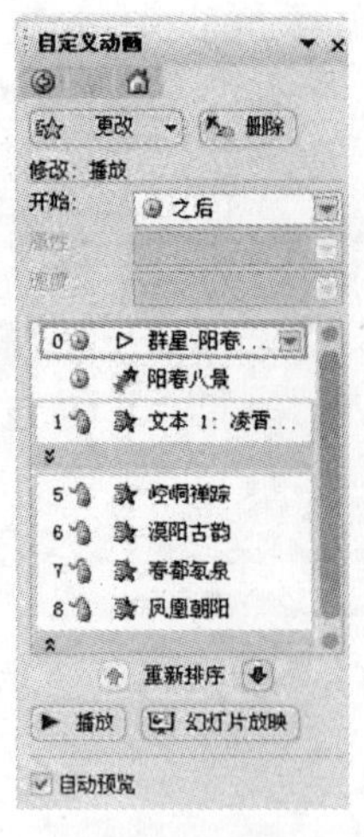

图 5—69

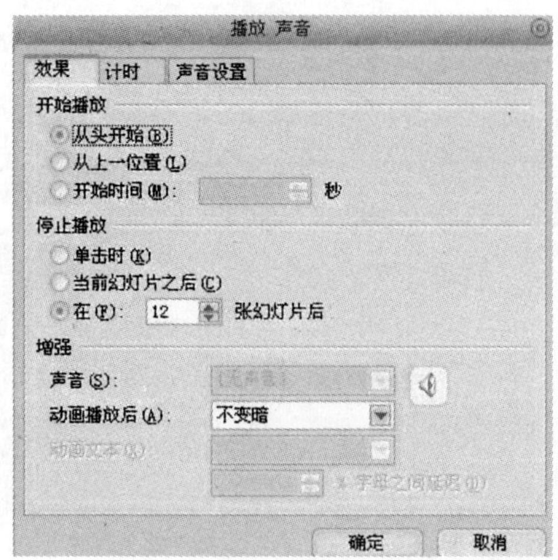

图 5—70

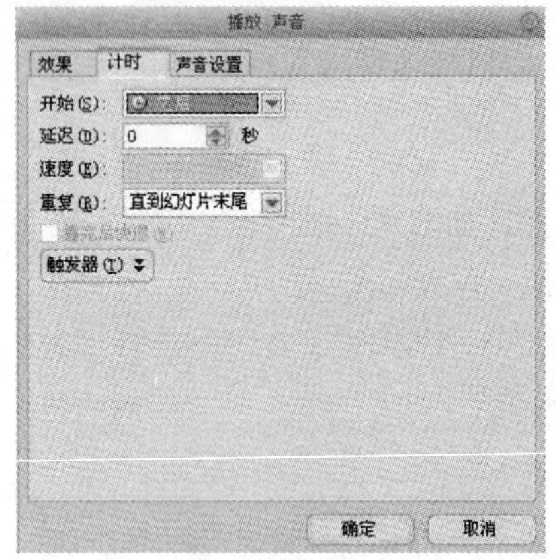

图 5—71

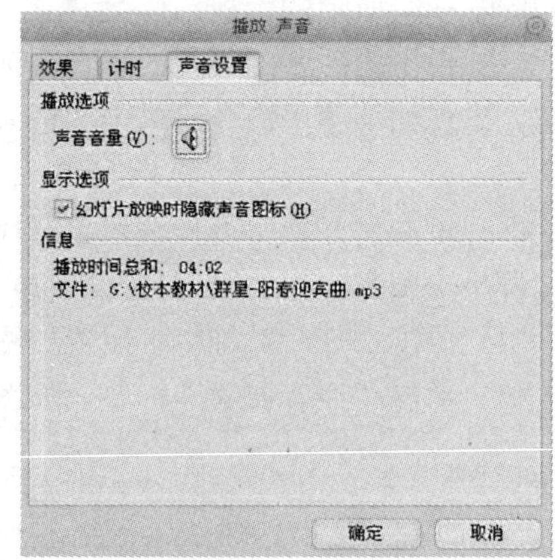

图 5—72

（6）选择第一张幻灯片中的“阳春八景”几个字，单击“幻灯片放映”下的“自定义动画”命令，再单击“添加效果”下的“进入”下的“飞入”命令，菜单命令如图 5—73 所示，设置如图 5—74 所示。

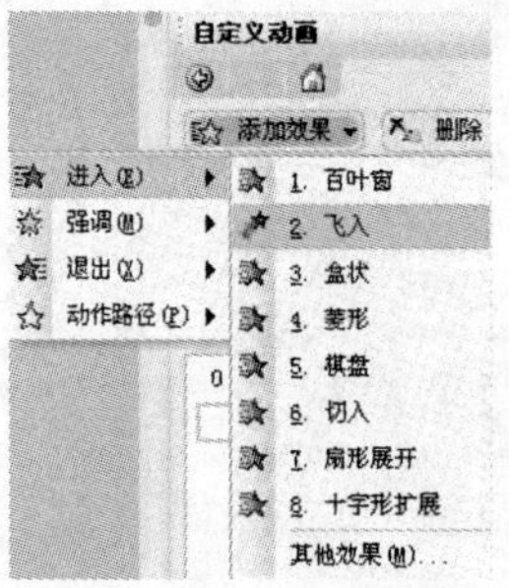

图 5—73

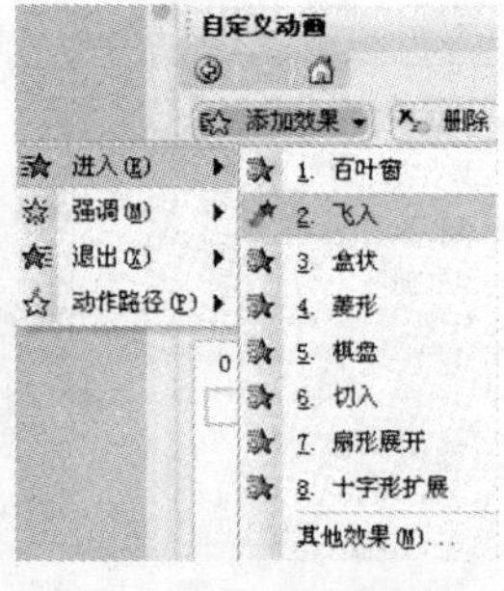

图 5—74

(7) 分别选择第一张幻灯片的两个文本框，设置动画效果与上一步设置相同。设置进入效果都是从底部中速飞入，开始选择“之后”，效果如图 5—75 所示。

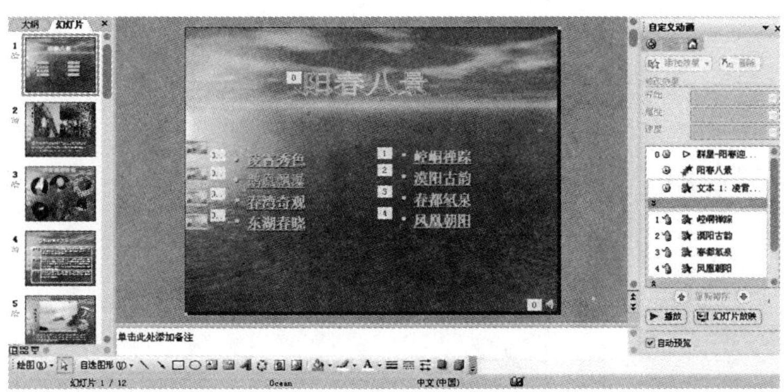

图 5—75

(8) 其余 11 张幻灯片也和第一张幻灯片设置一样，可以设置不同的进入方式。

(9) 单击“幻灯片放映”下的“幻灯片切换”命令，右边的切换面板设置如图 5—76 所示。

(10) 单击切换面板中的“应用于所有幻灯片”按钮。

4. 保存文件

单击“文件”菜单下的“保存”命令，将编辑后的文件以原文件名保存。

📖知识链接

1. 设置对象的动画效果

幻灯片中的所有对象，包括文本、图像、图表等都可以设置动画效果。动画效果为幻灯片上的文本、图片和其他内容赋予动作。除添加动作外，它们有助于吸引观众的注意力，突出重点，在幻灯片间切换以及通过将内容移入和移走来最大化幻灯片空间。如果使用得当，动画效果将带来典雅、趣味和惊奇。在设计动画时，有两种不同的动画设计：一是幻灯片内的，一种是幻灯片间的。

(1) 幻灯片内的动画设计。

动画效果设置包括预设动画方案和自定义动画两种。

①预设动画方案：选中内容，单击“幻灯片放映”下的“动画方案”命令，如图 5—77 所示，在窗格中选中需要的动画方案即可。

②自定义动画：自定义动画比预设动画方案适用于更多的对象。

单击“幻灯片放映”菜单下的“自定义动画”命令，在“自定义动画”面板中进行设置。单击“添加效果”标签，菜单如图 5—78 所示，设置对象的各种动画效果，设置如图 5—79 所示。

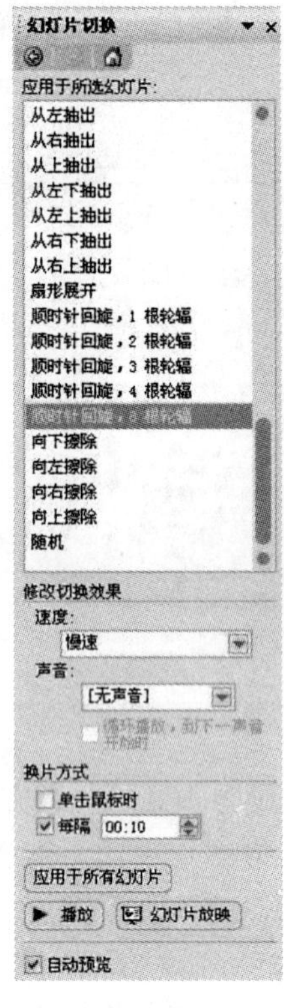

图 5—76

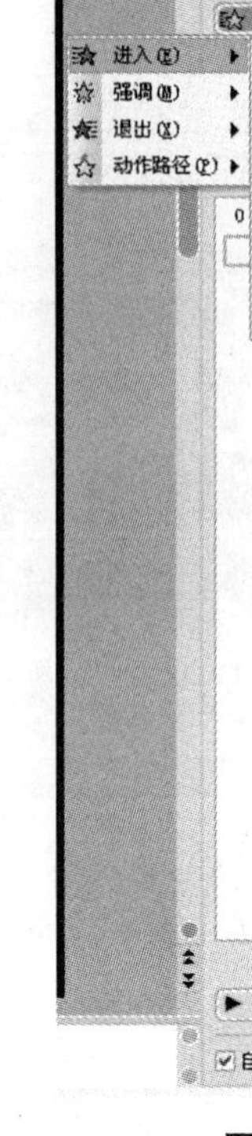

图 5—77

图 5—78

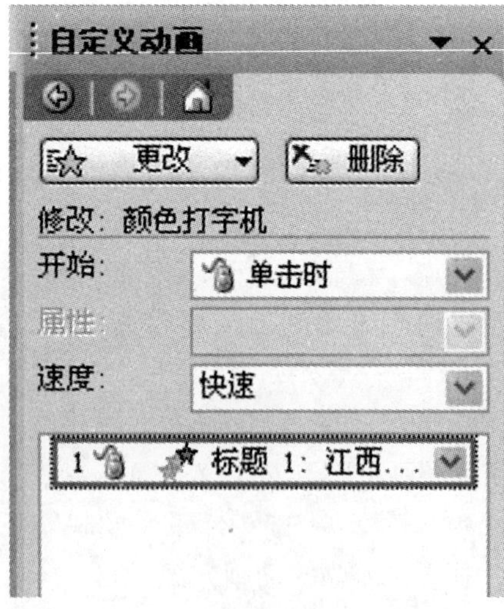

图 5—79

单击对象右侧的下拉按钮，设置对象动画效果的顺序和时间，如图 5—80 所示。

（2）幻灯片间的动态切换。

切换到“幻灯片浏览视图”，选中需要设置动态切换效果的幻灯片，单击“幻灯片放映”菜单下的“幻灯片切换”命令，选中速度、效果、声音等选项，设置效果如图 5—81 所示。

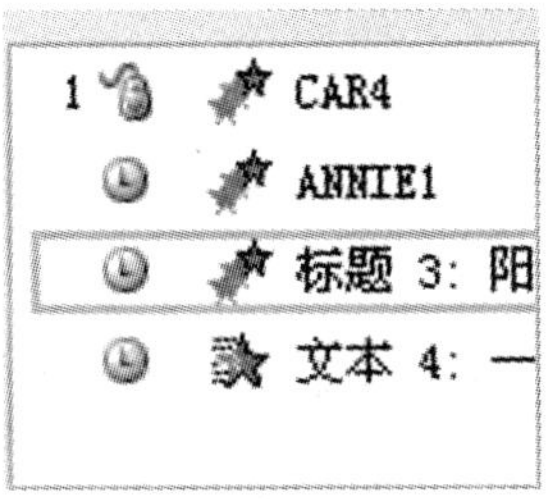

图 5—80

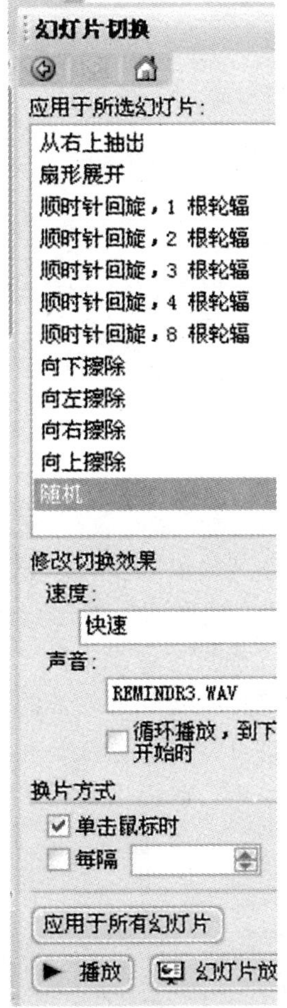

图 5—81

2. 设置超链接

在演示文稿中建立超级链接的方法有三种：使用“动作设置”、使用“动作按钮”和“插入超链接”。

（1）使用“动作设置”。

①在幻灯片中选定要插入超级链接的任意对象。

②单击“幻灯片放映”菜单下的“动作设置”命令，或者右击选定的要插入超链接的对象，在弹出的快捷菜单中单击“动作设置”命令，弹出“动作设置”

对话框，如图 5—82 所示。

③在“单击鼠标”标签中，选择“超链接到”选项，并打开下拉列表框，从中选定超级链接到的目标，如图 5—83 所示。

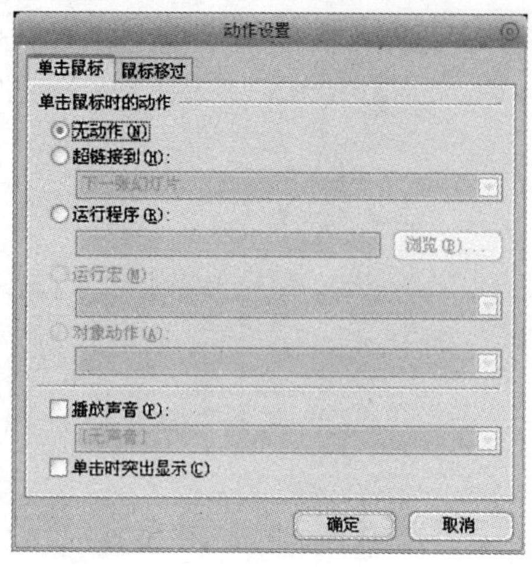

图 5—82

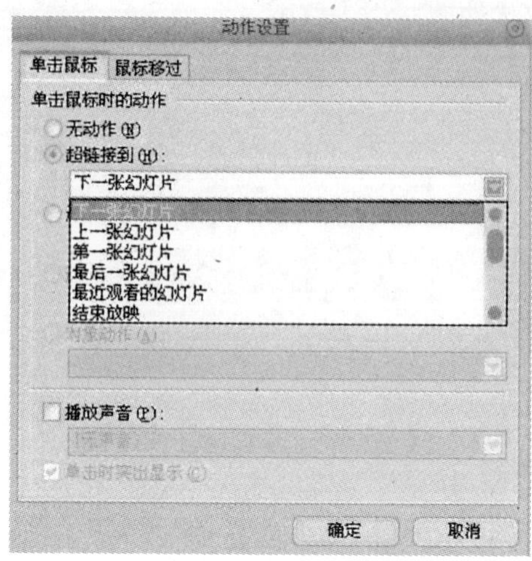

图 5—83

④单击“确定”按钮，便完成了当前超级链接的动作设置，如图 5—84 所示。

(2) 在幻灯片母版中建立动作按钮。

单击“视图”菜单中的“母版”下的“幻灯片母版”命令，在母版视图中，单击“幻灯片放映”菜单下的“动作按钮”下的任一按钮，按住鼠标不放，并拖动鼠标，即可得到所需的按钮，并出现动作设置对话框，如图 5—85 所示，设置按钮的链接目标，单击“确定”按钮。

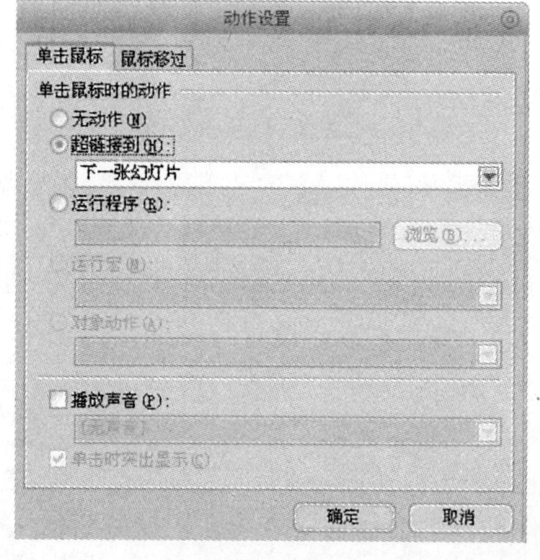

图 5—84

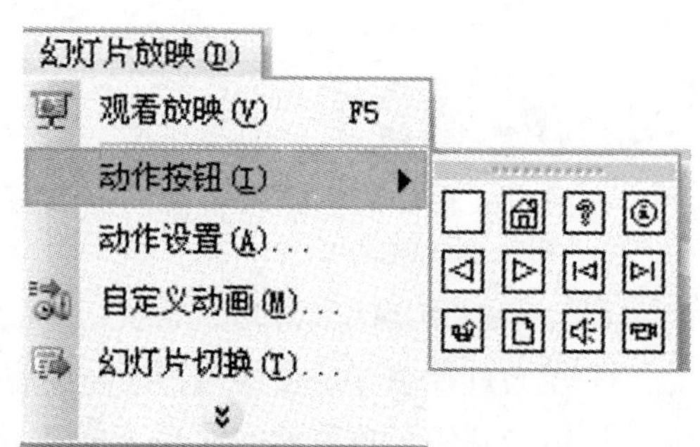

图 5—85

（3）插入超链接。

在幻灯片中选定要插入超级链接的对象，单击“插入”菜单中的“超链接”命令，或者用鼠标右击选中对象，在弹出的快捷菜单中选择“超链接”命令，如图 5—86 所示，选定要链接到的目标即可。

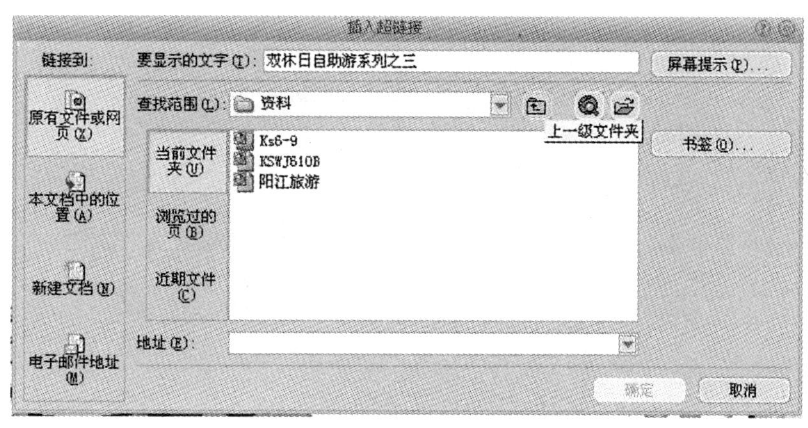

图 5—86

3. 幻灯片的放映

演示文稿创建后，用户可以根据使用的不同设置，不同的放映类型进行放映。

（1）单击“幻灯片放映”菜单下的“设置放映方式”命令，或按 Shift 键再按“幻灯片放映”按钮，就可以弹出“设置放映方式”对话框，如图 5—87 所示。

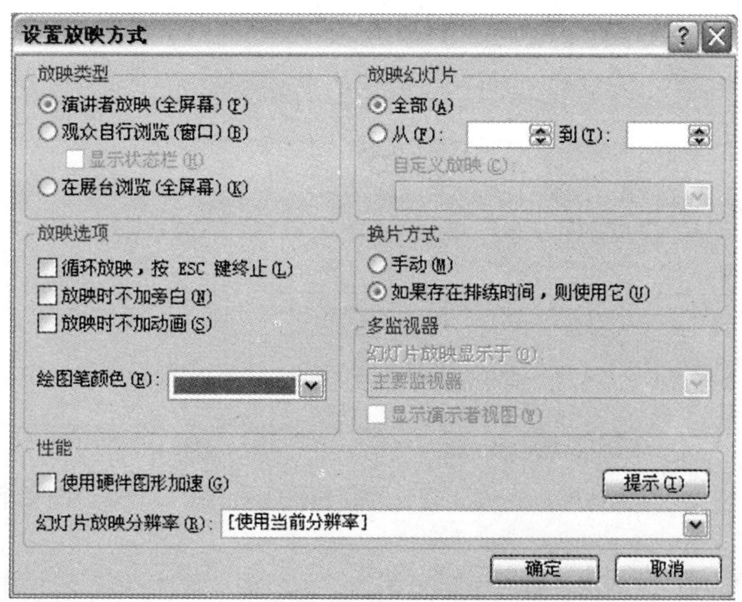

图 5—87

（2）自定义放映方式的设置。

单击“幻灯片放映”菜单下的“自定义放映”命令，出现“自定义放映”对话框，如图 5—88 所示，在对话框中单击“新建”按钮，输入自定义放映的名称，选中幻灯片，并单击“添加”按钮，接自己需要的顺序选择幻灯片，完成后单击“确定”即可。

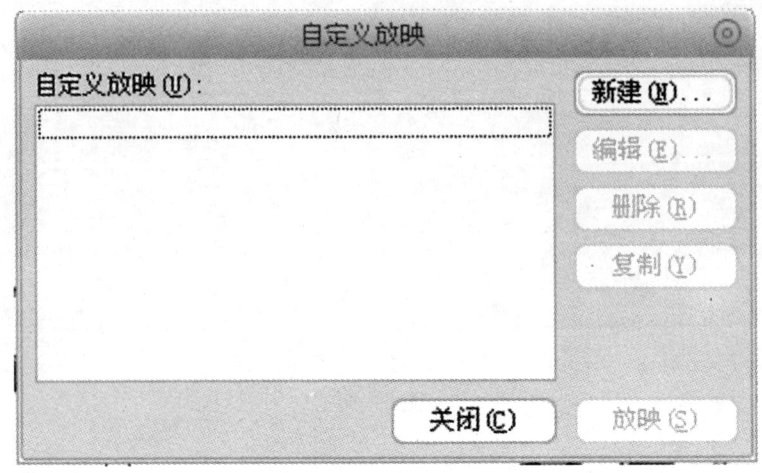

图 5—88

习　题

上机实践

1. 根据要求完成如下操作：

（1）使用“根据内容提示向导”，选择类型为“常规”中的“推荐策略”，其他为默认设置，创建该演示文稿“推荐策略 . ppt”。

（2）设置标题幻灯片的标题文本动画为：在上一事件后 0 秒自动播放；效果为“盒状”。

（3）设置所有的幻灯片的切换效果为“随机”；速度为“中速”；换页方式为“单击鼠标”换页；声音为“鼓掌”。

2. 新建演示文稿 ys. ppt，按下列要求完成对此文稿的修饰并保存。

（1）新建“文本与剪贴画”版式幻灯片，输入主标题“汽车”，设置字体，字号为楷体- GB2312、40 磅，输入剪贴画。

（2）给幻灯片中的汽车设置动画效果为“从右侧慢速飞入”，设置声音效果为“推动”。

任务 2　演示文稿的打印与输出

📖任务概述

对阳春八景进行编辑，让大家知道设置幻灯片页眉和页脚的方法。

📖任务概述

一张设置了页眉和页脚的幻灯片，可以使大家在放映的过程中清楚放映的进程。

📖任务实施

（1）单击“文件”菜单下的“打开”命令，打开“阳春八景.ppt”文件。

（2）单击“视图”菜单，选定“页眉和页脚”，出现“页眉和页脚”对话框，设置如图 5—89 所示。

（3）单击“文件”菜单下的“页面设置”命令，出现如图 5—90 所示的对话框。

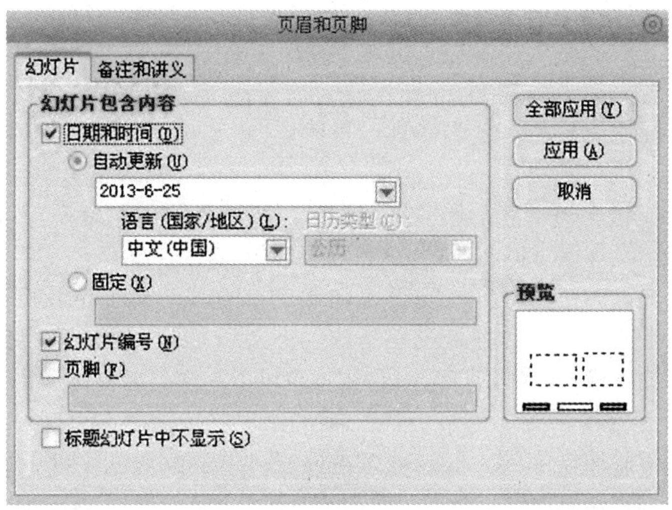

图 5—89

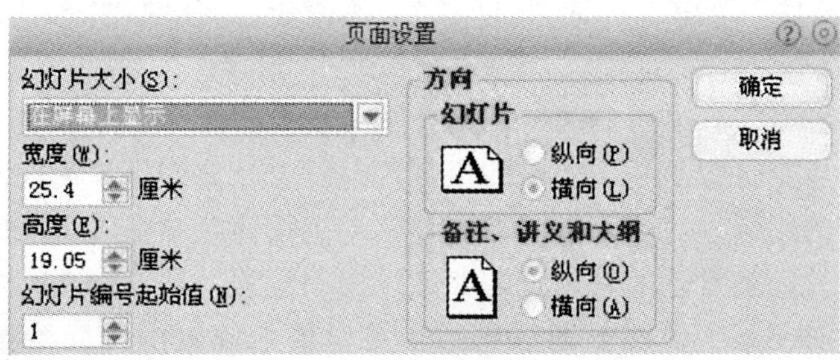

图 5—90

（4）单击“文件”菜单下的“保存”命令，将文件以原文件名保存。

📖知识链接

1. 页面设置

单击“文件”菜单下的“页面设置”命令，出现如图 5—91 所示的“页面设置”对话框，在此可以设置幻灯片的宽度、高度，幻灯片编号起始值，幻灯片的打印方向以及备注页、讲义和大纲的打印方向等选项。

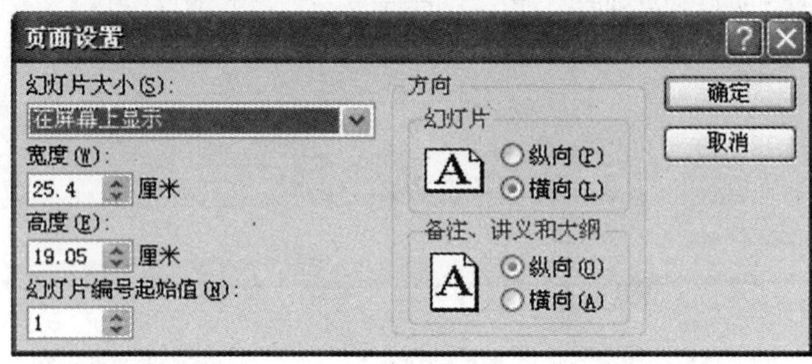

图 5—91

设置幻灯片大小：在“页面设置”对话框的“幻灯片大小”下拉列表框中进行选择。

设置幻灯片编号起始值：在“页面设置”对话框的“幻灯片编号起始值”文本框中可设置幻灯片编号的起始值。

设置幻灯片方向：在幻灯片的打印设置中，可以设置两种不同的方向，一种是设置幻灯片的方向，另一种是设置备注、讲义和大纲页面的方向。由于是两种设置，因此即使在横向打印幻灯片时，用户也可以纵向打印备注和讲义。

2. 打印演示文稿

在演示文稿制作完毕后，不但可以在计算机上放映展示文稿，也可以将幻灯片打印出来供浏览和保存。

如果要开始打印演示文稿，首先要把打印的演示文稿显示在 PowerPoint 2003 中，然后从“文件”菜单中选择“打印”菜单命令，出现如图 5—92 所示的“打印”对话框。

（1）在“名称”下拉列表框中，选择所要使用的打印机。通过设置“打印范围”栏，可以指定打印演示文稿中的全部幻灯片、当前幻灯片或选定幻灯片。如果要打印选定的幻灯片，可单击“幻灯片”单选按钮，并在其右侧的文本框中输入对应的幻灯片的编号。如果是打印非连续的幻灯片，则可输入幻灯片编号，并以逗号分隔。对于某个范围的连续编号，可以输入该范围的起始编号和终止编号，并以连字符相连。例如，打印第 2，5，6，7 号幻灯片，则在文本框中输入

“2，5-7”。

图 5—92

(2) 在“打印”对话框中有几个复选框：选择“根据纸张调整大小”复选框，可根据打印页面调整幻灯片的大小；选择“幻灯片加框”复选框，可以在打印每一张幻灯片时，添加一个细的边框，如果希望使用投影仪显示幻灯片，就可以使用此选项；如果要打印审阅者批注，则选中“包括批注页”复选框；选择“打印隐藏幻灯片”复选框，可以打印在“幻灯片放映”菜单中用“隐藏幻灯片”菜单命令隐藏的幻灯片，如果演示文稿中没有隐藏的幻灯片，则该选项不可用。

3. 打印讲义和备注页面

(1) 打开要打印讲义的演示文稿。单击“文件→打印”菜单命令，打开“打印”对话框。从对话框中的“打印内容”下拉列表框中选择“讲义”选项。

(2) 单击“讲义”选项栏中的“垂直”单选按钮，可将幻灯片纵向排列。

(3) 如果要打印备注页，从“打印内容”下拉列表框中选择“备注页”选项即可。

4. 打印大纲

如果要打印大纲视图中显示的演示文稿的大纲，则可从“打印”对话框的“打印内容”下拉列表框中选择“大纲视图”选项。在打印大纲时，所有“大纲”窗口中显示的细节都能打印出来，但不打印折叠项。

5. 演示文稿的打包

PowerPoint 2003 提供的打包工具可以将演示文稿、其中所链接的文件、嵌入的字体以及 PowerPoint 播放器打包一起刻录存入磁盘，打包后演示文稿可以在没有安装 PowerPoint 2003 的计算机上演示。将演示文稿打包的方法如下：

（1）打开要打包的演示文稿。

（2）选择“文件→打包成 CD”命令，打开“打包成 CD”对话框，如图 5—93 所示。

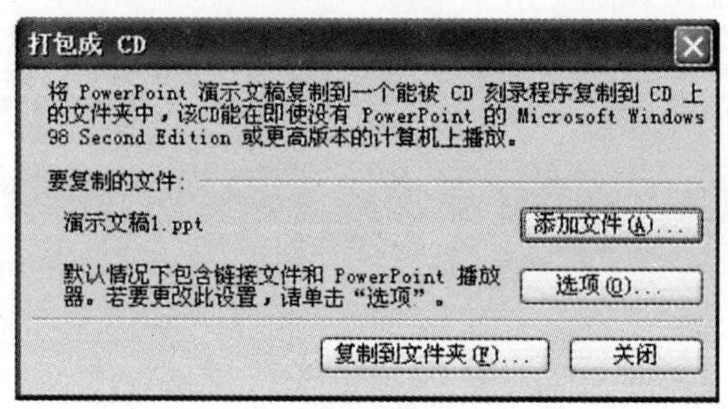

图 5—93

（3）在文本框中给要刻录的 CD 命名。

（4）如果还需要添加其他演示文稿可以选择“添加文件”命令，在弹出的“添加文件”对话框中找到所需文件即可。

（5）单击“选项”按钮，在弹出的“选项”对话框中可以决定打包文件中是否包含 PowerPoint 2003 播放器、是否包含链接的文件和嵌入的字体。如果需要保护打包的 PowerPoint 2003 文件，还可以在此设置打开密码和修改密码。

（6）设置好以后就可以选择“复制到文件夹”或“复制到 CD”命令将文件打包。

习　题

一、选择题

1. 在 PowerPoint 2003 中，幻灯片母版是（　　）。

   A. 演示文稿中的第一张幻灯片

   B. 演示文稿中用于控制幻灯片尺寸的特殊幻灯片

   C. 用于统一演示文稿中各种特殊格式的幻灯片

   D. 用于生成其他幻灯片的特殊的幻灯片

2. 在当前幻灯片中添加动作按钮，是为了（　　）。

   A. 增加演示文稿中内部幻灯片中转的功能

   B. 让幻灯片中出现真正的动画

C. 设置交互式的幻灯片，使得观众可以控制幻灯片的放映
D. 让演示方向所有幻灯片有一个统一的外观

3. 如果希望幻灯片切换时间是由放映过程时记录下的，则可以使用（　　）功能来设置。
A. 幻灯片设置　　B. 幻灯片放映　　C. 幻灯片切换　　D. 排练计时
4. 在组织结构图工具栏中的“插入形状”下拉列表中，没有（　　）级别选项。
A. 上级　　B. 下属　　C. 同事　　D. 助手
5. 下列不是 PowerPoint 2003 的视图的是（　　）。
A. 普通视图　　B. 浏览视图　　C. 页面视图　　D. 放映视图
6. 下面的（　　）放映类型是以窗口模式运行的。
A. 在展台浏览　　B. 演讲者放映　　C. 观众自行浏览　　D. 自定义放映
7. 通过修改（　　）可以将所有幻灯片的背景设置为相同。
A. 页眉页脚　　B. 大纲视图　　C. 替换　　D. 幻灯片母版
8. 打开“自定义动画”对话框可以通过（　　）实现。
A. “插入”菜单　　B. “格式”菜单　　C. “工具”菜单　　D. 右键快捷菜单
9. 要退出正在播放的幻灯片，可以通过（　　）键完成。
A. Esc　　B. Ctrl　　C. Shift　　D. Space
10. “应用设计模板”应该在（　　）进行设置。
A. 新建文稿时　　B. 编制文稿过程中
C. 文稿编制完毕后　　D. 任何时候都可以

二、填空题

1. 一个演示文稿就是一个 Powerpoint 文件，PowerPoint 2003 演示文稿的扩展名为________。
2. Powerpoint 2003 在普通视图下，包含了 3 种窗格，分别为________、________和________。
3. 在 PowerPoint 2003 中，播放幻灯片可以使用________快捷键。
4. 在幻灯片浏览视图中，用鼠标拖动法复制幻灯片时，要同时按住________键。
5. 如要在幻灯片浏览视图中选择多张幻灯片，应先按住________键，再分别单击各张幻灯片。

三、上机实践

为了感恩父母，给父母制作一张贺卡，贺卡主题为“感恩父母”，在贺卡中要有想和父母所说的话，并且要用到背景、图片、动画、声音等形式，使贺卡“动”起来。

第六章　互联网的基础知识

项目一　认识 Internet

能力目标

- 了解互联网的基本概念和功能；
- 了解 IP 地址的构成及分类；
- 掌握正确配置 TCP/IP 协议；
- 掌握如何接入 Internet。

任务 1　Internet 基础知识

🕮任务概述

互联网（Internet）是一组全球信息资源的总汇。它是由许多小的网络（子网）互联而成的一个逻辑网，每个子网中连接着若干台计算机（主机）。

🕮任务实施

1. 计算机网络的概念

计算机网络就是利用通信设备和线路将地理位置不同的、功能独立的多个计算机系统互联起来，以功能完善的网络软件实现网络中的资源共享和信息传输的系统。

根据网络结点分布的不同，计算机网络可分为局域网（Local Area Network，LAN）、广域网（Wide Area Network，WAN）和城域网（Metropolitan Area Network，MAN）。

局域网是一种在小范围内实现的计算机网络，一般在一个建筑物内，或一个工厂、一个事业单位内部，为单位独有。局域网距离可在十几千米以内，信道传输速率可达 1～20Mbps，结构简单，布线容易。

广域网范围很广，可以分布在一个省内、一个国家或几个国家。广域网信道传输速率较低，一般小于 0.1Mbps，结构比较复杂。

城域网是在一个城市内部组建的计算机信息网络，提供全市的信息服务。

2. Internet 的概念

Internet 是国际计算机互联网的英文简称。Internet 是一个全球性的计算机网络，它是由世界上数以万计的局域网、城域网及广域网互连而组成的一个巨型网络。它是一个跨越国界、覆盖全球的庞大网络。

互联网（Internet）、万维网（WWW）是两个容易混淆的概念。互联网、万维网二者的关系是：万维网是 Internet 的一部分，互联网范围最大，万维网范围最小。

3. Internet 功能

Internet 实际上是一个应用平台，在它的上面可以开展很多种应用，下面从七个方面来说明 Internet 的功能。

（1）信息的获取与发布。

Internet 是一个信息的海洋，通过它可以得到无穷无尽的信息，其中有各种不同类型的书库和图书馆，杂志期刊和报纸。网络还提供了政府、学校和公司企业等机构的详细信息和各种不同的社会信息。这些信息的内容涉及社会的各个方面，包罗万象，几乎无所不有。可以坐在家里了解到全世界正在发生的事情，也可以将自己的信息发布到 Internet 上。

（2）电子邮件（E-mail）。

平常的邮件一般是通过邮局传递，收信人要等几天（甚至更长时间）才能收到那封信。电子邮件和平常的邮件有很大的不同，电子邮件的写信、收信、发信都在计算机上完成，从发信到收信的时间以秒来计算，而且电子邮件几乎是免费的。同时，在世界上只要可以上网的地方，都可以收到别人寄给的邮件，而不像平常的邮件，必须回到收信的地址才能拿到信件。

（3）网上交际。

网络可以看成是一个虚拟的社会空间，每个人都可以在这个网络社会上充当一个角色。Internet 已经渗透到大家的日常生活中，可以在网上与别人聊天、交朋友、玩网络游戏，“网友”已经成为一个使用频率越来越高的名词，这个网友可以完全不认识，他（她）可能远在天边，也可能近在眼前。网上交际已经完全突破传统的交朋友方式，不同性别、年龄、身份、职业、国籍、肤色的全世界上的人，都可以通过 Internet 而成为好朋友，他们不用见面而可以进行各种各样的交流。

（4）电子商务。

在网上进行贸易已经成为现实，而且发展得如火如荼，如可以开展网上购物、网上商品销售、网上拍卖、网上货币支付等。它已经在海关、外贸、金融、税收、销售、运输等方面得到了应用。电子商务现在正向一个更加纵深的方向发展，随着社会金融基础设施及网络安全设施的进一步健全，电子商务将在世界上引起一轮新的革命。在不久的将来，将可以坐在计算机前进行各种各样的商业活动。

（5）网络电话。

中国电信、中国联通等单位推出 IP 电话服务，IP 电话成为一种很流行的电信产品而受到人们的普遍欢迎，因为它的长途话费大约只有传统电话的三分之一。IP 电话凭什么能够做到这一点呢？原因就在于它采用了 Internet 技术，是一种网络电话。现在市场上已经出现了很多种类型的网络电话，还有一种网络电话，它不仅能够听到对方的声音，而且能够看到对方，还可以是几个人同时进行对话，这种模式也称为“视频会议”。Internet 在电信市场上的应用将越来越广泛。

（6）网上事务处理。

Internet 的出现将改变传统的办公模式，可以在家里上班，然后通过网络将工作的结果传回单位；出差的时候，不用带上很多的资料，因为随时都可以通过网络回到单位提取需要的信息，Internet 使全世界都可以成为办公的地点，实际上，网上事务处理的范围还不只包括这些。

（7）Internet 的其他应用。

Internet 还有很多很多其他应用，如远程教育、远程医疗、远程主机登录、远程文件传输等。

4. Internet 的特点

Internet 是由许许多多属于不同国家、部门和机构的网络互联起来的网络，任何运行互联网协议（TCP/IP 协议），且愿意接入互联网的网络都可以成为互联网的一部分，其用户可以共享互联网的资源，用户自身的资源也可向互联网开放。主要特点如下：

（1）灵活多样的入网方式。

灵活多样的入网方式是 Internet 获得调整发展的重要因素。TCP/IP 协议成功解决了不同硬件平台、网络产品、操作系统的兼容性问题，成为计算机通信方面实际上的国际标准。任何计算机只要采用 TCP/IP 协议与 Internet 任何一个节点相连，就可成为 Internet 的一部分。

（2）网络信息服务的灵活性。

Internet 采用分布式网络中最为流行的客户机/服务器模式，服务通过自己的计算机上的客户程序发出请求，就可与装有相应服务程序的主机进行通信，大大提高了网络信息服务的灵活性。

（3）集成了多种信息技术。

将网络技术、多媒体技术以及超文本技术融为一体，体现了现代多种信息技术互相整合的发展趋势。为教学科研、商业广告、远程医疗和气象预报提供了新的技术手段，真正发挥了网的作用。

（4）入网方便，收费合理。

Internet 服务收费很低，低收费策略可以吸引更多的用户使用 Internet，从而形成良性循环。另外，入网方便，任何地方，只要通过电话线就可将普通计算机接入 Internet。

（5）信息资源丰富。

具有极为丰富的、免费信息资源，Internet 已成为全球通用的信息网络，绝大多数服务器都是免费的，向用户提供了大量信息资源。

（6）服务功能完善，简便易用。

Internet 具有丰富的信息搜索功能和友好的用户界面，操作简便，无需用户掌握更多的计算机专业知识就可方便使用 Internet 的各项服务功能。

任务 2　设置 IP 地址

🕮任务概述

在日常生活中，互联网已经成为必需品，如何连接网络，如何正确配置 IP 地址，将成为本任务的重点。

🕮任务实施

1. Windows 2000/XP 参数设置

右击桌面“网上邻居”，选择“属性”，在网卡对应的“本地连接”选择“属性→常规→Internet 协议（TCP/IP）”，查看其“属性”。

若路由器为默认设置，那么主机网络参数设置如图 6—1 所示。

2. Windows 7 参数设置

右击桌面“网上邻居”，选择“属性”，打开网络共享中心，在网络管理侧边栏中选择“更改适配器设置”，如图 6—2 所示。

在网卡对应的“本地连接”选择“属性→网络→Internet 协议版本 4（TCP/IPv4）”，单击“属性”，如图 6—3 所示。

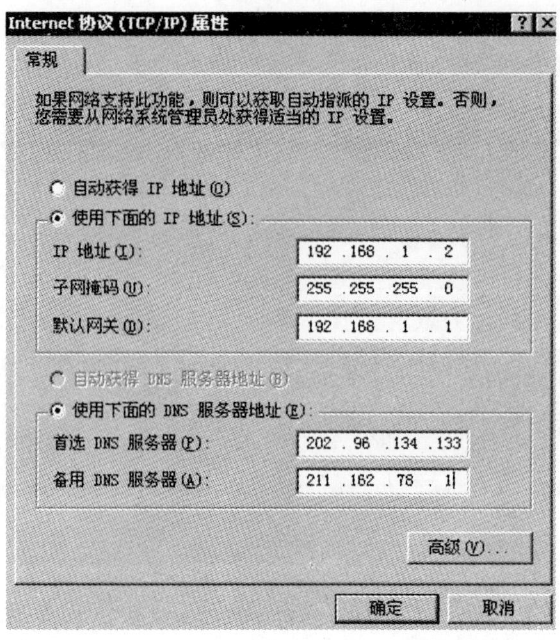

图 6—1

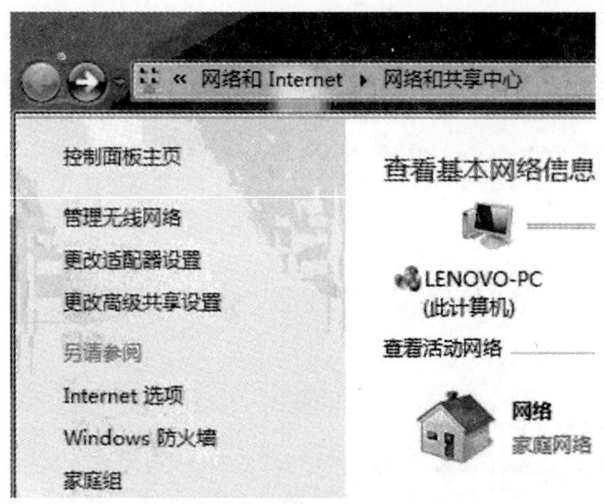

图 6—2

若路由器为默认设置，那么主机网络参数设置，如图 6—4 所示。

📖知识链接

1. IP 地址的构成及分类

Internet 上的每台主机（Host）都有一个唯一的 IP 地址。IP 协议就是使用这个地址在主机之间传递信息，这是 Internet 能够运行的基础。IP 地址由两部分组成，即网络号和主机号。网络号用于识别一个逻辑网络，主机号用于识别网络中的某台主机，Internet 的每台主机至少要有一个 IP 地址，也可以有两个或两个以上的 IP 地址。

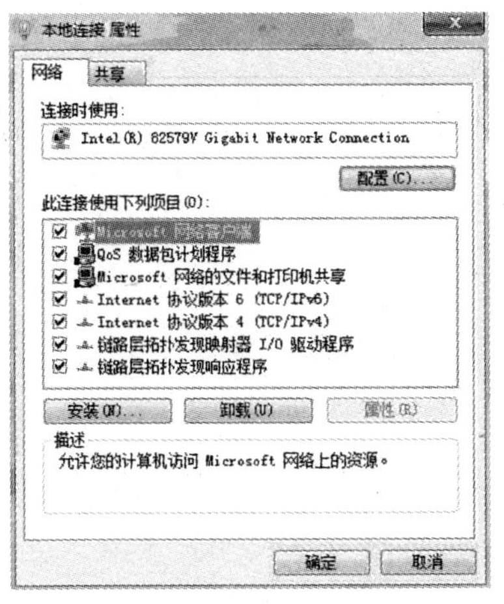

图 6—3

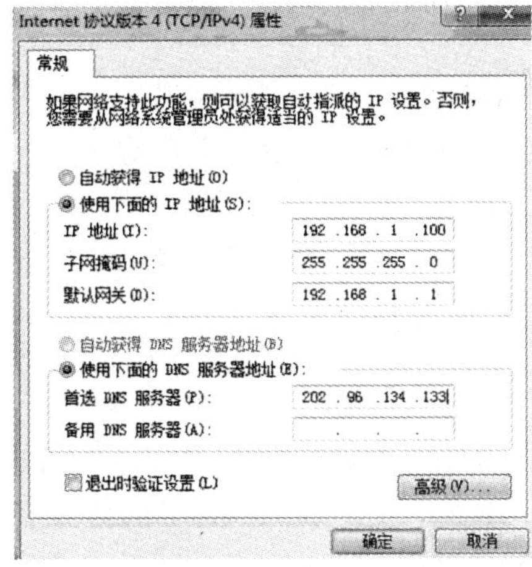

图 6—4

IP 地址由 32 位二进制数值组成（4 个字节），但为了方便用户的理解和记忆，它采用了十进制标记法，每个数值都小于等于 255，每个数值之间用“.”隔开。可见最低的 IP 地址是“0.0.0.0”，最高的 IP 地址是“255.255.255.255”。

根据 IP 地址的第 1 组数值大小，可以将网络规模划分为 A、B、C、D、E 类，D 类和 E 类目前保留，以供特殊用途使用。IP 地址的分类与规模如表 6—1 所示。

表 6—1　　　　IP 地址的分类与规模

类别	第 1 组的数值	网络地址长度	最大的主机数目	适用的网络规模
A	0～126	1 个字节	16 777 214	大型网络
B	128～191	2 个字节	65 534	中型网络
C	192～223	3 个字节	254	小型网络
D	特殊用途			
E	特殊用途			

由表 6—1 可知，当第 1 组数值位于“0～126”之间时属于 A 类网络，网络号是第 1 组数值。当第 1 组数值位于“128～191”之间时属于 B 类网络，网络号是第 1、2 组数值。当第 1 组数值位于“192～223”之间时属于 C 类网络，网络号是前 3 组数值。例如，IP 地址“210.77.35.178”，第 1 组数值位于“192～223”，因此使用该 IP 地址的是一个小型网络，前 3 组数表示网络号，记为“210.77.35.0”，而第 4 组数为主机号“178”，这个网络号可以有 0～254 台计算机。

A 类网络号与 B 类网各号之间少了“127”这个数字，这是因为“127.0.0.1”在默认状态下被预留给每个网络主机作为本机的网络号，而且配置 IP 地址时，这个网络号是不能用的。

2. IP 地址的分配

TCP/IP 协议需要针对不同的网络进行不同的设置，且每个节点一般需要一个“IP 地址”、一个“子网掩码”、一个“默认网关”。不过，可以通过动态主机配置协议（DHCP），给客户端自动分配一个 IP 地址，避免出错，也简化了 TCP/IP 协议的设置。

任务 3 Internet 的接入

📖任务概述

从信息资源的角度，互联网（Internet）是一个集各部门、各领域的信息资源为一体的，供网络用户共享的信息资源网。家庭用户或单位用户要接入互联网（Internet），可通过某种通信线路连接到 ISP，由 ISP 提供互联网（Internet）的入网连接和信息服务。

📖任务实施

目前较为常用的 Internet 接入方式有 ADSL、HFC、光纤宽带接入、无线网络等几种。下面以 ADSL 为例介绍接入 Internet 的方法。

（1）选择“开始→所有程序→附件→通讯→新建连接向导”命令。

（2）在“新建连接向导”对话框中，选“连接到 Internet”单选按钮，然后单击“下一步”按钮，如图 6—5 所示。

（3）在新对话框中选中“手动设置我的连接”单选按钮，单击“下一步”按钮，如图 6—6 所示。

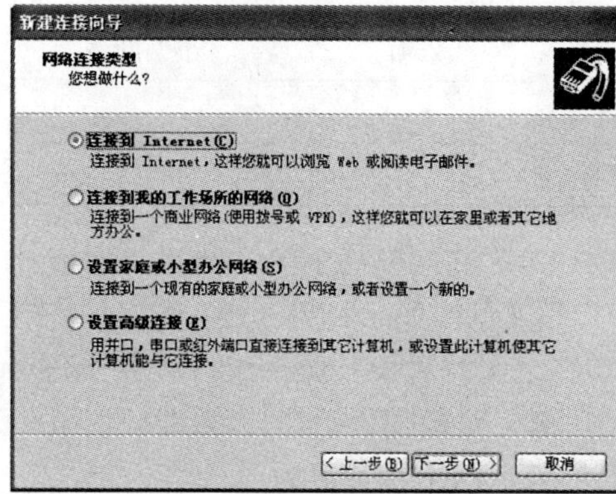

图 6—5

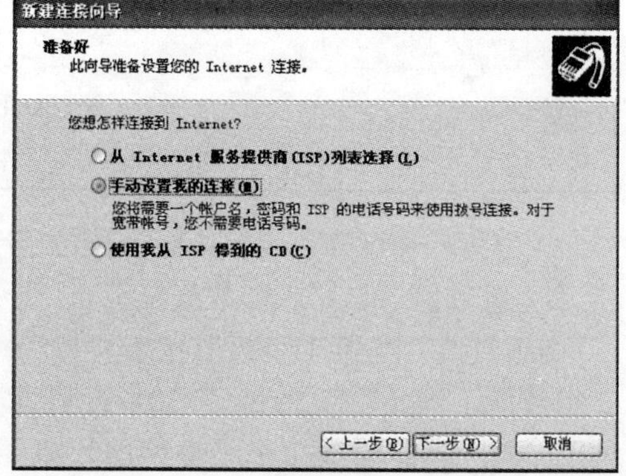

图 6—6

（4）在新对话框中选中“用要求用户名和密码的宽带连接来连接”单选按钮，单击“下一步”按钮，如图 6—7 所示。

（5）在新对话框中为连接起一个名字，单击“下一步”按钮，然后在新对话框中输入用户名和密码，再单击“下一步”按钮，如图 6—8 所示。

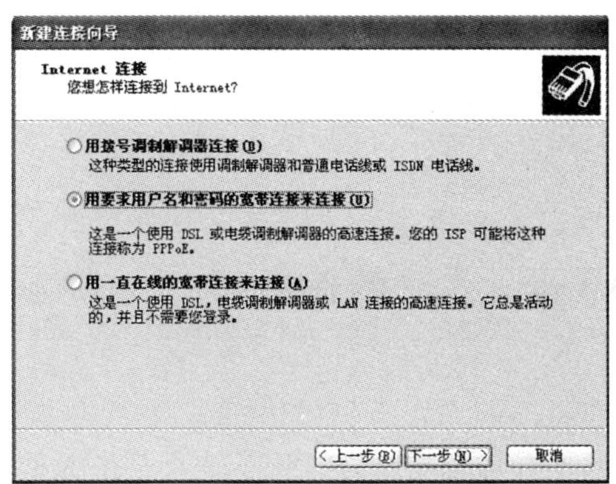

图 6—7

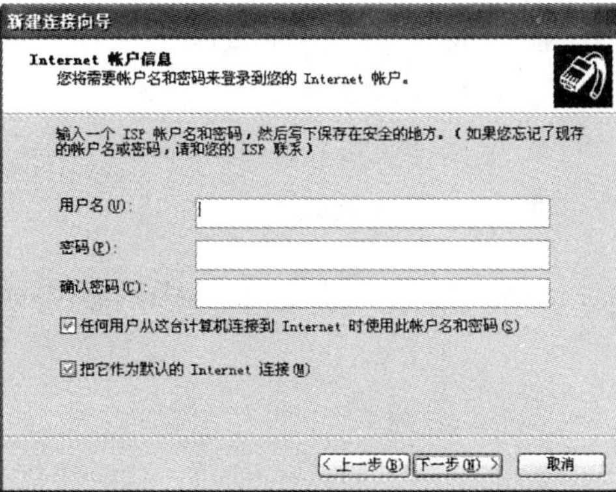

图 6—8

（6）在新弹出的对话框中，可以勾选“在我的桌面上添加一个到此连接的快捷方式”，以方便使用，最后单击“完成”按钮，如图 6—9 所示。

（7）双击桌面上的新建图标，可以看到登录连接窗口，将用户名和密码输入后，单击“连接”，就可以接入到 Internet 了，如图 6—10 所示。

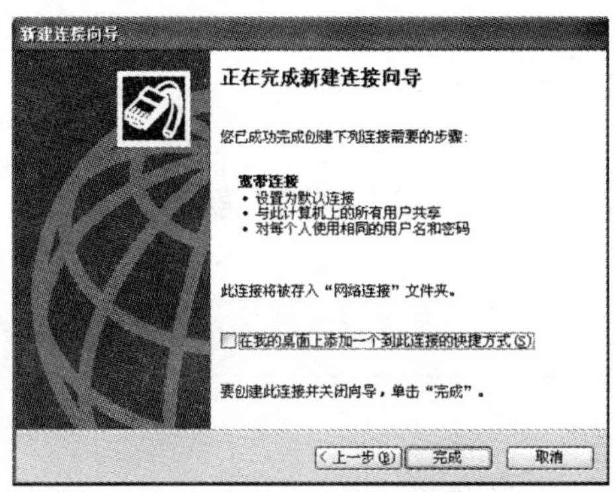

图 6—9

图 6—10

项目二　获取网络资源

在日常生活中，单纯依靠图书馆查阅或购买参考书获取资料已不能满足广大读者需要，Internet 是一个信息的海洋，通过它可以得到无穷无尽的信息，其中有各种不同类型的书库和图书馆，杂志期刊和报纸，因此利用网络的便利获取资料也是必不可少的。

能力目标

- 掌握 IE 浏览器的使用；
- 正确配置浏览器的常用参数；
- 上网搜索资料；
- 掌握如何下载图片。

任务 1　Internet Explorer 8.0 的使用

任务概述

访问网络上的各种资源，需要使用一些工具软件来实现，浏览器是帮助人们浏览网上信息资源的软件，如 Microsoft 公司的 Internet Explorer 8.0 浏览器（见图 6—11）就是其中之一。

图 6—11

任务实施

（1）打开 IE 浏览器，如图 6—12 所示。

图 6—12

方法一：双击桌面上的 IE 图标。

方法二：单击任务栏中的 IE 图标。

方法三：单击“开始→所有程序→Internet Explorer”。

(2) 将网页添加到收藏夹。

单击“收藏夹”按钮或者选择菜单栏中的“收藏→添加收藏夹”命令，弹出“添加到收藏夹”对话框，单击“确定”按钮。图 6—13 所示的是将百度首页添加到收藏夹。

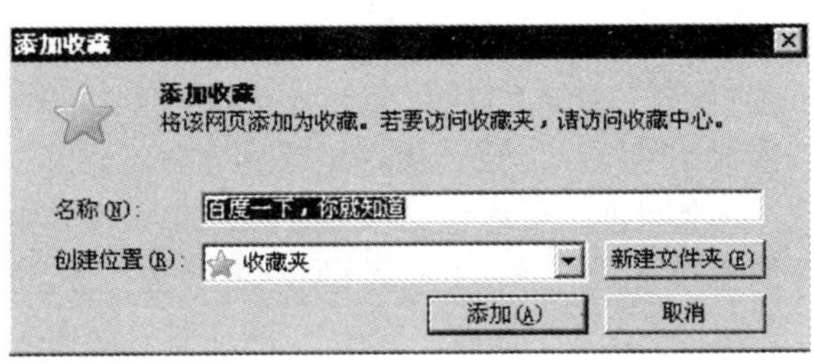

图 6—13

(3) 设置主页。

在 IE 浏览器中，选择菜单栏中的“工具→Internet 选项”命令，打开“Internet 选项”对话框（见图 6—14），在“常规”选项卡中“主页”栏进行设置。例如，要将“http://www.baidu.com”设为主页，可以在该栏的文本框中输入该地址，然后单击“确定”按钮即可。

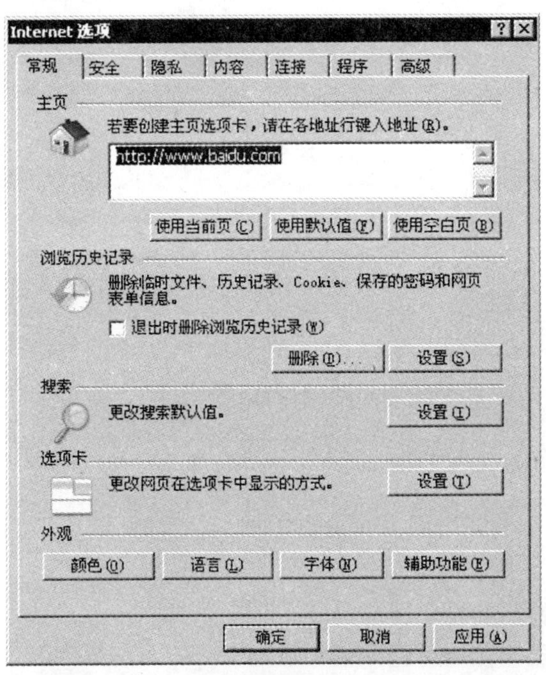

图 6—14

（4）设置和清除历史记录、清理临时文件。

设置、清除历史记录、删除上网期间硬盘上的临时文件、Cookie 等信息，可在“Internet 选项”对话框的“常规”选项卡中的“浏览历史记录”栏进行设置。

📖知识链接

1. 浏览器

浏览器是指可以显示网页服务器或者文件系统的 HTML 文件内容，并让用户与这些文件交互的一种软件。网页浏览器主要通过 HTTP 协议与网页服务器交互并获取网页，这些网页由 URL 指定，文件格式通常为 HTML，并由 MIME 在 HTTP 协议中指明。一个网页中可以包括多个文档，每个文档都是分别从服务器获取的。大部分的浏览器本身支持除了 HTML 之外的广泛的格式，如 JPEG、PNG、GIF 等图像格式，并且能够扩展支持众多的插件。另外，许多浏览器还支持 URL 类型及其相应的协议，如 FTP、Gopher、HTTPS（HTTP 协议的加密版本）。HTTP 内容类型和 URL 协议规范允许网页设计者在网页中嵌入图像、动画、视频、声音、流媒体等。

2. 其他浏览器

不同浏览器带给大众不同的体验，浏览器除了 IE 以外，还有许多浏览器被大众所喜欢，如图 6—15 所示。

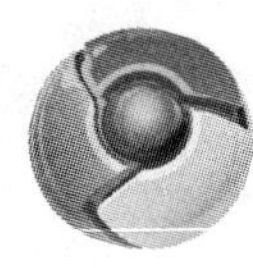

图 6—15

任务 2　浏览百度文库

📖任务概述

以百度文库为例，要求阅读一篇《求职信》相关文章。

📖任务实施

百度网站是一个类似于图书馆分类方式的主题目录，百度网站导航采用主题分类的方法，人工维护、更新。

1. 用 IE 浏览器打开百度网站

打开 IE 浏览器，在地址栏内输入域名 http://www.baidu.com，按 Enter 键确认，即可进入百度网站首页，如图 6—16 所示。

百度一下，你就知道 - Windows Internet Explorer
文件(F) 编辑(E) 查看(V) 收藏夹(A) 工具(T) 帮助(H)
Google
开始
书签
已拦截 0 个
拼写检查
发送至
http://www.baidu.com/
收藏夹
百度一下，你就知道
Bai du 百度
新闻 网页 贴吧 知道 音乐 图片 视频 地图
百度一下
百科 文库 hao123 | 更多>>

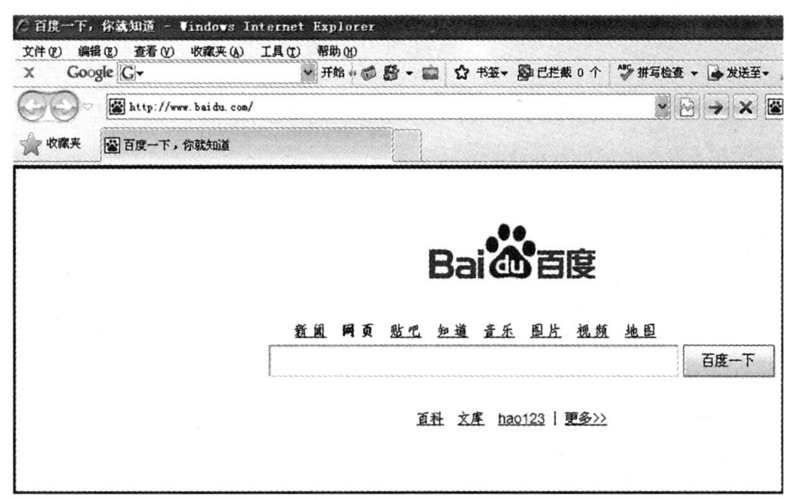

图 6—16

2. 搜索网上资源

(1) 进入百度网站首页后，输入关键字“求职信”单击“更多”选项下“文库”，进入百度文库，如图 6—17 所示。

Bai du 文库
新闻 网页 贴吧 知道 音乐 图片 视频 地图 百科 文库
求职信
搜索文档
全部 DOC PPT TXT PDF XLS

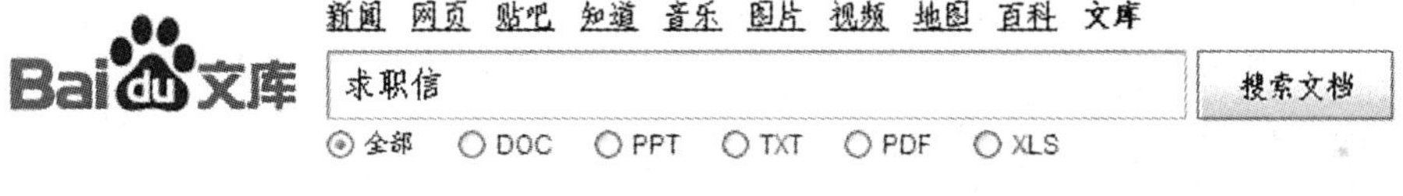

图 6—17

“搜索文档”即弹出如图 6—18 所示的资源列表。

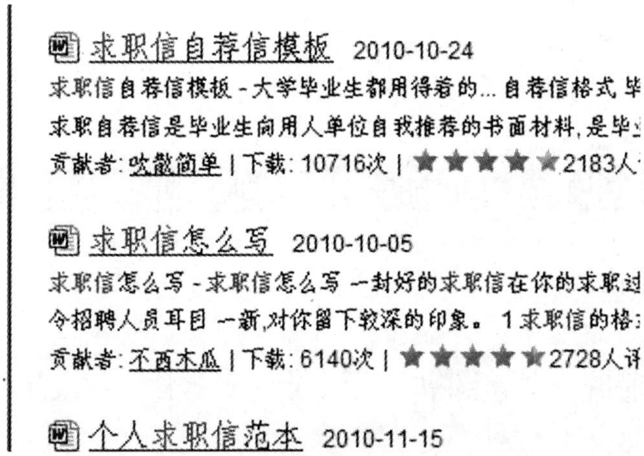

求职信自荐信模板 2010-10-24
求职信自荐信模板 - 大学毕业生都用得着的... 自荐信格式 毕
求职自荐信是毕业生向用人单位自我推荐的书面材料，是毕
贡献者：吹散简单 | 下载：10716次 | 2183人
求职信怎么写 2010-10-05
求职信怎么写 - 求职信怎么写 一封好的求职信在你的求职过
令招聘人员耳目一新，对你留下较深的印象。 1求职信的格
贡献者：不西木瓜 | 下载：6140次 | 2728人评
个人求职信范本 2010-11-15

图 6—18

（2）在相关篇幅内筛选需要的资源，阅读筛选后的资料，如图 6—19 所示。

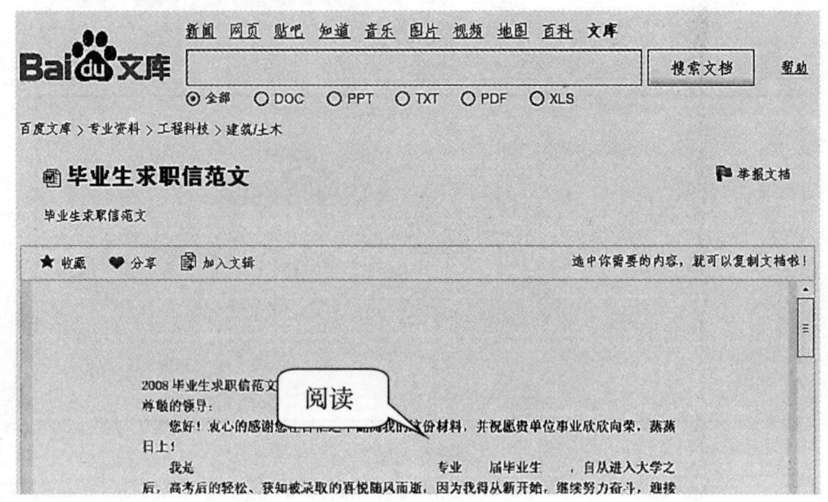

图 6—19

任务 3　下载图片

📖任务概述

要求在班级出一期感恩的板报，在设计板报的时候需要一张感恩的图片。

📖任务实施

1. 用 IE 浏览器打开百度网站（步骤同任务 2）

2. 搜索网上图片

（1）进入百度网站首页后，输入关键字“感恩”单击“更多”选项下“图片”，进入百度图片，如图 6—20 所示。

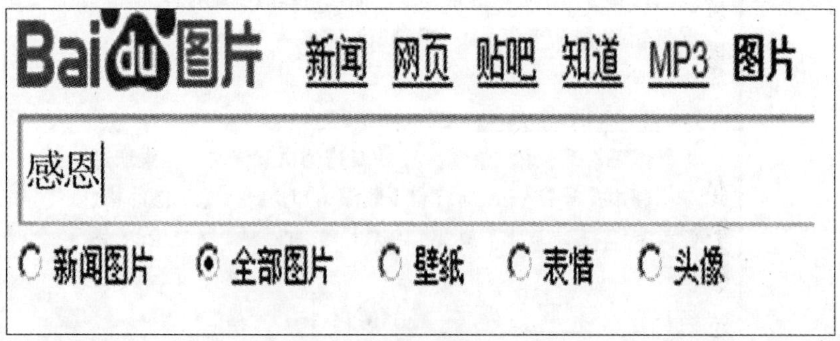

图 6—20

“搜索图片”即弹出如图 6—21 所示的图片列表。

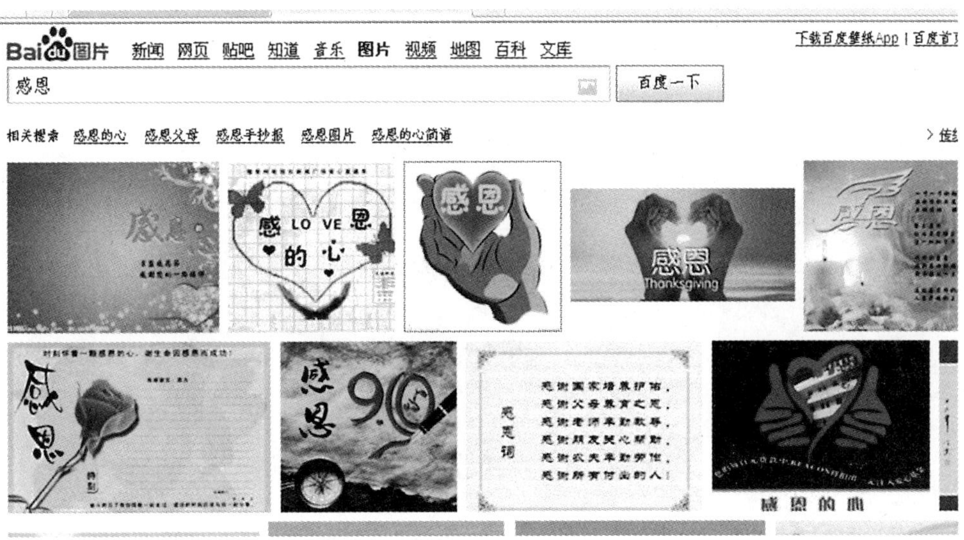

图 6—21

(2) 选中需要的图片，在图片上单击鼠标右键，单击“图片另存为”按钮(见图 6—22)，弹出图 6—23 所示的对话框即可保存图片。

注意：为方便今后文件的使用，在保存文件时应养成修改文件名的习惯。

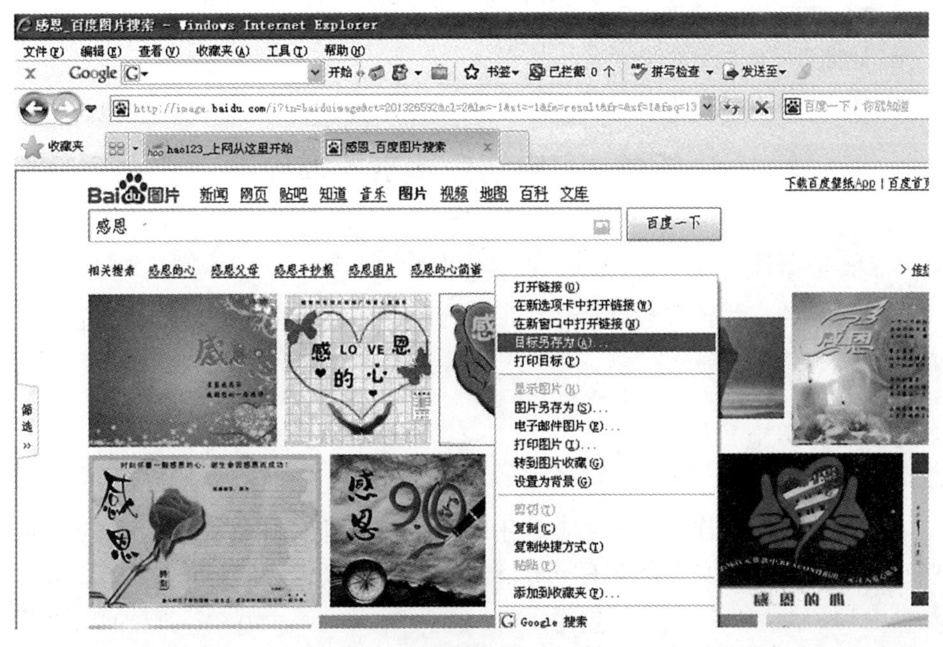

图 6—22

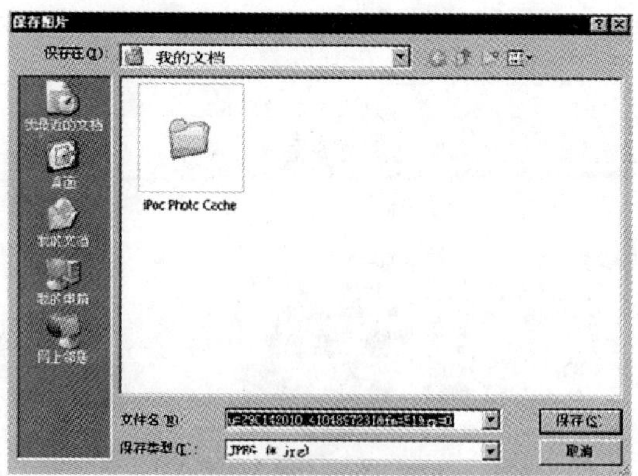

图 6—23

项目三　电子邮件管理

电子邮件（Electronic mail，简称 E-mail，标志：@也被大家昵称为“伊妹儿”）又称电子信箱、电子邮政，它是一种用电子手段提供信息交换的通信方式。

能力目标

- 掌握申请免费电子邮箱的方法；
- 掌握网上用户注册；
- 使用电子邮箱发送邮件；
- 使用电子邮箱收取邮件。

任务 1　申请免费电子邮件

📖任务概述

在当今社会，生活节奏越来越快，传统的书信由于速度慢，已经被电子邮件所替代。

📖任务实施

1. 选择网站

在 Internet 上，许多大型网站为用户提供了免费电子邮箱，用户申请后可以免费使用邮箱，常见的免费邮箱有 mail. sina. com. cn、mail. qq. com、mail. 163. com 或 mail. 126. com 等。

E-mail 地址的格式为：信箱（用户名）@邮件服务器地址。

2. 申请免费邮箱

下面以申请 126 网易免费电子邮箱为例来介绍申请免费电子邮箱的操作步骤。

(1) 在 IE 浏览器地址栏内输入 http://www.126.com，然后单击网易 126 主页中“注册”按钮弹出注册页面，如图 6—24 所示。

126 网易免费邮
www.126.com
你的专业电子邮局
免费邮　企业邮　VIP邮箱　国外用户登录
邮箱帐号登录
手机号登录
邮箱帐号或手机号
@126.com
密码
十天内免登录
忘记密码了?
登录
注册
版本：默认版本
正使用SSL登录

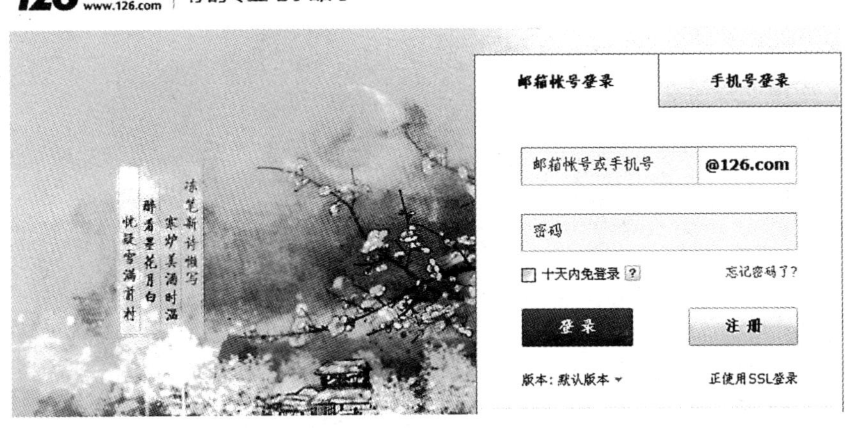

图 6—24

(2) 在注册页面认真填写注册信息，其中带“＊”的必填，如图 6—25 所示。

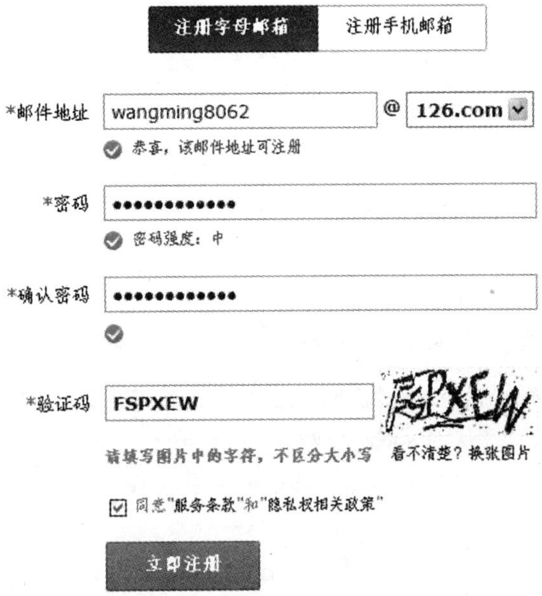

注册字母邮箱
注册手机邮箱
*邮件地址
wangming8062
@
126.com
恭喜，该邮件地址可注册
*密码
密码强度：中
*确认密码
*验证码
FSPXEW
请填写图片中的字符，不区分大小写
看不清楚？换张图片
同意"服务条款"和"隐私权相关政策"
立即注册

图 6—25

(3) 成功注册免费邮箱后，如图 6—26 所示。

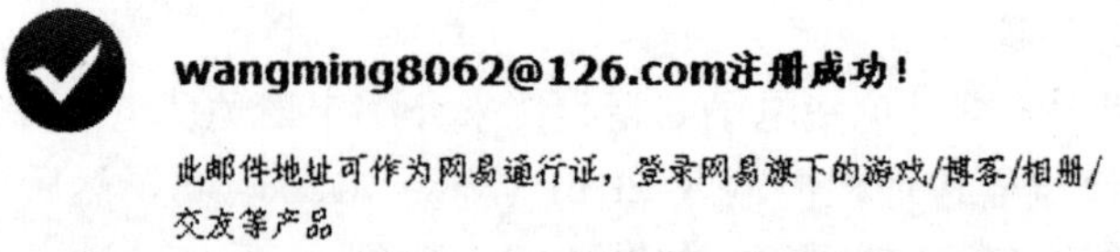

wangming8062@126.com注册成功!

此邮件地址可作为网易通行证，登录网易旗下的游戏/博客/相册/交友等产品

图 6—26

任务 2　发送电子邮件

📖任务概述

用邮件向同事传达公司下季度销售活动方案文件。

📖任务实施

1. 登录邮箱

在网易 126 主页中输入用户名和密码，选择 126 邮箱并登录，即可登录邮箱，如图 6—27 所示。

图 6—27

登录后进入如图 6—28 所示的界面。

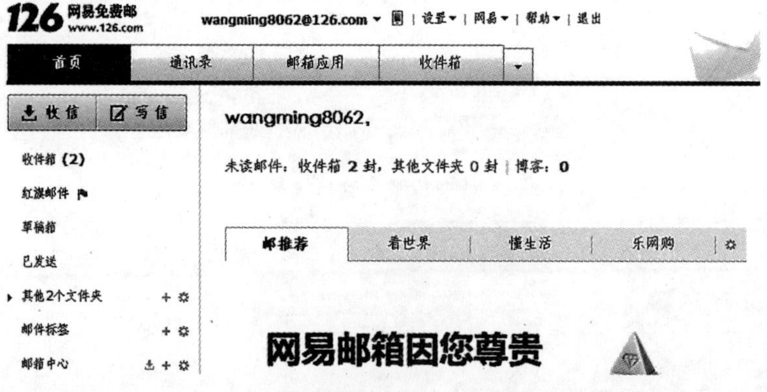

图 6—28

2. 使用邮箱写邮件

进入邮箱页面后，单击“写信”，如图 6—29 所示。

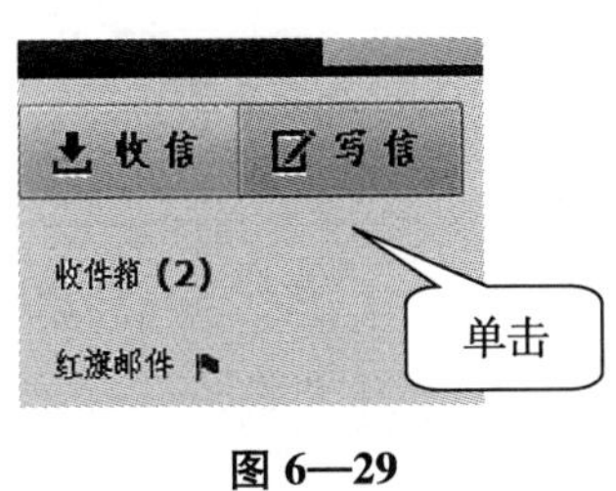

图 6—29

3. 发送邮件

弹出“写信”页面，填写相关内容，单击页面下“发送”按钮即可完成，如图 6—30 所示。

图 6—30

任务 3 收取电子邮件

任务概述

及时阅读收到的邮件，并对其进行处理。

任务实施

1. 登录邮箱

在网易 126 主页中输入用户名和密码，选择 126 邮箱并登录。

2．收取邮件

进入邮箱页面后，单击“收信”，如图 6—31 所示。

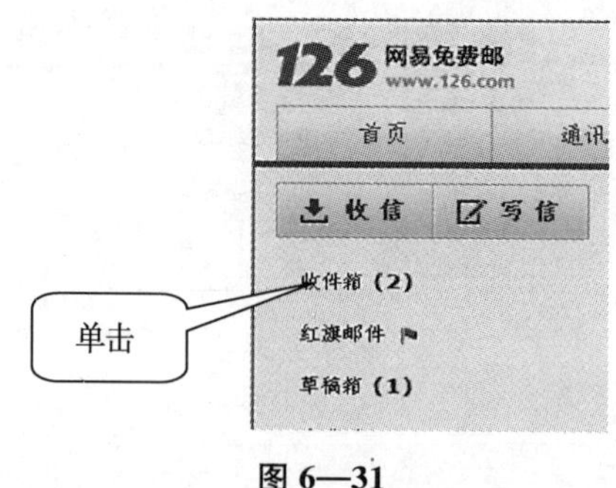

图 6—31

3．阅读邮件

进入“收件箱”页面如图 6—32 所示，找到邮件后，单击“主题”列下的主题超链接，即可打开该邮件。

刘生	本公司将为你提供优质的服务。
手机邮箱官方帐号	全新体验，手机也能玩转网易邮箱
网易邮件中心	亲爱的用户，您好

图 6—32

4．回复邮件

阅读完邮件后，单击“回复”按钮，将打开邮件编辑页面，编辑好信件后单击“发送”按钮，即可回复邮件，其操作与发送邮件相同。

5．删除邮件

在收件箱中，选中邮件名称前面的复选框，然后单击“删除”按钮，即可将所选邮件放入“已删除”文件夹中。如要彻底删除文件，可以在“已删除”文件夹，选中要删除的文件，然后单击“彻底删除”，或者右击“已删除”文件夹，在弹出的菜单中单击“清空”，即可清空“已删除”文件夹的全部内容。

项目四　常用网络工具的使用

在网上冲浪的时候一定会遇到许多网络工具软件。下面就介绍几种常用的网络工具软件。

能力目标

■ 掌握网络即时交流软件的下载；

■ 掌握文件上传与下载。

任务 1　下载并安装腾讯 QQ 软件

🕮任务概述

QQ 软件是腾讯公司开发的基于 Internet 的即时通信软件，它可以实现在线聊天、传输文件、音视频对话等多种功能。

下面介绍下载并安装 QQ2013 版本软件的操作步骤。

🕮任务实施

1. 进入腾讯首页

双击 IE 浏览器，在地址栏内输入 http://www.qq.com，如图 6—33 所示。

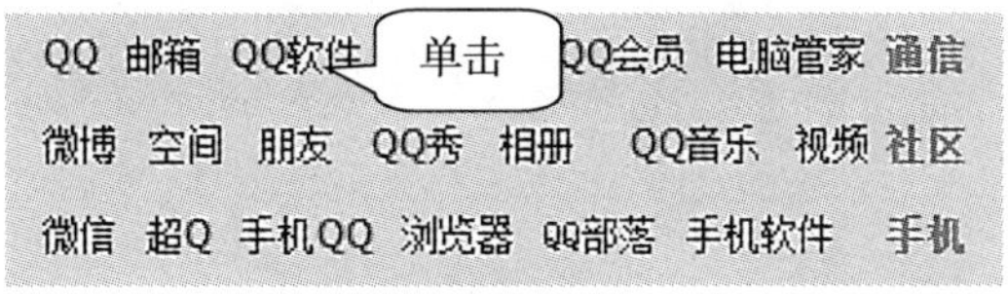

QQ　邮箱　QQ软件　单击　QQ会员　电脑管家　通信
微博　空间　朋友　QQ秀　相册　QQ音乐　视频　社区
微信　超Q　手机QQ　浏览器　QQ部落　手机软件　手机

图 6—33

2. 选择应用程序并下载（见图 6—34）

图 6—34

3. 设置保存位置（见图 6—35）

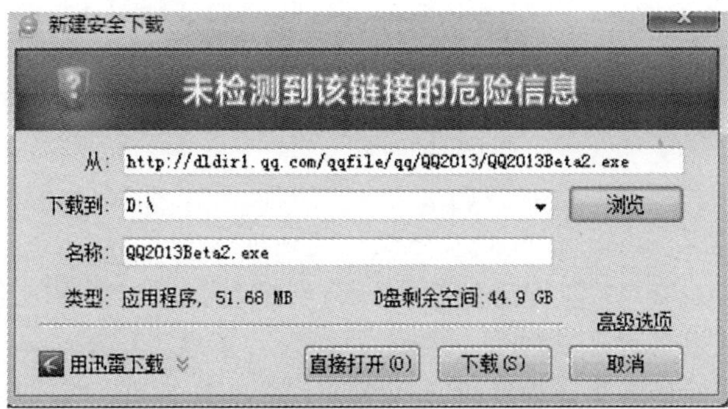

图 6—35

4. 安装

下载软件后，双击 QQ 安装程序，如图 6—36 所示。

图 6—36

安装完后在下载位置上可以找到 QQ 图标，弹出如图 6—37 所示的界面。

图 6—37

任务 2　文件上传与下载

任务概述

使用网络服务的用户经常会遇到两个概念“上传”和“下载”。

下面介绍利用上传下载工具上传下载文件的操作步骤。

任务实施

1. FTP

FTP（File Transfer Protocol）是文件传输协议的简称，其主要作用是把本地计算机上的一个或多个文件传送到远程计算机或从远程计算机上获取一个或多个文件。使用 FTP 服务时用户经常遇到两个概念“下载”Download 和“上传”Upload。“下载”文件是指从远程主机复制文件到本地计算机，“上传”文件是指将文件从本地计算机中复制到远程主机上的某一文件。需要说明的是网页文件基于

HTTP 协议从 Web 服务器传送到浏览器，换言之，HTTP 也可以用来进行文件传输。在互联网上有很多提供文件下载功能的网站以 HTTP 协议的方式传输文件而不是 FTP。

用户可以利用软件连接到 FTP 服务器，并上传、下载、查看、编辑、删除、移动文件。其特点是不占内存，体积小，永久免费，多线程，支持在线解压缩。

2. 下载文件

(1) 直接下载。

在要下载的内容上单击鼠标右键，选择“目标另存为”命令，选择目标存放位置及文件名，即可下载保存文件。

如：下载万能五笔输入法。

打开万能五笔网站（http://www.wnwb.com/），如图 6—38 所示，选择下载内容（见图 6—39）。单击其中的下载链接，在弹出的界面选择方式右击“目标另存为”，弹出“另存为”对话框，选择文件下载的位置，如图 6—40 所示。单击“保存”按钮，当出现“下载完毕”对话框时，下载结束，如图 6—41 所示。

万能输入法
万能五笔输入法 8.0 版
立即下载
荣爱堂“让世界充满爱”公益活动
——诚邀全国爱心义工、义演、义教老师加入
让我们用最真诚的心来服务大众！
荣爱堂

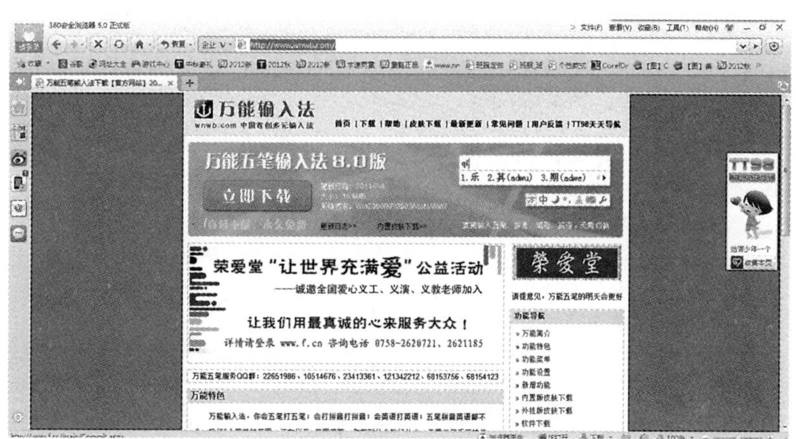

图 6—38

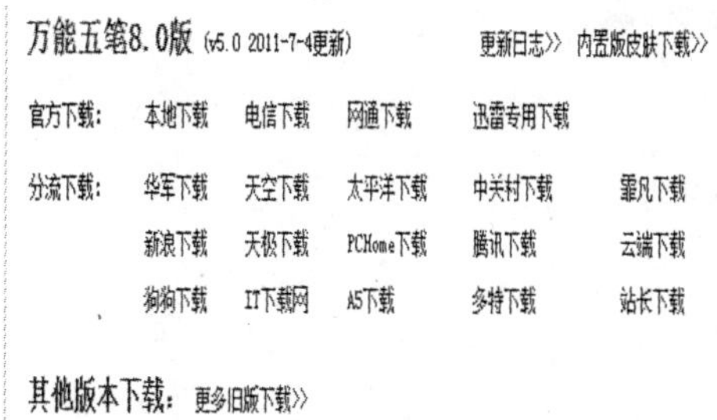

万能五笔8.0版 (v5.0 2011-7-4更新)
更新日志>> 内置版皮肤下载>>
官方下载： 本地下载 电信下载 网通下载 迅雷专用下载
分流下载： 华军下载 天空下载 太平洋下载 中关村下载 霏凡下载
新浪下载 天极下载 PCHome下载 腾讯下载 云端下载
狗狗下载 IT下载网 A5下载 多特下载 站长下载
其他版本下载： 更多旧版下载>>
7.82版下载 7.81版下载 7.71版下载 7.63版下载 7.53版下载 7.45版下载

图 6—39

另存为
组织
新建文件夹
收藏夹
下载
桌面
最近访问的位置
库
视频
图片
文档
库
系统文件夹
Administrator
系统文件夹
计算机
系统文件夹
网络
系统文件夹
360杀毒
文件名(N): wnwb_800_50
保存类型(T): 应用程序
隐藏文件夹
保存(S)
取消

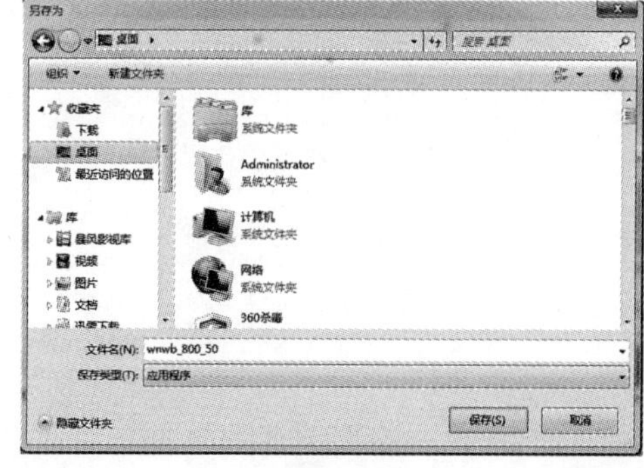

图 6—40

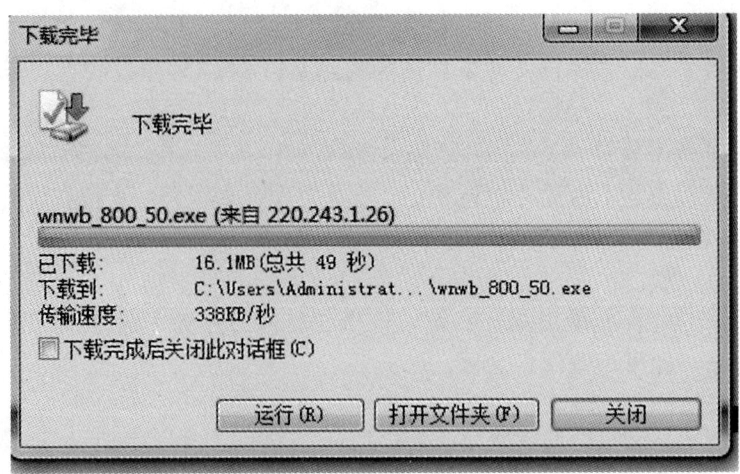

图 6—41

下载结束后可选择“运行”按钮，安装软件。

(2) 使用下载工具。

一般来说，利用浏览器下载文件速度比较慢，为了可以节约上网时间，提高效率，可利用下载工具，常用的下载工具有网际快车（FlashGet）、迅雷（Thunder)、网络蚂蚁等。

如：迅雷的使用方法。

①将迅雷软件下载并安装，如图 6—42 所示。

图 6—42

②右键单击需要下载的内容，在弹出的菜单上选择“使用迅雷下载”命令。

③在出现的新建任务面板对话框上选择存储目录和文件名，如图 6—43 所示。

图 6—43

④下载完成后任务会自动移动到“已下载”分类，鼠标左键单击选择“已下载”选项，就可以看到完成的任务，双击任务就可以打开已下载的文件，如图 6—44 所示。

图 6—44

📖知识链接

1. 即时通信软件

即时通信（IM）是指能够即时发送和接收互联网消息等的业务。自 1998 年面世以来，特别是近几年的迅速发展，即时通信的功能日益丰富，逐渐集成了电子邮件、博客、音乐、电视、游戏和搜索等多种功能。即时通信不再是一个单纯的聊天工具，它已经发展成集交流、资讯、娱乐、搜索、电子商务、办公协作和企业客户服务等为一体的综合化信息平台。现在国内的即时通信工具有E话通、QQ、UC、商务通、网易泡泡、盛大圈圈、淘宝旺旺等。

MSN全称Microsoft Service Network（微软网络服务），是微软公司推出的即时消息软件，可以与亲人、朋友、工作伙伴进行文字聊天、语音对话、视频会议等即时交流，还可以通过此软件来查看联系人是否联机。提供包括手机MSN（即时通信Messenger）、必应移动搜索、手机SNS（全球最大Windows Live在线社区）、中文资讯、手机娱乐和手机折扣等创新移动服务，满足了用户在移动互联网时代的沟通、社交、出行、娱乐等需求，在国内拥有大量的用户群。

2. QQ网络硬盘的使用

QQ网络硬盘是腾讯公司推出的在线存储服务。服务面向所有QQ用户，提供文件的存储、访问、共享、备份等功能。提供了上传文件、下载文件、移动文件、删除文件、上传文件夹、下载文件夹、新建文件夹、移动文件夹、删除文件夹、续传文件、续传文件夹、查看属性、显示方式变换、右键菜单上传、文件夹共享、音频在线播放、网络记事本、续传文件、网络硬盘加密、QQ表情上传、文件下载路径、好友共享删除等功能。其中，最大特点就是能够音频在线播放，还可以储存很多MTV、视频，上传下载速度快。

项目五　常用网络服务

现今生活以方便、快捷为主流，而Internet上的信息覆盖了社会生活的方方面面，不但构成了一个信息社会的缩影，还覆盖了我们现实生活中的所有功能。

能力目标

■ 创建个人博客；
■ 网上求职。

任务1　个人博客的使用

📖任务概述

继E-mail、BBS、IM之后，网络又出现了第4种交流方式——Blog（博客）。人们可以利用博客发表日志、上传图片，足不出户也能让朋友们相互了解。

下面介绍利用博客发表日志和上传图片的操作步骤。

任务实施

1. 激活博客

打开“网易”网站 http://www.163.com，登录网易电子邮箱 abc81021@163.com，在主页上单击“博客”，如图 6—45 所示。

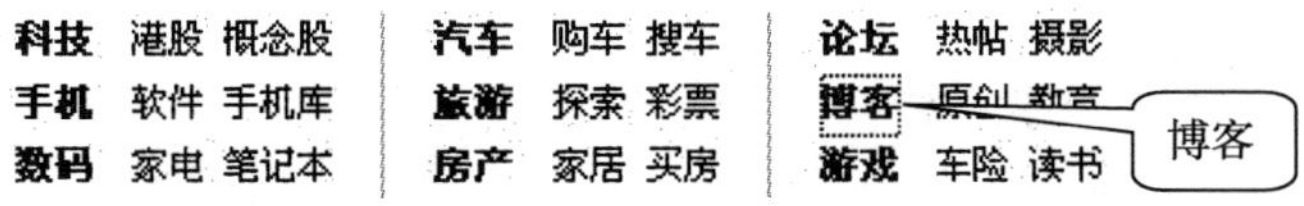

科技 港股 概念股	汽车 购车 搜车	论坛 热帖 摄影
手机 软件 手机库	旅游 探索 彩票	博客 原创 教育
数码 家电 笔记本	房产 家居 买房	游戏 车险 读书

博客

图 6—45

弹出已有用户名和密码的“激活博客”对话框，如图 6—46、图 6—47 所示。

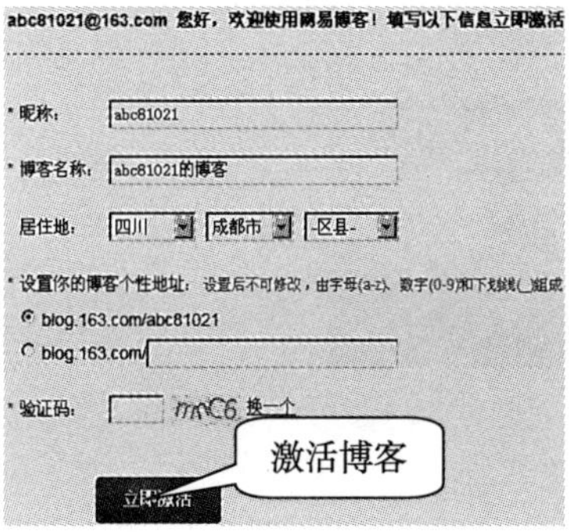

abc81021@163.com 您好，欢迎使用网易博客！填写以下信息立即激活

* 昵称：abc81021
* 博客名称：abc81021的博客
居住地：四川 成都市 -区县-
* 设置你的博客个性地址：设置后不可修改，由字母(a-z)、数字(0-9)和下划线(_)组成
blog.163.com/abc81021
blog.163.com/
* 验证码：换一个
立即激活

激活博客

图 6—46

图 6—47

2. 进入博客（见图 6—48）

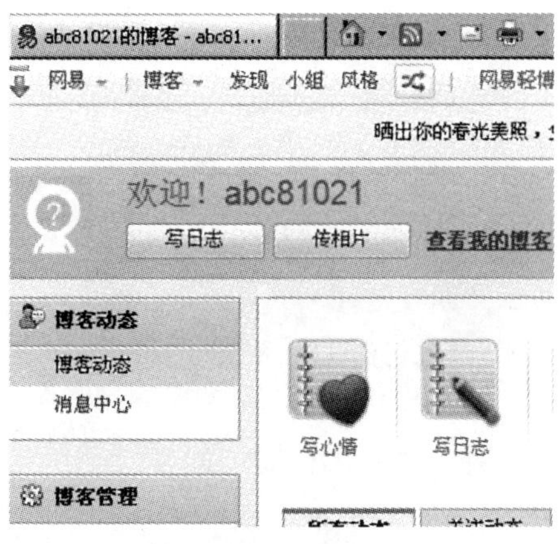

图 6—48

3. 装扮博客

博客与空间一样，可以选择喜欢的风格，对主题进行设置，如图 6—49、图

6—50、图 6—51 所示。

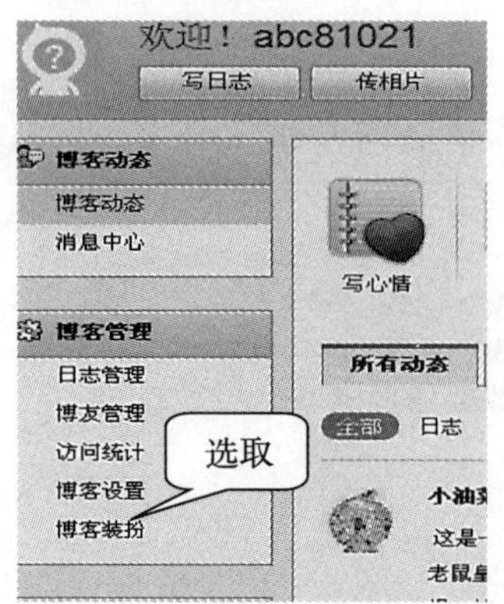

图 6—49

图 6—50

图 6—51

4. 发表日志

单击图 6—51 中的“日志”按钮，弹出图 6—52 页面；单击“写日志”按钮，即可发表日志。

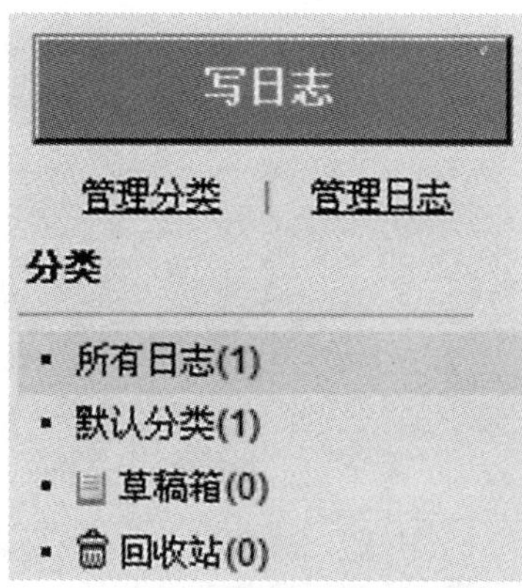

图 6—52

5. 发布照片

单击图 6—51 中的“相册”按钮，再单击“创建相册”按钮，如图 6—53 所示，出现创建相册对话框。再单击“添加照片”按钮，弹出图 6—54 所示的页面。上传后，效果如图 6—55 所示。

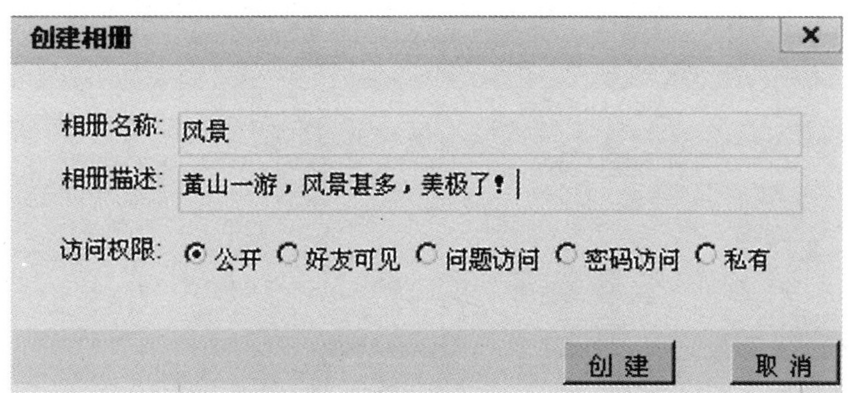

图 6—53

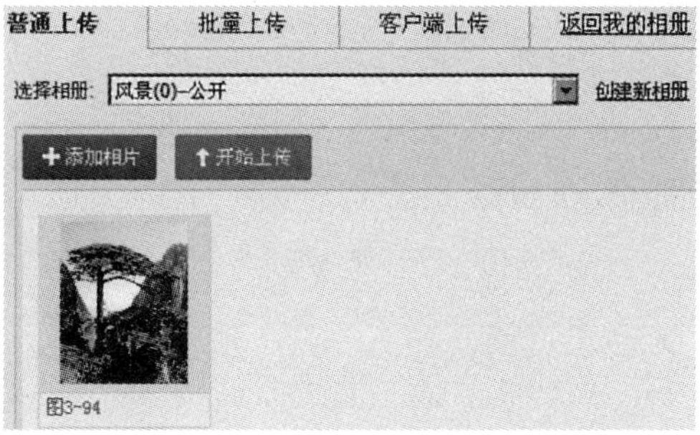

图 6—54

图 6—55

任务 2　制作发布求职简历

🕮任务概述

网上求职与日常求职相比，主要是求职者可以通过网上求职了解企业的职位信息与职位要求，又能使企业了解自己个人的相关情况，从而获得面试的机会。因此要求求职者做好充分的网上求职的前期准备工作，网上求职才可能取得最佳效果。

下面介绍利用网络求职功能，发送一份简历的操作步骤。

🕮任务实施

1. 寻找合适的网站

各种人才招聘网站为求职者提供了一个非常大的空间。其中有着很大影响的网站，比如“南方人才网”，如图 6—56 所示。

图 6—56

2. 快速注册

单击网站首页“免费注册”，即可进入注册页面，如图 6—57 所示，注册内容如图 6—58 所示，在此就不再重复。

图 6—57

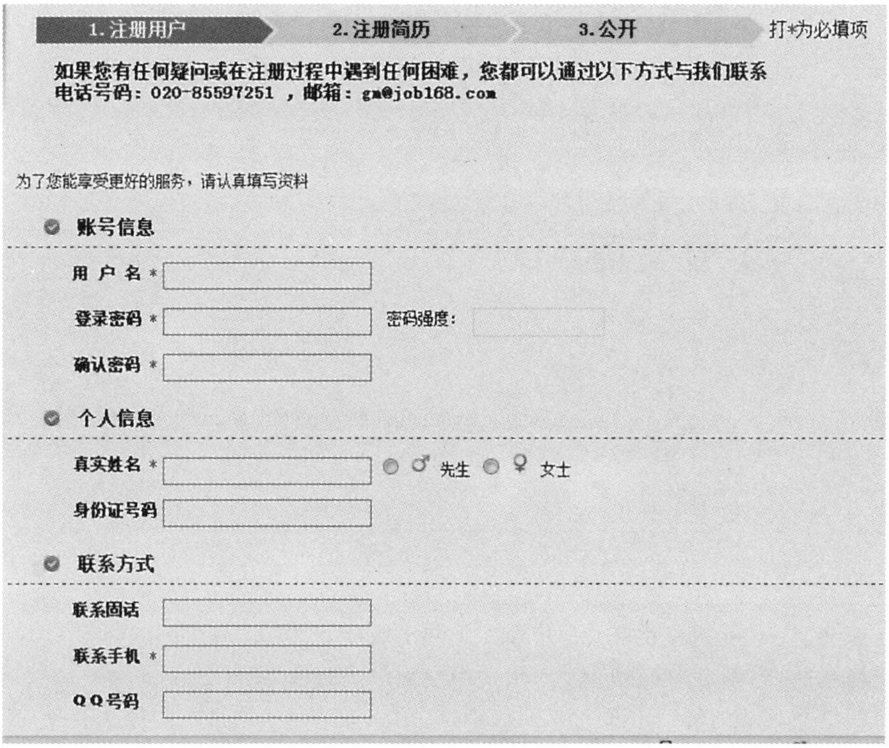

1. 注册用户 2. 注册简历 3. 公开 打*为必填项

如果您有任何疑问或在注册过程中遇到任何困难，您都可以通过以下方式与我们联系
电话号码：020-85597251 ，邮箱：gm@job168.com

为了您能享受更好的服务，请认真填写资料

账号信息

用 户 名 *

登录密码 * 密码强度：

确认密码 *

个人信息

真实姓名 * ♂ 先生 ♀ 女士

身份证号码

联系方式

联系固话

联系手机 *

QQ号码

图 6—58

3. 明确求职方向

网上求职应对自己有一个充分、全面、客观的认识，并根据自己的专业特点、个人兴趣专长等方面来确定自己的求职方向，从而对网络中提供的照片岗位有准确的认同。

4. 填写简历和发送有针对性的求职信

参考文献

[1] 焦文慧. 计算机应用基础. 北京：开明出版社，2009.

[2] 林卓然. 计算机基础教程. 广州：中山大学出版社，2006.

[3] 应红霞，郑山红. 计算机应用基础（Office 2010）. 北京：中国人民大学出版社，2012.

图书在版编目（CIP）数据

计算机应用基础：Windows XP 版/范绍昌等主编．—北京：中国人民大学出版社，2014.2
中等职业教育规划教材
ISBN 978-7-300-18917-8

Ⅰ.①计…　Ⅱ.①范…　Ⅲ.①Windows 操作系统-中等专业学校-教材　Ⅳ.①TP316.7

中国版本图书馆 CIP 数据核字（2014）第 024740 号

中等职业教育规划教材
计算机应用基础（Windows XP 版）
主　审　阮彩云
主　编　范绍昌　阮丽纳　林惠玲
副主编　王小青　湛雪梅　蓝智泳

出版发行	中国人民大学出版社		
社　址	北京中关村大街 31 号	**邮政编码**	100080
电　话	010－62511242（总编室）		010－62511398（质管部）
	010－82501766（邮购部）		010－62514148（门市部）
	010－62515195（发行公司）		010－62515275（盗版举报）
网　址	http://www.crup.com.cn		
	http://www.ttrnet.com（人大教研网）		
经　销	新华书店		
印　刷	北京七色印务有限公司		
规　格	185 mm×260 mm　16 开本	**版　次**	2014 年 2 月第 1 版
印　张	16.25	**印　次**	2015 年 2 月第 2 次印刷
字　数	315 000	**定　价**	32.80 元

教师信息反馈表

为了更好地为您服务，提高教学质量，中国人民大学出版社愿意为您提供全面的教学支持，期望与您建立更广泛的合作关系。请您填好下表后以电子邮件或信件的形式反馈给我们。

您使用过或正在使用的我社教材名称		版次	
您希望获得哪些相关教学资料			
您对本书的建议（可附页）			
您的姓名			
您所在的学校、院系			
您所讲授课程的名称			
学生人数			
您的联系地址			
邮政编码		联系电话	
电子邮件（必填）			
您是否为人大社教研网会员	□ 是 会员卡号：________ □ 不是，现在申请		
您在相关专业是否有主编或参编教材意向	□ 是 □ 否 □ 不一定		
您所希望参编或主编的教材的基本情况（包括内容、框架结构、特色等，可附页）			

我们的联系方式： 北京市海淀区中关村大街 31 号
中国人民大学出版社教育分社
邮政编码：100080
电　　话：010-62515923
网　　址：http://www.crup.com.cn/jiaoyu/
E-mail:jyfs_2007@126.com